现代液压试验技术与案例

方庆琯 编著

机械工业出版社

本书第 1 章和第 2 章主要介绍了液压试验的标准、液压试验检测信号的特点、传感器的选择，以及试验设计优化的有效方法——相似性原理、量纲分析和试验正交设计。第 3 章论述了液压试验的各种加载方式及功率回收方法。第 4 章至第 6 章分别针对液压阀试验台、液压缸性能试验台、液压泵和液压马达性能试验介绍了相关的试验技术。第 7 章和第 8 章分别讲述了可靠性的基本知识和液压元件可靠性试验的现代技术及典型可靠性试验台。第 9 章介绍了挖掘机液压系统动力匹配试验和液压元件瞬态特性试验。书中的试验台案例大部分选自作者近 8 年来主持或参与研制的液压试验台项目，书中一些检测技术源于作者的发明专利。

本书可以作为液压元件工厂、主机厂相关工程技术人员，液压试验设备制造厂商的设计工程师，研究院所实验人员和大专院校液压类课程教师的技术参考书，也可作为研究生和博士生的指导教材，还可作为各种液压试验技术培训班的培训教材。

图书在版编目（CIP）数据

现代液压试验技术与案例/方庆琯编著 .—北京：机械工业出版社，2022.5

ISBN 978-7-111-70073-9

Ⅰ.①现… Ⅱ.①方… Ⅲ.①液压传动-试验 Ⅳ.①TH137-33

中国版本图书馆 CIP 数据核字（2022）第 010765 号

机械工业出版社（北京市百万庄大街 22 号　邮政编码 100037）
策划编辑：张秀恩　责任编辑：张秀恩　章承林
责任校对：陈　越　王　延　封面设计：马精明
责任印制：李　昂
北京圣夫亚美印刷有限公司印刷
2022 年 4 月第 1 版第 1 次印刷
169mm×239mm・22.5 印张・434 千字
0001—1900 册
标准书号：ISBN 978-7-111-70073-9
定价：89.00 元

电话服务　　　　　　　　　　网络服务
客服电话：010-88361066　　　机 工 官 网：www.cmpbook.com
　　　　　010-88379833　　　机 工 官 博：weibo.com/cmp1952
　　　　　010-68326294　　　金 书 网：www.golden-book.com
封底无防伪标均为盗版　　　机工教育服务网：www.cmpedu.com

前　言

　　液压传动与控制科学的发展离不开液压试验，液压元件和系统的研制也依赖于液压试验。液压试验是高端液压产品的孵化器和试金石，是液压科学发展的基础。随着《中国制造2025》的推进和国家强基工程项目的实施，国内液压试验技术的短板逐渐得以补偿。液压试验已从研究院所和大学的实验室扩展到了自己的主战场——各液压元件的制造厂和液压系统集成的主机厂。工厂和生产线增配液压试验设备的情况越来越多，现在许多工厂配置的液压试验设备已非常齐全，性能也很先进，已达到国际水平。近几年来，国内液压试验台的营销额每年都在数亿元以上。国内从事液压试验的工程技术人员已从不足千人，发展到1万余人。然而，拥有先进的试验设备并不等于能做出合格的液压试验。除了先进的试验设备外，合格的液压试验还依赖于现代化的液压试验技术，这些技术包括试验标准选定、试验方法设计优化、检测传感器的合理匹配、试验系统的运行调试及干扰排除、试验数据的科学处理等。因此，为了适应国内液压试验迅猛发展的形势，满足液压试验工程技术人员掌握现代液压试验技术的需求，在中国机械工程学会流体传动与控制分会及机械工业出版社的组织下，作者撰写了本书。

　　本书力求将现代液压试验技术用于各重要液压元件和典型液压系统试验的最新进展介绍给读者。书中的案例涵盖了智能工厂或自动化生产线上使用的各种出厂试验台，也包含有国内重点钢铁企业及主要工程机械主机企业设计研发使用的型式试验台和可靠性试验台。书中以这些试验台为案例，说明了标准选定、试验方法设计、传感器匹配，试验系统运行调试及干扰排除、试验数据处理等试验技术在实际试验台液压、电控、数据采集系统设计中的应用。其部分内容源自作者在中国液压气动密封件工业协会组织的液压试验技术培训班及液压试验新技术交流会上的讲稿。书中介绍的一些检测技术，例如"液压缸微小内泄漏检测"和"液压元件压力容腔体疲劳强化加速试验"均源于作者的发明专利。

　　本书可以作为液压元件制造厂和液压系统集成主机厂相关工程技术人员，液压试验设备制造厂商的设计工程师，研究院所实验人员和大专院校液压类课程教师科研人员的技术参考书，也可作为研究生和博士生的指导教材，还可作为各种液压试验技术培训班的培训教材。

　　作者愿以此书作为导引我耕耘高校讲台30余年的安徽工业大学和信任支持我担负液压试验项目研制任务的广西柳工机械股份有限公司、山河智能装备股份有限公司的谢礼。本书在成稿中，查阅的文稿如参考文献中所列，引用的国家标准和行业标准如各章文中所列，湖南省产品质量监督检验研究院张思佳工程师参与了标准的查新和检索。作者向参考文献和相关标准中的归属者表示深切的感谢。书中案例试验台的制造调试由广州新欧、北京索普、成都中国航天峰火、贵州中航力源、九江中船707、广州禹拓等公司承担，作者在此一并致谢。

作　者

目 录

第1章 　 绪 　 论

1.1　液压试验的重要性和分类

1.1.1　液压试验的重要性

　　液压试验作为液压元件及液压系统研制和量产的关键环节,是验证产品性能指标、可靠性指标和寿命的重要手段,是现代液压技术的重要组成。

　　在液压新产品的设计阶段,虽然经过总体设计与零部件设计的大量计算工作,使新产品的设计从理论上满足了各项性能指标、强度指标和可靠性、维修性指标的要求,但是设计计算时所采用的工况数据资料,不可能完全考虑到实际使用条件下的复杂情况和因素,因而其计算难免会有某种程度的差异,存在着一定的不可靠性;另外,在技术方案上总是有不确定性存在。因此,必须进行方案验证试验和性能验证试验,以验证产品设计的正确性。在液压新产品样机的制造阶段,即使严格按设计图样生产制造,也会由于工艺、人员等因素的影响或材料的缺陷使产品出现潜在缺陷或次品。因此,必须进行各种型式试验和可靠性验证试验。而且,在设计过程中,有些复杂的流体力学技术问题难以用理论计算来解决,特别是液动力和黏性阻力的确定,这时试验就成了解决问题的重要方法。通过各种试验来判定液压新产品的技术性能、环境适应性、可靠性和维修性等是否满足使用要求;通过试验来暴露设计、工艺和材料等方面存在的问题,靠试验来及时改进设计。从设计开始,试验就贯穿了整个新产品研制过程的始终。

　　在量产阶段,需要按国家和行业标准的规定,进行出厂试验和可靠性鉴定试验,还要针对用户的反馈及产品寿命周期内的故障,进行可靠性提高试验。也就是说在液压产品全寿命周期内的不同阶段,均需要进行相应的试验。

　　在液压产品全寿命周期内不同阶段试验之间的关系是:通常在设计定型前,对两台以上样机同时进行性能试验、可靠性试验,即设计定型试验。此后,依据设计定型试验结果，判定样机能否设计定型。严格地讲，设计定型试验时，在可靠性和维修性试验结束后，还应进行性能试验。实践证明，任何一个成熟的液压产品都是设计、生产与试验相互结合的产物。仅做某特定阶段的试验是不充分的。所以，液压新产品的研制工作必须与试验工作相结合：研究与试验交错进行，检验初步构思、设计思想、理论计算是否正确，设计意图能否实现等，从而保证发现问题及时解决，求得方案更趋合理完善。液压新产品研制过程中，设计与试验交错进行，各种试验之间的关系如图 1-1 所示。

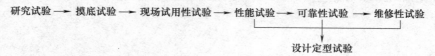

图 1-1 各种试验之间的关系

液压试验技术是涉及试验原理、试验方法、计算机测试技术、数据处理与分析技术、试验管理与评价的综合性技术。液压试验技术伴随着液压产品的更新而发展，同时液压试验技术的发展又促进了液压产品的迭代。液压试验技术已成为液压产品创新、质量保证和可靠性提高的重要手段。

1.1.2 液压试验的分类

按照被试件种类可将液压试验分为：液压泵试验、液压马达试验、液压缸试验、压力阀试验、方向阀试验、流量阀试验、蓄能器试验、过滤器试验等，多种液压元件集成的液压系统的试验可称为液压总成试验或系统试验。

按照试验的目的（或试验结果的用途）可将液压试验分为性能（或功能）试验和可靠性试验。性能（或功能）试验又可再分为出厂试验、型式试验和特种性能试验。可靠性试验可细分为可靠性研制试验、可靠性验证（鉴定）试验、可靠性提高试验、耐久性试验和寿命试验。

所谓特种性能试验是为了对液压元件的某一结构或某一特种性能进行深入研究而进行的试验。因此，根据特种性能的不同，需要配备专用的测试设备。比如：考核液压件壳体承压强度的压力脉冲测试台，研究液压泵摩擦副的配油盘油膜承载能力测试台，研究液压泵流量脉动的流量脉动测试台，研究油液清洁度对液压产品性能和寿命影响的污染耐受度测试台等。

按照试验时液流状态的稳定性，还可将液压性能试验分为：稳态（静态）特性试验和动态（瞬态）特性试验。本书主要介绍液压稳态特性试验。液压稳态性能试验按照被测物理量的不同又可包含各种试验项目：气密性试验、耐压试验、内泄漏试验、压力损失试验、容积效率试验、启动压力试验、调压性能试验、压力-流量特性试验等。

为主机配套的液压产品的试验具有与主机工况特性相关的内涵，这类液压产品的液压试验包含以下三类：液压产品的工作性能试验，液压产品的可靠性试验，液压产品与主机及工作负载的动力匹配性试验。

1.2 液压试验技术的发展现状与创新趋势

进入 21 世纪以来，随着我国经济的快速增长，国家发展高端装备制造业的决心和能力逐步增强，主机厂家及液压元件厂家自主研发的动力得到极大提升。在国家强基工程政策的推动下，液压试验技术作为高端液压元件制造的关键技术，得到了较大的提升。

1.2.1 我国液压试验技术的发展现状

经过最近十年的发展，液压试验技术从传统的以稳态测试为主，只满足单一的工作应力和环境应力模拟，发展到关注动态性能、多应力耦合特性以及系统匹配性能。液压测试设备从手动操作、二次仪表显示、人工记录发展到以计算机测控为主，兼具数据处理分析的复杂自动化装备。其技术进步十分明显，除了实现测试工艺标准化和数据化（包括：标准化测试环境、标准化定期校验方式、标准化测试设备、标准化测试方法）以外，还表现在测试设备智能化和试验装备的节能高效方面。

1. 测试设备智能化

测试设备智能化主要指的是现代通信技术、网络技术、智能控制技术、信息处理技术、人机界面技术等在液压测试设备上的集成应用。测试设备智能化的重点主要是下述五个方面。

（1）执行元件和测量仪表总线电控化　为了实现计算机测控，液压测试设备的各类控制阀等执行元器件必需实现电控操作且配备工业总线接口。尤其是液压调节单元和液压加载单元需要应用比例伺服技术或数字控制技术。比例伺服技术响应较快，抗污染能力好，应用较为广泛。数字控制技术主要应用在一些高压（50MPa 以上）溢流阀、流量阀的调控上。

（2）自诊断预警技术　自诊断预警技术既用于试验设备，也用于高端被试产品。随着测试设备越来越复杂，价值越来越高，保护设备和被试产品的安全变得越来越重要。设备异常报警功能可以保护测试设备的正常运行。故障诊断功能可以帮助技术维护人员及时排除设备故障。同时，健康预警技术对被测试产品在测试中的故障先兆可以及时发现、识别、报警并停机，避免被试产品彻底损坏，对分析被试产品的故障尤为关键。自诊断技术应该在某些关键点采取冗余设计的方法。

（3）测试自动化　测试人员可以根据产品的试验项目，事先在试验台人机界面上进行试验功能选择、回路选择，设置试验流程、试验工艺参数及合格判据。测试设备在计算机操控下，根据事先设置的程序进行试验，减少人员的工作量，避免操作失误及人为误差的影响，可以较大程度地提高测试效率及测试质量。测试自动化还可实现记录数据和被试件身份标识的联网传送功能。

（4）输送和被试产品装夹自动化　被试液压产品与试验台的连接较复杂。比如，液压泵的连接，既要对接传动轴保证足够的同轴度，又要连接多对油管保证可靠的密封，工艺复杂，费工费时，效率低。使用自动装夹的目的主要是减少人员工作量，提高效率和可靠性，并减少装拆被试件过程中油液的溢出。产品自动装夹系统主要由自动传送装置、自动对中装置、自动夹紧装置、集成式快装管路模块和自动注排油阀门组成。目前欧美国家液压测试设备仅具备部分自动装夹功能，如自动夹紧、自动注排油、管路连接使用快换接头等。日本盛和工业（SEIWA）的自动装夹技术较完备成熟。但被试产品要人工预先装在专用工装上，才能进行自动装夹，这实际上并非真正实现装夹自动化。近年来国内一些机构致力于研究自动装夹系统，目前已取得了一些突破，既可以省人工，也更省装拆被试产品的时间。该项成果应用在批量生产试验台上将大大提高测试效率。图 1-2 所示为液压泵出厂试验自动装夹系统三维设计简图。

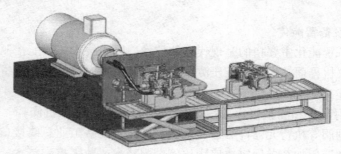

图 1-2　液压泵出厂试验自动装夹系统三维设计简图

（5）传感器仪表在线标定校验　传感器仪表作为液压测试设备的检测系统，测试数据的准确性非常重要。因此，需要定期或不定期进行校验。传统的校验方法需要把各种传感器、二次仪表拆下来送检，很不方便。在线校验传感器仪表可由试验台配置的计算机测试系统自主进行，不需要拆下信号传感器、板卡等送检，同时还可以消除由于信号导线不同带来的微小误差。传感器仪表的在线校验是现代液压测试系统的重要配置。在线校验主要采用比较法进行静态标定。表 1-1 为在线校验标定各种传感器的常用方法。

表 1-1 在线校验标定各种传感器的常用方法

序号	传感器类型	标定的标准器具	备 注
1	压力传感器	活塞式压力计	直接读取砝码更可靠
2	温度传感器	干井式温度校验仪	也可用标准温度计比较
3	流量传感器	标准流量计	测试台要留出串接标准流量计的位置
4	扭矩传感器	杠杆式砝码标定装置	注意标定装置与测试台传动头的连接角度，计算时，要消除角度的影响
5	转速传感器	光电测速仪	不够精确，但满足液压测试对精度的要求

2. 采用节能环保技术

为促进经济可持续发展，倡导绿色工业，国家出台了一系列节约能源和环境保护的法律法规。液压测试设备也应充分考虑节能环保技术的应用。

（1）节能技术 长期以来，液压试验台对被试产品的加载均使用的是节流或溢流加载。这不但造成了加载功率全部损耗变成热能，同时因油液吸热温度升高，试验台还要加装冷却装置，又要耗费大量的能源。因此，液压试验设备在加载时需要采用功率回收技术，以节省能源、降低成本。功率回收技术主要有机械功率回收、液压功率回收、电功率回收三种。

（2）环保技术 液压试验的环保技术主要涉及三个方面：

1）降低试验台工作噪声。首先要减少试验台泵站的运行噪声，其次要合理设计并规范安装管路及阀块，避免液流啸叫及振动噪声。为了避免泵站噪声对产品性能测试精度的影响，必要时需设置专用的噪声测试间，单独把被测产品进行隔离测试。

2）防止和减少油液泄漏，配置完善的漏油回收装置。

3）采用环保的工作介质。比如：水液压系统，芬兰的坦佩雷工业大学有较成熟的研究，国内的浙江大学也有一些研究成果，但水液压系统要完全取代液压油系统还有很多困难。

（3）能源监控自动化 主要用于对液压试验过程中所消耗的水、电、气的监控，基于数据分析提高能源利用率。

3. 结构集成化、模块化、机床化

传统老式的液压测试设备主要以敞开分布式为主。近年来，随着液压试验台模块化设计的应用和计算机网络控制技术的推广，液压试验台的结构逐渐向集成化、模块化和机床化方向发展。这使液压试验台的设备安全性、人体工程适应性大大提升。图 1-3 所示为国内某公司设计制造的液压元件综合测试台。

1.2.2 我国液压试验技术的创新趋势

我国液压试验技术经过多年发展，在硬件方面基本达到了国际先进水平。但

在液压试验和液压新产品研制的结合
试验上，即液压研制试验的规划设计
方面我国还处于起步阶段。我国对试
验方法的研究还缺乏理论支撑，新试
验方法的设计还以模仿和复制为主，
试验监控及数据采集人机界面的编程
软件还以进口的平台软件为主。在试
验分析和辅助分析软件的应用方面，
我国与国外的差距较大。为了使液压

图 1-3　液压元件综合测试台

试验技术能更好地服务于国产高端液压元件的研制和提升原件的量产，今后除了
继续完善提升现有的液压试验技术外，还要创新发展以下技术。

1. 试验室模拟主机实际工况环境的液压试验技术（拟实试验技术）

所有液压元件及液压系统技术参数的测试验证，应该尽量模拟主机真实的运
行状态和工作环境。尤其是液压泵、液压马达、液压阀等液压核心器件必须要有
真实环境下的测试数据。同一台液压泵，装在起重机和挖掘机上，虽然工作压力
及转速都没有超过它的额定值，但因运行环境不同，寿命也会不同，容积效率也
和实验室环境下的测试数据差异较大。只有贴近真实环境的测试，才能得到真实
的试验数据和可信可用的评价结论，这才能使研制出的产品既达到设计指标，又
不会出现过大的设计余量。这种试验技术就是拟实试验技术，拟实试验技术包含
两方面内容：①用于被试件液压试验的试验台具备模拟主机实际工况和运行状态
的能力；②试验台试验运行的环境（油温、气温、振动、湿度等）能够模拟主
机实际工作环境。

（1）随机载荷谱拟实加载的研究　主机运行时，液压元件或部件所承受的载
荷虽然是随机的，但不同主机或同一主机不同工况时，液压元件或部件所承受的
载荷会有明显不同的特性，随机中又有特定的规律。这就是主机运行时液压元件
或部件的载荷谱。不同主机或同一主机不同工况下，液压元件或部件均有自己特
定的载荷谱。因此，要实现液压件的拟实试验，即要模拟主机真实的运行状态，
前提是必须使被试液压件在试验台上承受的载荷和主机真实运行状态下承受的载
荷谱一致。研究与主机工况相适应的随机载荷谱用于液压产品拟实试验，需解决
四个难题：①如实采集主机真实运行状态下液压件的载荷谱；②对此载荷谱进行
模态分析和频谱分析，剔出干扰信号，得出可由计算机识别的数字载荷谱；③研
制配置于液压试验台上，能对被试液压件按计算机控制的数字载荷谱进行加载的
电液装置；④编制拟实加载的计算机软件。

（2）模拟环境因素的测试技术　液压产品在装机运行中，工作性能总是受到
运行环境因素的影响。比如，因主机工作带来的振动，因天气变化带来的环境温

度及工作介质温度的变化，因高海拔地区带来的大气压的变化等。因此，液压产品在研制过程中，需要模拟各种环境因素并在这些复合因素的共同作用下测试产品性能，这样才能更加真实地反映产品的装机性能。军品领域很早就开展了相关工作，早期主要是在非工作状态下对各种环境因素分别施加测试，之后逐渐过渡到在工作状态下同时施加几种环境因素（如振动，环境高低温等）。今后在实验室条件下的环境模拟测试必然是液压产品在工作状态下，多种环境因素同时施加测试。某航天研究所搭建的液压产品综合测试台可以在液压泵工作状态下，同时施加振动因素（通过振动台）、环境温度因素（通过高低温箱）进行试验，对产品的研制起到了重要的作用。

（3）试验室模拟主机工况动作的结构与液压系统的搭建技术　实现拟实试验，除了拟实加载以外，还需要使被试液压件装置于和主机一样的液压系统中，而该液压系统的执行元件又要安装在和主机相同的机械结构上，这就需要在实验室中搭建模拟主机工况动作的结构与液压系统。多数场合搭建的系统测试台只要能实现主机的部分动作即可。而某些场合则要按 1:1 的比例，在实验室搭建和主机相同的系统测试台，其目的主要是测试液压元件和主机系统的匹配性能。以实现优化匹配。

在实验室中搭建模拟主机工况动作的结构与液压系统既可以全部用实物，采用模块化的结构搭建，也可半虚半实搭建。半虚半实搭建即一部分结构与液压系统采用和主机同样的实物，另一部分结构与液压系统仅从物理原理上实现模拟，无需和主机实际结构、尺寸相同；其中某些结构还可以利用相似性原理用电器元件替代，甚至一些结构可由仿真软件来实现。研制可代替实物搭建主机，并实现主机工况动作模拟的仿真软件也是拟实试验要攻克的技术课题之一。

总之，拟实试验技术的研究应主攻两方面：一是模拟主机运行时承受的各种复合载荷的随机载荷谱拟实加载装置的设计；二是用于半虚半实搭建主机系统的模拟辅助仿真软件的开发。今后，液压试验的系统匹配性测试应该是半物理和半分析仿真软件的选择性结合。

2. 加速寿命试验技术

寿命试验是液压元件及系统必需做的测试项目。国内装备制造业对液压产品寿命的要求日益提高，一些主机对液压元件提出的寿命要求甚至达到 3 万 h。按 1 年 365 天，每天 24h 不间断试验，寿命试验需要做 3.5 年。如果其中有一些问题需要反复，加上测试设备也需要维护，试验时间就更长了。因此，加速寿命试验就成为必然的选择。

加速寿命试验实际上是在进行合理工程假设及统计学分析的基础上，在不改变产品失效分布的条件下，通过提高被试产品的试验应力，如转速、压力、动态冲击频率等，利用与物理失效规律相关的统计模型对在超出正常应力水平的加速环境下获得的测试数据进行分析转换，得到被试产品在额定应力水平下寿命的数值估计。俄罗斯苏-27飞机主液压泵采用的就是加速寿命试验，加速比达到了1∶8，即加速试验1h等同于可靠性寿命达8h。国内在液压泵加速寿命试验方面开展了一些研究应用。但总体来说，这些研究应用缺乏足够的理论及实践基础，难以形成普适性的加速寿命测试方法，更没有形成统一的国家标准。研究液压产品加速寿命测试方法能有效缩短产品的研制周期及试验成本，是今后应该大力攻关的方向。

3. 数字化测试工作平台建设

平台软件通过规划管理，可最大限度地提高测试效率。数字化测试工作平台的建设为企业提供测试协同工作平台，使液压产品测试的准备、执行、分析、评估四大阶段处于自动和受控的状态，对测试工作各阶段的工作进行专业协作，帮助企业从测试数据中获取知识和经验，达到改进产品设计，提高产品质量及可靠性的目的。

1.3 液压试验的国家标准和行业标准

有关液压试验的国家标准和行业标准是液压试验设计、液压试验台设计及试验检测数据分析处理的重要依据。由于液压产品应用的行业不同，各行业对液压产品技术指标的要求也不相同，所以除了有液压产品和试验的国家标准外，相关行业还有本行业的液压产品和试验的行业标准。军用液压产品还需满足国军标（中华人民共和国国家军用标准，GJB）要求。本节以下的介绍只列入了液压试验中常用的一些国家标准（GB）和机械行业标准（JB）。

1.3.1 液压产品性能试验的国家标准和行业标准

1. 液压产品性能试验的通用标准

1）GB/T 1958—2017《产品几何技术规范（GPS）　几何公差　检测与验证》。

2）GB/T 7935—2005《液压元件　通用技术条件》。

3）JB/T 7858—2006《液压件清洁度评定方法及液压件清洁度指标》。

4）GB/T 3766—2015《液压传动　系统及其元件的通用规则和安全要求》。

5）GB/T 37162.1—2018《液压传动　液体颗粒污染度的监测　第1部分：总则》。

6）GB/T 20082—2006《液压传动　液体污染　采用光学显微镜测定颗粒污染度的方法》。

7）GB/T 28782.2—2012《液压传动测量技术　第2部分：密闭回路中平均

稳态压力的测量》。

2. 液压泵的试验标准

1）GB/T 17483—1998《液压泵空气传声噪声级测定规范》。

2）GB/T 7936—2012《液压泵和马达 空载排量测定方法》。

3）GB/T 23253—2009《液压传动 电控液压泵 性能试验方法》。

4）GB/T 17491—2011《液压泵、马达和整体传动装置 稳态性能的试验及表达方法》。

5）JB/T 9090—2014《容积泵零部件液压与渗漏试验》。

6）JB/T 7043—2006《液压轴向柱塞泵》。

7）JB/T 7041.2—2020《液压泵 第 2 部分：齿轮泵》。

8）JB/T 7039—2006《液压叶片泵》。

3. 液压马达的试验标准

1）GB/T 20421.1—2006《液压马达特性的测定 第 1 部分：在恒低速和恒压力下》。

2）GB/T 20421.2—2006《液压马达特性的测定 第 2 部分：起动性》。

3）GB/T 20421.3—2006《液压马达特性的测定 第 3 部分：在恒流量和恒转矩下》。

4）GB/T 34887—2017《液压传动 马达噪声测定规范》。

5）JB/T 10829—2008《液压马达》。

6）JB/T 10206—2010《摆线液压马达》。

7）JB/T 8728—2010《低速大转矩液压马达》。

4. 液压阀的试验标准

（1）方向控制阀的试验标准

1）GB/T 8106—1987《方向控制阀试验方法》。

2）JB/T 10364—2014《液压单向阀》。

3）JB/T 10365—2014《液压电磁换向阀》。

4）JB/T 10830—2008《液压电磁换向座阀》。

5）JB/T 10373—2014《液压电液动换向阀和液动换向阀》。

6）JB/T 10369—2014《液压手动及滚轮换向阀》。

7）JB/T 8729—2013《液压多路换向阀》。

8）JB/T 11303—2013《液压挖掘机用整体多路阀 技术条件》。

（2）压力控制阀的试验标准

1）GB/T 8105—1987《压力控制阀试验方法》。

2）GB/T 12244—2006《减压阀 一般要求》。

3）GB/T 12245—2006《减压阀 性能试验方法》。

4）GB/T 21386—2008《比例式减压阀》。

5）JB/T 10370—2013《液压顺序阀》。

6）JB/T 10374—2013《液压溢流阀》。

7）JB/T 10371—2013《液压卸荷溢流阀》。

8）JB/T 10282—2013《液压挖掘机用先导阀　技术条件》。

（3）流量控制阀的试验标准

1）GB/T 8104—1987《流量控制阀试验方法》。

2）JB/T 10366—2014《液压调速阀》。

3）JB/T 10368—2014《液压节流阀》。

（4）液压阀的其他试验标准

1）GB/T 8107—2012《液压阀　压差-流量特性测定》。

2）JB/T 10414—2004《液压二通插装阀　试验方法》。

3）GB/T 15623.1—2018《液压传动　电调制液压控制阀　第1部分：四通方向流量控制阀试验方法》。

4）GB/T 15623.2—2017《液压传动　电调制液压控制阀　第2部分：三通方向流量控制阀试验方法》。

5）GB/T 15623.3—2012《液压传动　电调制液压控制阀　第3部分：压力控制阀试验方法》。

5. 液压缸的试验标准

1）GB/T 15622—2005《液压缸试验方法》。

2）GB/T 32216—2015《液压传动　比例/伺服控制液压缸的试验方法》。

3）JB/T 10205—2010《液压缸》。

1.3.2　液压产品可靠性试验标准

国家已经发布了与国际标准 IEC 605 对应的针对普通设备可靠性试验的通用标准，分为6个部分：

1）GB/T 5080.1—2012《可靠性试验　第1部分：试验条件和统计检验原理》。

2）GB/T 5080.2—2012《可靠性试验　第2部分：试验周期设计》。

3）GB 5080.4—1985《设备可靠性试验　可靠性测定试验的点估计和区间估计方法（指数分布）》。

4）GB 5080.5—1985《设备可靠性试验成功率的验证试验方案》。

5）GB/T 5080.6—1996《设备可靠性试验　恒定失效率假设的有效性检验》。

6）GB 5080.7—1986《设备可靠性试验　恒定失效率假设下的失效率与平均

无故障时间的验证试验方案》。

GB/T 37079—2018《设备可靠性　可靠性评估方法》也发布实施。

中华人民共和国国家军用标准（GJB）也有较多关于可靠性试验的规定。如：

1）GJB 450A—2004《装备可靠性工作通用要求》。

2）GJB 451A—2005《可靠性维修性保障性术语》。

3）GJB 899A—2009《可靠性鉴定和验收试验》。

4）GJB 813—1990《可靠性模型的建立和可靠性预计》。

但是，上述这些标准都没有针对液压产品可靠性试验做出相应的规范。液压产品的可靠性试验还没有成体系的国家标准和行业标准，只是在上述标准中列出了少量关于可靠性指标的内容，而对液压元件可靠性试验的方法、试验数据的统计学处理规则、合格判据等完全没有介绍。

1.3.3　液压试验标准的完善

液压试验标准是指导液压试验发展的规范、准则。2021 年，针对液压产品承压腔的疲劳寿命试验已发布了 GB/T 19934.1—2021《液压传动　金属承压壳体的疲劳压力试验　第 1 部分：试验方法》。机械行业也发布了一些标准，如：JB/T 6881—2006《泵可靠性测定试验》，JB/T 6882—2006《泵可靠性验证试验》。有关部门应该积极组织相关院校、科研院所及企业，及时总结国内液压测试技术的成果和经验，充分考虑今后的发展趋势，及时修订完善或制订新的液压测试标准。

第 2 章　液压试验技术要点

2.1　液压试验检测的物理量与传感器

液压试验中，使用各种传感器对欲测物理量进行检测。通常，传感器的分类方式有以下四种：

1）按被检测物理量分类，如位移传感器、速度传感器、温度传感器、压力传感器等。

2）按传感器敏感元件工作的原理分类，如应变式传感器、电容式传感器、电感式传感器、压电式传感器、热电式传感器等。

3）按传感器输出信号分类，如模拟量传感器、数字量传感器。

4）按传感器中能量传递关系分类，如能量转换型传感器、能量控制型传感器。

在本书中按被检测物理量来分类介绍。

2.1.1　液压试验检测的物理量

液压试验设备包含机械、电力、电子、流体、光学和网络等各类部件，液压试验的被试件自身就是一个机-电-液系统。液压试验检测的物理量种类众多、量程广泛、精度各异。

1. 液压试验检测物理量的种类

按物理学的学科分类，液压试验检测的物理量可分为固体力学类、热力学类、流体力学类、电学类。

1）固体力学类物理量：力（拉压力、冲击力、惯性力等）、力矩（转矩、扭矩）、位移（线位移、角位移、振幅等）、速度（线速度、转速）、加速度、应力、应变、质量、时间。

2）热力学类物理量：温度、热量、功、功率。

3) 流体力学类物理量：流速、流量、压力、压差、真空度。

4) 电学类物理量：电流、电压、电感、电容、电功率。

在种类众多的物理量中，液压试验通常检测的物理量主要是力、转矩、位移、转速、应力、应变、温度、流量、压力、压差、电流、电压、电功率。

2. 液压试验检测物理量的量程

根据液压试验的种类不同、被试件种类不同、试验项目不同，液压试验检测物理量的量程有很大区别。液压试验主要检测物理量所需计量设备通常的量程见表 2-1。

表 2-1　液压试验主要检测物理量所需计量设备通常的量程

物理量	量程	物理量	量程
力/N	$1 \sim 10^7$	流量/（L/min）	$0.1 \sim 1000$
转矩/N·m	$10 \sim 1000$	压力/MPa	$0.1 \sim 60$
转速/（r/min）	$100 \sim 2500$	压差/bar①	$0.1 \sim 10$
温度/℃	$-20 \sim 90$	应力/MPa	$100 \sim 1000$

① 1bar = 10^5Pa，下同。

3. 液压试验物理量的检测精度

液压试验物理量的检测精度可按照 GB/T 7935—2005《液压元件　通用技术条件》中对元件性能试验测量的规定执行。

（1）试验测量准确度等级　将液压试验测量准确度分为 A、B、C 三个等级。A 级适用于科学鉴定性试验；B 级适用于液压元件的型式试验，或产品质量保证试验和用户的选择评定试验；C 级适用于液压元件的出厂试验，或用户的验收试验。

（2）测量系统误差　液压试验中，测量系统的允许误差应符合表 2-2 的规定。

表 2-2　测量系统的允许误差　　　　　　　　　　（%）

测量参量	各测量准确度等级对应的测量系统的允许误差		
	A	B	C
压力（表压力 $p \geqslant 0.2$MPa）	±0.5	±1.5	±2.5
流量	±0.5	±1.5	±2.5
温度	±0.5℃	±1.0℃	±2.0℃
转矩	±0.5	±1.0	±2.0
转速	±0.5	±1.0	±2.0

注：测量参量的表压力 $p < 0.2$MPa 时，其允许误差参照被试元件的相应试验方法标准的规定。

（3）主要被测物理量平均显示值的变化范围　当测量在稳态工况下进行且检测的物理量真值不变时，液压试验主要被测物理量平均显示值（或记录值）的允许变化范围应符合表2-3的规定，且每个检测点的各个物理量（压力、流量、转矩、转速等）应同时测量。

表 2-3　主要被测物理量平均显示值的允许变化范围　（％）

测量参量	各测量准确度等级对应的主要被测参量平均显示值的允许变化范围		
	A	B	C
压力（表压力 $p \geqslant 0.2$ MPa）	±0.5	±1.5	±2.5
流量	±0.5	±1.5	±2.5
温度	±1.0℃	±2.0℃	±4.0℃
转矩	±0.5	±1.0	±2.0
转速	±0.5	±1.0	±2.0
黏度	±5	±10	±15

注：测量参量的表压力 $p < 0.2$ MPa 时，其允许误差参照被试元件的相应试验方法标准的规定。

2.1.2　用于液压试验检测的压力传感器

压力传感器（Pressure Transducer）是能感受压力信号，并能按照一定的规律将压力信号转换成可用的输出电信号的器件或装置。

压力传感器是液压试验中使用最为广泛的一种传感器，按不同的测试压力类型，液压试验用压力传感器可分为表压传感器和差压传感器。

压力传感器通常由压力敏感元件和信号处理单元组成。应用最为广泛的是压阻式压力传感器，它具有较低的价格和较高的精度以及较好的线性特性。压阻式压力传感器的敏感元件是电阻应变片。

1. 电阻应变片

应变片有金属应变片和半导体应变片。金属电阻应变片的工作原理是电阻应变效应，即吸附在基体材料上的应变电阻，随基体材料的机械形变会产生相应的阻值变化。常用的金属电阻应变片有金属箔式应变片、金属薄膜应变片。

（1）金属箔式应变片　金属箔式应变片的线栅是通过光刻、腐蚀等工艺制成的金属薄栅（厚度一般在 0.003～0.01mm）。光刻、腐蚀工艺能保证金属箔式应变片线栅的尺寸正确、线条均匀，大批量生产时，阻值离散程度小。敏感栅截面为矩形，表面积大，散热好，在相同截面情况下能通过较大电流；厚度薄，因此具有较好的可挠性，疲劳寿命高。它的扁平状线栅有利于形变的传递，蠕变小、横向效应小。

（2）金属薄膜应变片　金属薄膜应变片采用真空蒸发或真空沉积等方法在

薄的绝缘基片上形成厚度在 $0.1\mu m$ 以下的金属电阻材料薄膜敏感栅，再加上保护层，易实现工业化批量生产。其优点：应变灵敏系数大，允许电流密度大，工作范围广，易实现工业化生产。其缺点：难控制电阻与温度和时间的变化关系。

（3）半导体应变片　薄膜型半导体应变片是利用真空沉积技术将半导体材料沉积于绝缘体或蓝宝石基片上制成的。扩散型半导体应变片是将 P 型杂质扩散到高阻的 N 型硅基片上，形成一层极薄的敏感层制成的。外延型半导体应变片是在多晶硅或蓝宝石基片上外延一层单晶硅制成的。

2. 压力传感器分类

按压力敏感元件的原理不同，常用的压力传感器有以下几种。

（1）金属电阻应变片压力传感器　该传感器以机械结构型的器件为主，靠金属电阻应变片作为敏感元件，检测机械结构弹性元件的形变来检测压力。这种机械结构型的压力传感器尺寸和质量较大，不能直接提供电信号输出，要外接电桥和放大电路才能输出电信号。

（2）陶瓷压力传感器　该传感器基于陶瓷材料的压阻效应，即陶瓷材料承受压力后，其电阻会随压力的大小变化。压力直接作用在陶瓷膜片的表面，使膜片产生微小的形变，厚膜电阻印刷在陶瓷膜片的背面，连接成一个惠斯通电桥，由于压敏电阻的压阻效应，使电桥产生一个与压力成正比的输出电压信号。

（3）扩散硅压力传感器　该传感器的工作原理也是基于压阻效应，与其他传感器所不同的是，该传感器膜片的材料可以是不锈钢或陶瓷，其上附着了扩散硅。利用扩散硅的压阻效应，作用于传感器膜片上的压力，使传感器的电阻值发生变化，输出一个对应于压力的电信号。

（4）蓝宝石压力传感器　该传感器利用应变电阻式工作原理，采用硅-蓝宝石作为半导体敏感元件，具有突出的计量特性。因此，利用硅-蓝宝石制造的半导体敏感元件，对温度变化不敏感，即使在高温条件下，也有着很好的工作特性；蓝宝石的抗辐射特性极强；另外，硅-蓝宝石半导体敏感元件无 P-N 漂移。

后两种传感器属于半导体压力传感器，使用附着在膜片上的半导体电阻应变片可直接输出电信号，特点是体积和质量小、准确度高、温度特性好。

3. 压力传感器的性能参数

（1）常用主要性能参数

1）量程。量程是传感器满足标准规定可准确检测压力值的实际压力范围，也就是在最高和最低温度之间，传感器的输出符合规定特性的压力范围。在实际应用时传感器所测压力应在该范围之内。

2）额定压力。额定压力是指传感器工作时能长时间承受的最大压力，且不引起输出特性永久性损坏。

3）最大压力。最大压力是指加在传感器上且不使传感器元件或传感器外壳损坏的最大压力。为提高传感器的线性度和温度特性，一般都减小其额定压力范围。特别是半导体压力传感器，即使在额定压力以上连续使用也不会被损坏，最大压力会是额定压力的 2 倍左右。

4）线性度。线性度是指在工作压力范围内，传感器输出与压力之间直线关系的最大偏离。

5）压力迟滞。压力迟滞为在室温下及工作压力范围内，从最小工作压力和最大工作压力分别趋近某一相同压力时，传感器输出之差。此参数的最大值也称为滞环。

6）精度等级。精度等级是指传感器检测误差与量程最大值之比的百分数，标示为 FS。液压试验用压力传感器的精度通常是 0.5 级，有高测量精度要求的可使用 0.1 级。精度 0.05 级和 0.01 级的压力传感器通常用于标定。也有用检测误差与实测值之比的最大百分数表示的传感器精度，此精度标示为 RS。

7）温度范围。压力传感器的温度范围分为补偿温度范围和工作温度范围。补偿温度范围是施加了温度补偿后，传感器精度达到规定值的温度范围。工作温度范围是保证压力传感器能正常工作的温度范围。

图 2-1　某型金属电阻应
变片压力传感器

（2）典型产品的性能参数　不同厂家公布的压力传感器的性能参数种类和名称会有所不同。

1）金属电阻应变片压力传感器的技术参数。量程为 15～200MPa 的某型金属电阻应变片压力传感器如图 2-1 所示，其技术参数见表 2-4。

表 2-4　某型金属电阻应变片压力传感器的技术参数

参数	技术指标	参数	技术指标
灵敏度	（1.0±0.05）mV/V	灵敏度温度系数	≤±0.03%FS/10℃
非线性	≤（±0.02～±0.03）%FS[①]	工作温度范围	-20～80℃
滞环	≤（±0.02～±0.03）%FS	输入电阻	（400±10）Ω
激励电压	10～15V	输出电阻	（350±5）Ω
绝缘电阻	≥5000MΩ（DC50V）	安全过载	≤150%FS

①　%FS 为精度和满量程的百分比。

2）扩散硅压力传感器的技术参数。某型扩散硅压力传感器的技术参数见表 2-5。

表 2-5　某型扩散硅压力传感器的技术参数

参数	技术指标	参数	技术指标
精度等级	0.1%FS、0.5%FS（可选）	量程	0~10MPa
稳定性能	±0.05%FS/年、±0.1%FS/年	过载能力	150%FS
输出信号	RS485、4~20mA（可选）	防护等级	IP68
零点温度系数	±0.01%FS/℃	供电电源	DC9~36V
满度温度系数	±0.02%FS/℃	密封圈	氟橡胶
环境温度	−10~80℃	膜片材料	不锈钢 316L
外壳结构材料	不锈钢 12Cr18Ni		

3）智能型高精度压力传感器的技术参数。智能型高精度压力传感器除包含扩散硅压力敏感元件外，还集成有微 CPU 芯片、A/D 模块和数字显示单元，故这种压力传感器通常也称作压力变送器。智能型高精度压力变送器的精度较高，通常的精度等级有 0.1 级、0.05 级、0.01 级。可作为高精度的测量仪表、校准仪表对压力/差压变送器、压力传感器、普通/精密压力表等进行校验与检定，还具有电位差计、精密毫伏表、精密电流表的功能。某智能型高精度压力传感器如图 2-2 所示。其主要技术参数见表 2-6。

图 2-2　某智能型高精度
压力传感器

表 2-6　某智能型高精度压力传感器的主要技术参数

参　　数	技术指标
量程（表压）	−100kPa~250MPa（各档）
可供选择的量程测量准确度	0.1%FS、0.05%FS、0.02%FS
重复性误差	±0.1%FS
过载能力	1.25 倍量程
电源	机内充电电池 9V，功耗<0.6W；外接电源 220V，50Hz
工作环境	温度 5~50℃，湿度<90%

4. 压力传感器在液压试验台上的安装与电气接线

现代传感器在原理与结构上千差万别，在液压试验台上应用时要根据具体的测量要求、测量对象以及测量环境合理地选用传感器。压力传感器在液压试验台上使用时还需正确选择安装位置、安装螺纹，并正确进行电气接线。

（1）压力传感器电气接线　两线制压力传感器的接法比较简单，一根线连接电源正极，另一根线（信号线）经过仪器连接到电源负极，这种是最简单的。三线制压力传感器是在两线制基础上加了一根线，这根线直接连接到电源的负极，比两线制复杂一点。四线制压力传感器是两个电源输入端，另外两个是信号输出端。四线制压力传感器多半是电压输出而不是 4～20mA 的电流输出，4～20mA 电流输出的压力传感器多数做成两线制的。压力传感器的信号输出有些没有经过放大，满量程输出只有几十毫伏，而有些压力传感器在内部有放大电路，满量程输出为 0～2V。至于如何接到显示仪表，要看仪表的量程大小，如果有和输出信号相适应的档位，就可以直接测量，否则要加信号调整电路。

（2）压力传感器的安装　压力传感器可安装在油路块或管接头上，均采用螺纹连接。压力传感器常见的螺纹型式有 NPT、G、M 等，都是管螺纹。

NPT 是 National（American）Pipe Thread 的缩写，属于美国压力传感器标准的 60°锥管螺纹，用于北美地区。我国国家标准可查阅 GB/T 12716—2011《60°密封管螺纹》。

G 是管（Guan）螺纹的统称，又细分为 55°管螺纹和 60°管螺纹，属惠氏压力传感器螺纹家族。我国国家标准可查阅 GB/T 7307—2001《55°非密封管螺纹》。

M 是米制普通螺纹，如 M20×1.5 表示公称直径为 20mm、螺距为 1.5mm 的普通螺纹。如用户无特殊要求，压力传感器一般采用 M20×1.5 的米制普通螺纹。

2.1.3　用于液压试验检测的流量传感器

流量是液压试验必须检测的重要物理量。液压试验涉及的介质主要是液压油，为高黏度、低雷诺数的流体。所测流量均为层流状态下的流量，既可能为瞬时流量（Flow Rate），也可能为累积流量（Total Flow）。所测流量的量程较广，大至每分钟数千升，小至每分钟几毫升。液压试验常用的流量计有三种：椭圆齿轮流量计、齿轮流量计和涡轮流量计。椭圆齿轮流量计和齿轮流量计属于容积式流量计。容积式流量计相当于用一个标准容积的器皿，连续不断地对流动介质进行度量，流量越大，单位时间度量的次数越多，输出的频率越高。椭圆齿轮流量计只用于测低压流体的累积流量，齿轮流量计可用于测高压流体的累积流量和瞬时流量。涡轮流量计属于叶轮式流量计，受流体流动的冲击而旋转，以涡轮旋转的快慢来反映流量的大小。涡轮流量计可用于测流体的累积流量和瞬时流量。

1. 椭圆齿轮流量计

（1）结构原理　椭圆齿轮流量计由主要由壳体、发信计数器、椭圆齿轮和联轴器等组成，如图 2-3 所示。两个椭圆齿轮具有相互滚动进行接触旋转的特殊形状。计量箱由前盖 5、盖板 6、椭圆齿轮 7、壳体 8、后盖 9 组成。装在计量箱内的一对椭圆齿轮、上下盖板构成了一个密封的初月形容腔，以此初月形容腔作为一个排液量单位（标准容积）。当被测液体经管道进入流量计时，流量计进出口处的压力差推动椭圆齿轮连续旋转。由于齿轮的转动，该容腔不断地把流体连续分割成单个排液量单位，如图 2-4 所示。椭圆齿轮每转半圈，有 2 个排液量单位的流体被初月形容腔的标准容积计量后排出。椭圆齿轮的转数与 4 倍排液量单位的乘积即为被测液体流量的总量。这样，一对椭圆齿轮在转轴上不停地转动，测出其转数即可知道流经的液体总量。由于一个排液量单位（标准容积）对应 1/4 转，小于 90°转角对应的流量将不能被计量，所以椭圆齿轮流量计不适宜用于瞬时流量检测。

流量计中椭圆齿轮的转动通过磁性密封联轴器及传动减速机构传递给计数器，直接指示出流经流量计的总量。附加发信计数器后，将电信号传给计算机或者配以电显示仪表可实现远传流量测量。

椭圆齿轮流量计是现场累积仪表，有结构简单、使用可靠、压力损失小、受液体黏度变化的影响较小、量程范围大、安装方便等优点。椭圆齿轮流量计只能用于测低压流体的累积流量。

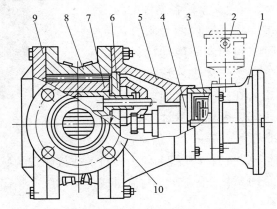

图 2-3　椭圆齿轮流量计结构

1—计数器　2—发信计数器　3—精度调节器　4—磁性密封联轴器
5—前盖　6—盖板　7—椭圆齿轮　8—壳体　9—后盖　10—法兰

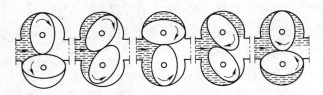

图 2-4　椭圆齿轮流量计的排液过程

（2）技术参数

精度等级：±0.1%FS、±0.2%FS、±0.5%FS。

公称通径 DN：4～300mm。

额定压力 PN：1.0MPa、1.6MPa、2.5MPa、4.0MPa、6.3MPa、9.6MPa。

被测液体温度：−10～80℃。

被测液体黏度：0.3～50000Pa·s。

管道连接使用标准：GB/T 9124.1～2—2019（中国标准法兰）、NIST（美国标准法兰）、BSPT（英国标准管螺纹）、PT（美国推拔管螺纹）。

输出信号：脉冲信号、4～20mA 电流、DC 1～5V 电压、4～20mA HART 协议（支持 RS232、RS485 通信）。

2. 齿轮流量计

齿轮流量计是容积式流量计的一种，用于精密测量液压管道中液体的流量或瞬时流量。

（1）工作原理与结构 齿轮流量计内部结构类似于齿轮泵，齿轮和壳体之间形成密闭测量室，如图2-5所示。齿轮流量计各零件的加工精度比齿轮泵高得多，测量室内两个啮合齿轮的齿隙极小，径向间隙和轴向间隙均比齿轮泵小得多，内泄漏可忽略。流体进入流量计后推动齿轮旋转，每个轮齿在投入啮合时，排出等于一个轮齿体积的液体。齿轮流量计容积计量的排液量单位（标准容积）是一个轮齿体积。

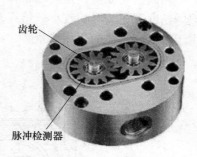

图 2-5 齿轮流量计内部结构

齿轮流量计壳体上设置有 n 只检测轮齿转过的非接触式的脉冲检测器。旋转一周，每个齿产生 n 个脉冲，最终产生与流量成比例的脉冲频率信号，进而得出流量值。

由于齿轮流量计几乎没有内泄漏，可以认为通过齿轮流量计的流量与齿轮的转速成比例；又因为齿轮的齿数均多于9，齿轮旋转一周，每个齿产生 n 个脉冲，所以每个脉冲对应的齿轮角位移不足10°，计量某秒内的脉冲数（频率）就准确测出了该秒的齿轮角位移（瞬时转速）。而瞬时转速又正比于瞬时流量，所以，齿轮流量计可用于检测瞬时流量。

（2）特性 齿轮流量计排液量单位（标准容积）小，又设置多个脉冲检测器做分频检测，故分辨率高，最小测量流量为 0.001L/min，量程比（同一流量计可测最大与最小流量之比）最高可达 1000：1。

齿轮流量计可测量黏度高达 10000Pa·s 的流体，其计量准确度高一般可达 ±0.5%RS，加非线性补偿后可达±0.1%RS，甚至±0.005%RS 的高精度。

齿轮流量计最高额定压力可达 35MPa。

齿轮流量计大多采用 mA HART 通信协议，便于用户自动化检测。为了给液压试验台提供诊断信息和状态检测，必须在流量测量中获取除了流量数据以外更多的信息，这就需要引入现场总线协议。

（3）技术参数　最高压力为 31.5 MPa 的某型齿轮流量计如图 2-6 所示。其技术参数见表 2-7。

图 2-6　某型齿轮流量计

表 2-7　最高压力为 31.5MPa 的某型齿轮流量计的技术参数

测量范围/(L/min)	K 系数/(脉冲/L)	最高压力/MPa	频率/Hz	质量/kg
0.002~0.5	40.000	31.5	1.3~330	2.2
线性度	测量值的±2.5%（≥5mm²/s）			
重复性	±0.1%			
黏度范围	0.8~30mm²/s			
材质	外壳：　符合 DIN 1.4404（SS316L）/1.4305（SS303） 齿轮：　符合 DIN 1.4122 轴承：　碳化钨 密封：　FKM、FFKM、PTFE			
介质温度	−20~120℃（更高温度备询）			

最高压力为 100MPa 的齿轮流量计的技术参数见表 2-8。

表 2-8　最高压力为 100MPa 的齿轮流量计的技术参数

型号	测量范围/(L/min)	K 系数/(脉冲/L)	最大压力/MPa	频率/Hz	质量/kg
01/1 HC	0.005~2	26.500	0.1	2.2~880	3.4
01/2 HP	0.02~3	14.000	0.1	4.6~700	3.4
02 HP	0.1~7	4.200	0.1	7~490	3.4
03 HP	0.5~25	1.740	0.1	14~730	3.9
04 HP	0.5~70	475	0.1	4~560	11.1
线性度	实际流量的±0.5%（≥30mm²/s；经线性化修正后可达 0.1%）				
重复性	±0.1%				
材质	外壳：符合 DIN 1.4404（SS316L） 齿轮：符合 DIN 1.4122，1.4501 轴承：滚珠轴承：碳化钨（ZHM 01/1），滚珠轴承 密封：FKM				
介质温度	−20~150℃（更高温度备询）				

3. 涡轮流量计

涡轮流量计的工作原理是将涡轮置于被测流体中，液流的动能使涡轮产生旋转运动。涡轮旋转的快慢反映了流量的大小。小质量的涡轮对流体转速的变化能做出快速响应（<50ms）。

（1）结构原理　涡轮流量计一般由五个部分组成：涡轮组件、壳体、液流整流器、电磁感应装置、放大整形计数装置。流量计壳体的材料一般为钢或者是铸铁，其两端为法兰连接。小口径流量计也有采用螺纹接口方式的。涡轮上有经过精密加工的叶片，它与一套减速齿轮和两个高精度不锈钢永久自润滑轴承一起构成涡轮组件。整流器可使流体流过涡轮流量计时处于规则的层流状态，消除扰动对计量的影响。

当被测流体按指定方向（不可反向）流过涡轮流量计传感器时，由于涡轮的叶片与流向有一定的角度，流体的冲力使叶片具有转动力矩，克服摩擦力矩和流体阻力之后涡轮旋转。在力矩平衡后涡轮转速稳定，在一定的条件下，涡轮转速与管道平均流速成正比。涡轮流量计的感应线圈和永久磁铁一起安装在壳体上。当铁磁性涡轮叶片经过磁铁时，磁路的磁阻发生变化，在线圈内将感应出脉动的电势信号，即电脉冲信号。此信号经过放大器的放大整形，形成有一定幅度的连续的矩形脉冲波，可远传至显示仪表，显示出流体的累计流量。同时脉冲频率经过频率-电压转换可以指示瞬时流量。叶轮的转速正比于瞬时流量，叶轮的累积转数正比于流过的累计流量。

在一定的流量范围内，脉冲频率 f 与流经传感器的流体的瞬时流量 q_V 成正比，流量方程为

$$q_V = \frac{3600f}{k} \tag{2-1}$$

式中　　q_V——流体的瞬时流量（工作状态下）（m^3/h）；

3600——换算系数；

f——脉冲频率（Hz）；

k——传感器的仪表系数（$1/m^3$）。

每台传感器的仪表系数通常由制造厂填写在检定证书中。使用前，用户将 k 值输入配套的显示仪表中，便可显示出所测的瞬时流量和累计总量。

（2）特性　涡轮流量计具有精度高、重复性好、无零点漂移、高量程比等优点。涡轮流量计压力损失小，叶片能防腐，可以测量黏稠和腐蚀性的介质。涡轮流量计的输出是脉冲频率调制式信号，易于数字化，不仅提高了检测电路的抗干扰性，而且简化了流量检测系统。它的量程比可达 10:1，精度在 ±0.2% 以内。惯性小而且尺寸小的涡轮流量计的时间常数可达 0.01s。

涡轮流量计结构简单、加工零部件少、重量轻、维修方便、流通能力大（同样口径可通过的流量大），可适应特定参数（高温、高压和低温）工况。

涡轮流量计有法兰连接和螺纹连接两种形式，如图 2-7 所示。该涡轮流量计的电气特性见表 2-9。

（3）智能一体化涡轮流量计　该流量计是采用先进的超

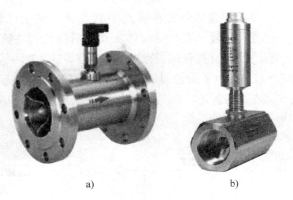

a)　　　　　　　　　b)

图 2-7　涡轮流量计

a）法兰连接　b）螺纹连接

表 2-9　涡轮流量计的电气特性

型号	显示方式	输出功能	供电电源
LWGY	配显示仪表远传显示	脉冲输出，峰值由供电电源确定	DC 5~24V
LWY	现场液晶显示累积流量和瞬时流量	脉冲输出或 4~20mA 两线制电流输出	配装 3V 锂电池，可连续使用 3~5 年
LWGB	配显示仪表	4~20mA 两线制电流输出	DC 12~24V

低功耗单片微机技术研制的智能一体化涡轮流量计，是涡轮流量传感与显示计算一体化的新型智能仪表。它采用双排液晶现场显示，具有读数直观清晰、可靠性高、不受外界电源干扰、抗雷击等明显优点，可以智能补偿仪表系数非线性，并可进行现场修正。它还配置了高清晰液晶显示器，可同时显示瞬时流量（4 位有效数字）及累积流量（8 位有效数字，带清零功能）。所有有效数据掉电后仍可保持 10 年不丢失。该类涡轮流量计均为防爆产品，防爆等级为 ExdIIBT。

（4）涡轮流量计的参数　涡轮流量计选型时必须考虑其可检测流量的范围及耐压能力是否满足要求。涡轮流量计压力和流量参数见表 2-10。

表 2-10　涡轮流量计压力和流量参数

仪表口径/mm	正常流量范围/（m³/h）	扩展流量范围/（m³/h）	常规耐受压力/MPa	特制耐压等级/MPa[①]
DN 4	0.04~0.25	0.04~0.4	6.3	12、16、25
DN 10	0.2~1.2	0.15~1.5	6.3	12、16、25
DN 15	0.6~6	0.4~8	6.3、2.5（法兰）	4.0、6.3、12、16、25
DN 25	1~10	0.5~10	6.3、2.5（法兰）	4.0、6.3、12、16、25
DN 32	1.5~15	0.8~15	6.3、2.5（法兰）	4.0、6.3、12、16、25
DN 40	2~20	1~20	6.3、2.5（法兰）	4.0、6.3、12、16、25
DN 50	4~40	2~40	2.5	4.0、6.3、12、16、25

① 法兰连接方式。

（5）涡轮流量计在管路中的安装　涡轮流量计可采用法兰连接、螺纹连接及夹装式安装，安装时液体流动方向应与涡轮流量计外壳上指示流向的箭头方向一致，且上游直管段长度应≥6DS（DS 为被测管道实测内径），下游直管段长度应≥5DS；为了检修时不至影响液体的正常输送，应在涡轮流量计两端的直管段外安装旁通管道。如图 2-8 所示。涡轮流量计应远离外界磁场，如果不能避免，应采取必要的措施。

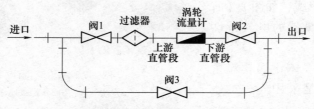

图 2-8　涡轮流量计在管路中的安装

2.1.4　用于液压试验检测的位移传感器

电位计式、电感式、光栅式、磁栅式位移传感器在液压试验台上均可应用。本节只介绍液压试验中有特定用途的三种位移传感器。

1. 磁致伸缩位移变送器

磁致伸缩位移变送器用于精密测量液压缸活塞的位移，通常镶插在活塞或活塞杆内，属于内置式安装。液压缸磁致伸缩位移变送器（也称磁尺），是采用磁致伸缩原理制造的高精度、长行程、测量绝对位置的位移变送器。它不但可以测量运动活塞的直线位移，还可同时测出运动活塞的位置和速度。

（1）磁致伸缩位移变送器的组成和工作原理　磁致伸缩位移变送器主要由测杆、电子仓和套在测杆上的非接触的磁环组成，测杆内装有磁致伸缩线（波导线），如图 2-9 所示。工作时，由电子仓内的电

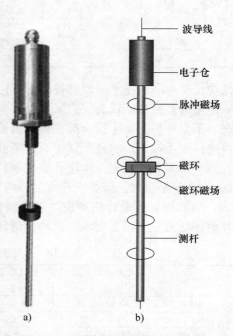

图 2-9　磁致伸缩位移变送器的组成
a）实物　b）组成结构

子电路产生一个起始脉冲，此起始脉冲在波导线中传输时，同时产生了一个沿波导线方向前进的旋转磁场。当这个磁场与磁环中的永久磁场相遇时，产生磁致伸

缩效应，使波导线发生扭动，产生扭动脉冲（或称返回脉冲）。此扭动脉冲发生器安装在电子仓内的拾能机构内，该发生器感知扭动脉冲并转换成相应的电流脉冲，通过电子电路计算出两个脉冲起始和返回之间的时间差，即可精确测出被测的位置和位移，如图 2-10 所示。根据输出信号的不同，磁致伸缩位移变送器分为模拟式和数字式两种。

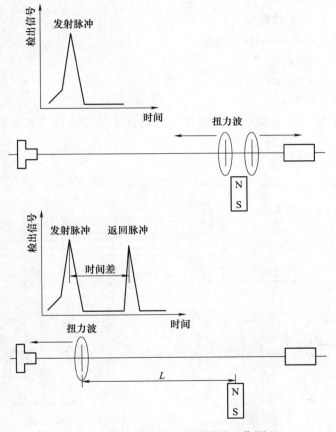

图 2-10　磁致伸缩位移变送器的工作原理

（2）磁致伸缩位移变送器的特性　磁致伸缩位移变送器为内置式安装，采用非接触测量方式，避免零件互相接触而造成磨擦或磨损，因此适合应用于环境恶劣、有污染的工程系统。磁致伸缩位移变送器工作寿命长、可靠性高。灵活的供电方式和极为方便的外接线方法和多种输出形式使它可满足各种测量、控制、检测的要求。某型磁致伸缩位移变送器的性能参数如下：

测量范围：150～3000mm。

精确度：±0.05%FS。

工作电压：DC 12~30V。

功耗：≤2W。

输出信号：4~20mA，负载阻抗≤500Ω。

绝缘阻抗：DC 500V 时，50MΩ。

工作压力：35MPa。

接线盒材质：不锈钢。

杆径材质：06Cr19Ni10 不锈钢。

接口方式：螺纹。

环境温度：−10~85℃。

防护等级：IP65。

（3）磁致伸缩位移变送器的安装　某型磁致伸缩位移变送器的安装尺寸如图 2-11 所示。

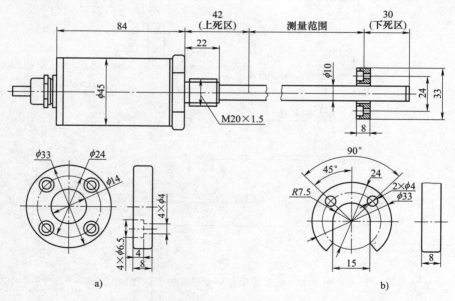

图 2-11　磁致伸缩位移变送器的安装尺寸

a）闭口磁环　b）开口磁环

磁致伸缩位移变送器在双作用单杆液压缸上的安装如图 2-12 所示。图 2-12 所示为磁致伸缩位移变送器在双作用单杆液压缸上的安装。

2. 拉线式位移传感器

拉线式位移传感器由旋转式拉线盘和精密电位计在传感器盒中组装而成，结

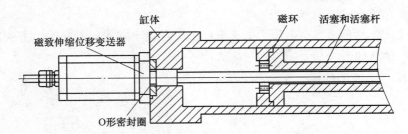

图 2-12　磁致伸缩位移变送器在双作用单杆液压缸上的安装

合了精密电位计和直线位移传感器的优点，是一款结构紧凑、测量行程长、安装空间小、具有高精度测量的传感器。通常，拉线起始端固定在被测运动件上，传感器盒安装在机座或静止的台架上。当被测运动件有直线位移或角位移时，拉线伸缩，带动传感器盒的内轴旋转，高精度电位计同轴旋转产生电阻变化，再通过变送器将电阻信号转化成标准的电流或电压信号输出。内轴上装有精密弹簧机构，以 3N 左右的力作用于拉线上，保证拉线始终处于拉直状态。

某型拉线式位移传感器外形如图 2-13 所示，其性能参数如下：

图 2-13　某型拉线式位移传感器外形

测量范围：200～2000mm。

测量精度：0.2%FS、0.5%FS。

拉线拉力：≥3N。

拉线材质：316L 不锈钢。

拉线线径：0.5mm（多股绞线）。

输出方式：0～10V、4～20mA 或电阻信号。

工作电压：DC 24V。

绝缘阻抗：100MΩ（DC 100V 时）。

重复性误差：±0.15%FS。

适用温度：−25～80℃。

防护等级：IP65。

拉线式位移传感器有电压、电流或电阻三种输出方式，不同输出方式时，输出端子的接线如图 2-14 所示。

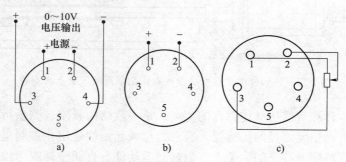

图 2-14 拉线式位移传感器输出端子的接线
a）电压输出 b）电流输出 c）电阻输出

3. 阀芯位移传感器

阀芯位移是液压阀性能试验中重要的被测量。通常阀芯工作在高压油中，且有电磁铁驱动，测量阀芯位移的传感器必须采用独特的耐高压密封方式和隔离电磁感应的技术。

（1）结构原理 某型阀芯位移传感器由调零螺钉、锁紧螺钉孔、电气连接器、壳体、耐压头、铁心连杆等组成，如图 2-15 所示。传感器壳体中配装带有铁心的差动变压器，铁心通过非磁性的连杆连接液压阀阀芯。这种传感器的工作原理是建立在差动变压器原理上的，其骨架采用两节式结构，如图 2-16 所示。

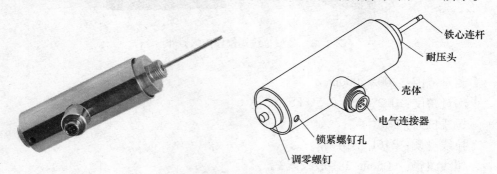

铁心连杆
耐压头
壳体
电气连接器
锁紧螺钉孔
调零螺钉

图 2-15 阀芯位移传感器的结构与外形

传感器的初级线圈 N_1 平绕于骨架上，两个次级线圈 N_{21}、N_{22} 绕成阶梯状反向串接在一起。为了将输出电压的零点由位移传感器的中心移至传感器的起始端，骨架中增加了迁零线圈 N_3，将它平绕于初级线圈 N_1 内，与两个次级线圈

N_{21}、N_{22}差接。将位移传感器输出电压的零点由骨架中间位置迁移到传感器的起始端。迁零后的感应电压经整流、滤波后转换为正比于衔铁位移的直流输出电压。传感器采用差动变压的测量原理，采用机械调零方式。独特的密封方式和隔离电磁感应技术使得传感器最高可以承受 35MPa 的高压，具有线性好、响应速度快等特点。

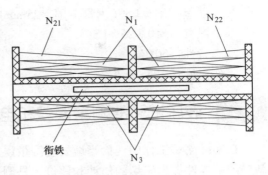

图 2-16 差动变压器骨架结构

阀芯位移传感器与液压阀的安装连接如图 2-17 所示。安装时，将铁心连杆与阀芯的中心孔螺纹紧密相连（螺纹锁紧或胶封），将耐压盲孔套套住铁心连杆，与阀体外壳或盖板紧密相连，拧紧螺栓；旋动调零螺钉，移动传感器铁心连杆在耐压盲孔套中的位置，参考电气显示值，找到传感器的零位后用调零螺钉锁紧固定。

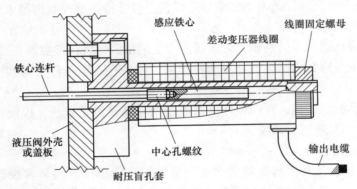

图 2-17 阀芯位移传感器与液压阀的安装连接

（2）性能参数 SDVG 型阀芯位移传感器可承受 35MPa 的高压，功耗<2W，机械式调零范围为 2mm。SDVG 型阀芯位移传感器具有测量范围宽、线性精度高等特性，其相关参数如下：

供电电源：DC 9～28V。

工作电流：电压输出型供电电流≤12mA，二线 4～20mA 电流输出型供电电流 4～20mA。

位移量程：2～40mm。

输出信号：0～5V（DC 9～28V 供电电压），0～10V（DC 15～28V 供电电压），4～20mA（二线制，DC 15～28V，供电电压）。

线性误差：<1%FS（测量范围≥25mm 时，<5%FS）。

温度漂移：≤0.025%FS/℃。

动态特性：50Hz。

工作温度：-25~85℃。

2.2 液压试验的测量误差和电气干扰

在实际测试工作中，恰当地处理测量误差，给出正确的测试结果，并对所得结果的可靠性做出确切的估计和评价，是测试工作的基本要求。本节将主要介绍有关测量误差及其评价的基本理论，以及电气干扰排除的基础知识。

2.2.1 测量误差与精度

在工程测试中，各参数的真值（理论值）是客观存在的。但由于试验方法和测试设备的不完善、试验环境以及人为因素等的影响，用测量仪器测得的数值只是其近似值，其与真值之间存在一定的误差。随着测试技术的日益发展和人们认识水平的不断提高，虽不能完全消除误差，但可将误差控制得越来越小。研究误差的意义在于：

1）正确认识误差的性质，分析误差产生的原因，将误差控制在最小范围内。

2）正确处理数据，合理计算所得结果，以便在一定条件下得到更接近于真值的数据。

3）正确组织试验，合理设计仪器或选用仪器及测量方法，以便在最经济的条件下，得到最理想的结果。

1. 误差的定义

所谓误差就是真值与测量值之差。这里的真值是指被测量客观存在的真实值。一般来说，真值是未知的，是一个理想的概念，仅在某些特定情况下才是已知的。按国际计量基准规定，将巴黎国际计量局保存的铂-铱合金圆柱体的千克原器的质量定义为 1kg，这是约定真值。此外，为了实际测量需要，将满足规定精确度的被测量的实际量值用来代替真值使用，称为相对真值。例如在检定工作中，把用高一等级精度的标准器具所测得的量值作为相对真值。

误差是客观存在的，具有普遍性。实践证明，任何一种测试方法所获得的任何一个测量数据，都含有误差，即使是最高基准的测量手段也不是绝对准确的，只是误差的大小不同而已。测量误差可用绝对误差表示，也可用相对误差表示。误差的表示方法通常有下列几种：

（1）绝对误差　绝对误差定义为被测量的测量值与真值之差（用测量单位表示），通常简称误差。其计算公式为

$$绝对误差 = 测量值 - 真值 \qquad (2\text{-}2)$$

由式（2-2）可知，绝对误差可正可负。绝对误差给出的是测量结果的实际误差值，其量纲与被测量的量纲相同。在对测量结果进行修正时常依据绝对误差的数值。

（2）相对误差　相对误差定义为绝对误差与被测量的真值之比，用百分数表示。当测量值的绝对误差很小时，可近似用绝对误差与测量值之比作为相对误差。其计算公式为

$$相对误差 = \frac{绝对误差}{真值} \qquad (2\text{-}3)$$

相对误差可正可负，是一个量纲为 1 的百分数（%）。例如，某管路用普通压力表测得的压力为 4.8MPa，用高等级的标准压力表测得值为 4.7MPa，因后者精度高，故可认为 4.7MPa 是真值，从而普通压力表测量的绝对误差为 0.1MPa，其相对误差为 0.1/4.7 = 2.1%。

对于相同的被测量，绝对误差可以评定其测量精度的高低，但对于不同的被测量，绝对误差有时就难以评定其测量精度的高低，这时采用相对误差来评定就较为合适。

通常，测量仪表的精度等级分为七级：0.05 级、0.1 级、0.2 级、0.5 级、1.0 级、1.5 级、2.5 级。如某仪表精度等级为 0.5 级，表示该仪表的最大相对误差不大于 0.5%。

（3）引用误差　引用误差的定义是测量中示值误差与仪表满量程值之比，用百分数表示。其计算公式为

$$引用误差 = \frac{示值误差}{仪表满量程值} \qquad (2\text{-}4)$$

式中　示值误差——仪表指示数值的最大绝对误差；

仪表满量程值——仪表刻度的上限值与下限值之差。

根据仪器仪表的精度，规定了最大的允许引用误差，仪表各刻度位置上的引用误差不得超过这一最大允许值。例如，经检定发现，量程为 250V 的 2.5 级电压表在 126V 处的示值误差最大，为 5V。按电压表精度等级的规定，2.5 级电压表的最大允许引用误差为 2.5%。该电压表的最大引用误差 $q = (5V/250V) \times 100\% = 2\%$。由此可知，该电压表的最大引用误差小于最大允许引用误差，故该电压表合格。

2. 误差的来源

试验中误差的来源主要有四个方面，即设备误差、环境误差、测量误差和运算误差。

（1）设备误差　设备误差即测试装置带来的误差，包括标准量具的误差、

仪器误差和附件误差等。仪器误差是由于仪器设计、制造不精确或由于外界环境条件变化而引起的误差。仪器设计误差是指基本仪器系统不能准确地表现测量值与被测量值之间的函数关系。因为在设计仪器时已将这类误差减小到允许的范围之内，或者事先给出了用于修正这类误差的图表，所以仪器设计误差通常不是试验误差的主要来源。制造误差是由于元件材料质量不稳定、加工精度不够高和仪器结构缺点而造成的。例如，由于刻度不准确、指针安装调整不当等就易造成刻度误差；由于仪器运动部件摩擦力不平衡、间隙过大造成的误差；由于弹性元件受力后剩余变形产生的误差等。这些误差虽不能完全消除，但在仪器制造过程中可以减小到允许的误差范围内。

（2）环境误差　环境误差是由于各种环境因素变化引起测量装置和被测量本身的变化所造成的误差。很多测量元件对温湿度变化很敏感，如应变片、压电晶体等；很多电测仪器存在零漂和温漂现象，并对电源电压变化敏感；此外，周围环境的振动、噪声、光照、电磁场等对某些测量仪器也会引起误差。通常仪器、仪表在规定条件下使用产生的误差称为基本误差，而超出规定条件使用引起的误差称为附加误差。

（3）测量误差　测量误差是指由于测试方法不合理、仪器安装位置不正确以及使用不当等因素造成的误差。

（4）运算误算　运算误算是指在处理数据的过程中，由于取值、计算、引入系数或经验公式及作图等步骤而造成的误差。间接测量的参数是由几个直接测量得到的参数值，经四则、函数运算而得到的，从而带来误差积累。

3. 误差的分类

根据误差的性质，可将误差分为随机误差、系统误差和疏失误差（或称过失误差）三大类。

（1）随机误差　在同一测试条件下，多次重复测量同一量时，误差大小、符号均以不可预测的方式变化的误差称为随机误差。随机误差反映了某些难以控制的偶然因素对测量的影响，因此也叫偶然误差。随机误差不具有确定的规律性，某个具体数值的出现完全是随机的，在没有完成测量之前，不能预先确定这一测量误差的数值。例如，用便携式三坐标仪测量某大型转轴圆柱度时，三坐标仪探头与转轴外圆面碰触点的表面粗糙度对测量结果带来的误差就是随机误差。由于随机误差无固定规律，因而大量随机误差之和有正负抵消的可能。随着测量次数的增加，随机误差平均值越来越小，这种性质称为抵偿性。因此，如果不存在系统误差，可采用增加测量次数来减小随机误差的影响。随机误差既不能用试验方法消除，也不能修正。随机误差就其个体而言，是没有规律的、无法预先估计的、不可控制的，但其总体却符合统计学规律，重复测量的次数越多，这种规律性就越明显。因此，可以用概率统计的方法，计算随机误差对测量结果可能带来的影响。描述随机误差统计特征的主要参数有数学期望值、方差（或标准差）及其相关系数等。实际统计证明，绝大多数随机误差遵循正态分布统计规律。

（2）系统误差　系统误差是指在相同测试条件下，多次测量同一被测量时，测量误差的大小和符号保持不变或按一定的函数规律变化的误差。例如，一只零位调整有误的仪表，其各个刻度线上将产生数值和符号不变的示值误差，即为系统误差。系统误差主要是由于测量设备的缺陷、测量环境变化、测量方法的不完善等造成的。

按对误差掌握的程度，系统误差可分为已定系统误差（大小方向已知）和未定系统误差（大小方向未知，但通常能估计误差的大致范围）。按误差出现的规律，系统误差又可分为不变系统误差（大小方向为固定值）和变化系统误差（大小方向按一定规律变化）等。

由于系统误差具有一定规律性，因此它是可以预测的，也是可以消除的。对于已确知的系统误差，应通过适当的修正方法从测量结果中消除。

（3）疏失误差　疏失误差是指在一定的测量条件下，测得的值明显偏离其真值，既不具有确定分布规律，也不具有随机分布规律的误差。疏失误差是由于客观外界条件的突然变化（如机械冲击、外界振动等），使仪器示值或被测对象的状态发生突变，或者由于测试人员对仪器不了解、精神不集中、粗心大意导致读数错误，使测量结果明显地偏离了真值而造成的。

在判别某个测量值是否含有疏失误差时，测试人员应做充分的分析和研究，并根据判别准则予以确定。通常用来判别疏失误差的准则有：3σ 准则、肖维纳（Chauvenet）准则等。疏失误差就数值大小而言，通常明显地超过正常条件下的系统误差和随机误差，其相应的测量值称为坏值或异常值。正常的测量结果中不应含有坏值。

各类测量误差的关系：各类测量误差的区分并不是绝对的。随机误差与系统误差的合成称为综合误差。任何一个测量结果总是包含随机误差和系统误差，个别数据还包含疏失误差。但在一个具体的测量结果中，各类误差综合地反映在具体的数据中，无法在数量上做出区分。只有在多次测量的大量数据中，不同性质的误差才会显露出来。

必须注意，误差的性质是可以在一定条件下转化的。系统误差和随机误差之间并不存在绝对的界限。例如，环境温度对测量结果的影响不能一概归结为系统误差或随机误差。当环境温度相对标准温度有一个固定偏差值时，误差是恒定的系统误差；当温度逐渐升高，引起仪器示值漂移时，误差是变化的系统误差；而当温度随机波动，引起测量结果随机变化时，误差是随机误差。随着对误差性质认识的深化和测试技术的发展，有可能把过去作为随机误差的某些误差分离出来作为系统误差来处理，或把某些系统误差当作随机误差来处理。同样，疏失误差有时也难以和随机误差相区别，从而作为随机误差来处理。

4. 精度

反映测量结果与真值接近程度的量称为精度，它与误差大小相对应。因此可用误差大小来表示精度的高低，误差小则精度高。精度也可用误差的极限值与测量值的百分比表示。精度可细分为下列三种：

1）精密度：测量结果的离散程度，它标志着随机误差的大小。随机误差越小，离散程度越小，重复性越好，精密度越高。

2）正确度：测量结果偏离真值的程度，它标志着系统误差的大小。系统误差越小，正确度越高，测量结果就越接近真值。

3）准确度：它反映综合误差的大小程度，或者说是测量的精密度和正确度的综合。对于具体的测量，精密度高的准确度不一定高，反之亦然。但准确度高，则精密度与准确度都高。

虽然任何测量总是不可避免地存在误差，但为了提高测量精度，必须尽可能减小误差。因此有必要对各种误差的性质，出现规律，发现、减小它们的主要方法以及对测量结果的评定等方面作进一步分析。

2.2.2 随机误差的分析及处理

1. 随机误差的正态分布特性

随机误差的发生和大小是不能预先估计的。但在通过对大量测量数据的观测分析后，人们发现，大多数的随机误差遵循正态概率分布规律，它具有如下特点：

1）有界性：所有随机误差介于绝对值相等的正、负两极限间，极大误差出现概率为零。

2）单峰性：小误差出现的概率比大误差出现的概率要大。

3）对称性：测量次数很多时，绝对值相等、符号相反的随机误差出现的概率相等。

这种误差的分布规律即为正态分布律，其概率密度函数表达式（又称高斯方程）为

$$p(\delta) = \frac{1}{\sigma\sqrt{2\pi}}e^{-\frac{\delta^2}{2\sigma^2}} \qquad (2\text{-}5)$$

式中 δ——测量值 x 的随机误差；

σ——随机误差的标准差（或方差的二次方根）。

由式（2-5）绘制随机误差正态分布概率密度曲线，如图 2-18 所示。

2. 随机误差的评价指标

（1）正态分布的均值　正态分布的均值由于是多次重复测量的结果，因此最能代表测量真值，它可以作为测量结果的最佳估计值。实际测量中，在已消除了系统误差和疏失误差之后，样本均值可由有限次测量值的算术平均值替代。在同一精度下，多次测量值 x_i（$i = 1, 2, \cdots, n$）之和除以测量次数 n 所得之值称为算术平均值 $\bar{x}$，即

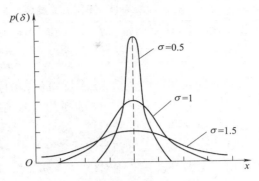

图 2-18　随机误差正态分布概率密度曲线

$$\bar{x} = \frac{\sum_{i=1}^{n} x_i}{n} \tag{2-6}$$

在等精度下测量，各测量值的算术平均值 $\bar{x}$ 最接近真值，即为最佳估计值，可用来作为被测量的值。

（2）正态分布的标准差　设各次测量的随机误差分别为 δ_i（$i = 1, 2, \cdots, n$），随机误差正态分布的标准差的表达式为

$$\sigma = \sqrt{\frac{\delta_1^2 + \delta_2^2 + \cdots + \delta_n^2}{n}} \tag{2-7}$$

标准差可用作测量值分散性的参数估计。

用正态分布的均值求得一组测量结果的最佳估计值后，尚不能完全判定这组测量值的可靠性。因为在实际测量中，各个测量值相对最佳测量结果总有一定的分散性，它表明了各次测量的不可信赖程度。评估这种不可信赖程度的参数就是随机误差正态分布的标准差。图 2-18 所示曲线描述了标准差 σ 的大小对随机误差正态分布的影响。σ 越小，大误差出现的概率越小，曲线的峰值就越高；曲线的坡度越陡，随机误差的分散性越小，可信赖程度越大，测量精度就越高。反之，σ 越大，大误差出现的概率越大，曲线的峰值就越低；曲线的坡度越平缓，随机误差的分散性越大，可信赖程度越小，测量精度就越低。

（3）测量值的极限误差（3σ 准则）　在工程测试中，常用 σ 作为测试误差界限度量的标准，将测试误差表示为 σ 的系数。不同 σ 系数值的测试误差界限发生概率见表 2-11。由表 2-11 可知，测得值产生的随机误差，一般不会超过 3σ（置信概率 $p = 0.9973$，σ 为误差总体正态分布的标准差）。

表 2-11　不同 σ 系数值的测试误差界限发生概率

误差界限	0.32σ	0.67σ	σ	1.15σ	1.96σ	2σ	2.58σ	3σ
概率	25%	50%	68%	75%	95%	95.4%	99%	99.73%

因此，在实用中认为 3σ 是随机误差的极限，称为极限误差 δ_{lim}，并用它来评定测量的精密度（称为"3σ 准则"）。标准差 σ 和极限误差 δ_{lim} 是液压测量中应用最广的单次测量值的精密度评定指标。

利用误差概率表可知给定误差介于某一范围内的概率大小，从而判断该误差的性质。例如某误差的绝对值大于 3σ 时，其可能性只有 0.27%，可以认为该误差不是随机误差，而是疏失误差。

（4）平均误差　由于计算算术平均值时，误差的正、负值将部分抵消，因此用算术平均值难于判定测量的精度，所以常采用有积累而无抵消的平均误差来判定测量的精度。平均误差是各误差绝对值的算术平均值，即

$$\eta = \frac{\sum_{i=1}^{n} |\delta_i|}{n} \qquad (2\text{-}8)$$

式中　$|\delta_i|$——各测量值误差的绝对值；

η——所有测量值的平均误差。

显然，η 越大，测量的精度越差。

2.2.3　系统误差的分析及处理

1. 系统误差产生的原因

系统误差是由固定不变的或按确定规律变化的因素所造成的，这些因素是可以控制的。造成系统误差的主要原因有：

1）测量装置设计制造的误差。

2）外界环境条件的影响。

3）测量方法的因素，如采用近似测量方法或近似的计算公式等。

4）测量人员方面的因素，如测量者在刻度上估计读数的习惯等。

测量结果的精度，不仅取决于随机误差，更取决于系统误差，有时系统误差甚至比随机误差会大一个数量级，且不易被发现。因此，系统误差常比随机误差对测量精度的影响更大。

由于多次重复测量同一量值时，系统误差不具有抵偿性，它是固定的或服从一定函数规律的误差。

图 2-19 所示为各种系统误差 Δ 随测量时间 t 变化的特征。曲线 a 为不变系统误差，曲线 b 为线性变化（累进）的系统误差，曲线 c 为非线性变化的系统误

差，曲线 d 为周期性变化的系统误差，曲线 e 为复杂规律变化的系统误差。

当系统误差 Δ 与随机误差 δ 同时存在时，误差的特征如图 2-20 所示。在多次重复测量中系统误差为固定值 Δ，而随机误差为正态分布，并以系统误差 Δ 为中心。

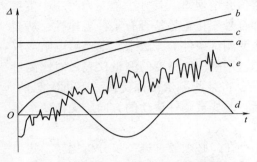 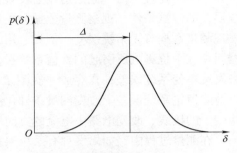

图 2-19   各种系统误差 Δ   图 2-20   系统误差 Δ 与随机误差
随测量时间 t 变化的特征   δ 同时存在时误差的特征

2. 系统误差的处理

测量数据获得以后，应检查在测定值中是否包含有系统误差，常用的检查方法有残差分析法、分布检查法和对比检定法等。

（1）残差分析法   在实际测量中，常用足够多次测量值的算术平均值代替真值，将每次测量值与算术平均值之差定义为残差。在实际的误差分析中常用残差代替误差进行分析。

1）逐个残差正、负号分析。此方法适用于随机误差小于系统误差的测量结果时。逐个检查残差的正、负号变化，可发现系统误差的存在，其分析方法如下：

① 测定值按测量的先后次序排列，如果残差的代数值规则地自正变负，则测定值中含有累进的系统误差。

② 测定值按测量的先后次序排列，如果残差的符号有规则地交替变化，则测定值中含有周期性的系统误差。

③ 当在某些测量条件下，残差基本上保持相同的符号，而不存在这些条件时，残差均变符号，则测定值中含有随测量条件改变而出现（或消失）的固定系统误差。

2）残差求和分析。此方法适用于随机误差大于系统误差时，但要求重复测量的次数 n 足够多。其分析方法如下：

① 测定值按测量先后次序排列，若前一半测定值的残差和与后一半测定值的残差和不等于零，则测定值中包含有累进的系统误差。

　　② 若条件改变前测定值的残差和与改变后测定值的残差和之差不等于零，则测定值包含有随测量条件改变而出现（或消失）的固定系统误差。

　　（2）分布检查法　　此方法是检验测定值是否服从正态分布，若不服从，则可能含有系统误差；若服从正态分布，但均值不为零，则含有系统误差。

　　（3）对比检定法　　此法适用于发现常值系统误差，其方法是人为改变产生系统误差的测试条件，观察测量数据大小和符号变化趋势是否有某种规律性，从而发现测量数据有无系统误差。例如，用改变测试条件的方法来发现接触电阻或仪器间相互干扰影响所引起的常值系统误差；用高一级精度的测量仪表做对比测量来发现不变系统误差；在完成一次测量后，将某些测量条件交换一下再次测量，以消除恒定系统误差。改变测量条件包括：改变被测件移动的方向、交换两个接线端子的接线、改变电路中电流的方向等。

　　在测量过程中，如果发现有系统误差存在，必须经过进一步分析比较，找出可能产生系统误差的因素以及减小和消除系统误差的方法。但是采用哪种方法与具体的测量对象、测量设备和测量人员的经验有关。因此，消除系统误差是十分细致的工作，要找出普遍有效的方法比较困难。在实际测量中，测量人员要正确地操作仪器，完善测量方法，同时应掌握误差规律，引入修正值，将系统误差减小到最低限度。引入修正值这种方法是预先将测量器具的系统误差检定出来，做出误差表或误差曲线，然后取与误差数值大小相同而符号相反的值作为修正值，最后将实际测得值加上相应的修正值，即可得到不包含该系统误差的测量结果。由于修正值本身也含有一定的误差，因此这种方法不可能将全部系统误差修正掉。

2.2.4　过失误差的分析及处理

1. 过失误差的产生原因

　　过失误差是由于在测量过程中某些突然发生的不正常因素（外界干扰，测量条件意外改变，测量者疏忽大意）所造成的误差，它与其他大多数误差相比较，其误差明显偏大。

　　含有过失误差的测量值必然导致测量值的失真和对测量结果的歪曲；另外，在正常的测量条件下，由于测量值的分散性也会出现个别正常的、误差较大的测量值，若误认为这些测量值含有过失误差而轻易将其剔除，则由此而获得的测量结果同样是不符合客观实际的。因此，关键是应该确定判别过失误差的界限，并以此界限为准进行判断。凡是超出判断范围的误差，就认为属于过失误差。

2. 判断过失误差的准则

　　对于有充分根据认为是由过失误差引起的异常数据（野点）应舍弃；对原因不明的异常数据则应根据统计学准则决定取舍。用统计学方法取舍异常数据的根据是超过某界限的测定值出现的概率很小，有理由认为是由过失误差引起的，应该舍弃。舍弃的原则是，测定值的残差是否超过某个极限值。常用判断过失误差的准则有以下几种：

（1）拉依达准则（3σ 准则）　由概率分布曲线可知，在正态分布时，测定值误差绝对值大于 3σ 时出现的概率仅为 0.27%，为小概率事件，因此残差绝对值大于 3σ 的测定值可舍弃。若多次测量值为 x_i，算术平均值为 $\bar{x}$，其异常数据判别式为

$$x_i - \bar{x} > 3\sigma \tag{2-9}$$

满足式（2-9）的 x_i 为异常数据，应剔除。3σ 准则是建立在足够多次测量的基础上的，测量次数较少时不适用。

（2）肖维纳准则　对于样本数较少的有限次测量值 x_i，不宜采用 3σ 准则而应采用肖维纳准则。肖维纳准则认为，对于有限 n 次重复测量，误差的极限为 $\pm Z_n\sigma$。Z_n 为与重复测量次数 n 有关的系数，称为肖维纳系数。超过误差极限 $\pm Z_n\sigma$ 的测量值 x_i 为异常数据。肖维纳准则的判别式为

$$|x_i - \bar{x}| > Z_n\sigma \tag{2-10}$$

表 2-12 中给出了肖维纳系数 Z_n 与测量次数 n 的对应关系。

表 2-12　肖维纳系数 Z_n 与测量次数 n 的对应关系

n	Z_n	n	Z_n	n	Z_n
3	1.38	14	2.10	25	2.33
4	1.53	15	2.13	26	2.35
5	1.65	16	2.15	30	2.39
6	1.73	17	2.17	35	2.45
7	1.80	18	2.20	40	2.49
8	1.86	19	2.22	50	2.58
9	1.92	20	2.24	60	2.64
10	1.96	21	2.26	80	2.74
11	2.00	22	2.28	100	2.81
12	2.03	23	2.30	150	2.93
13	2.07	24	2.31	200	3.02

肖维纳准则在测量次数较多时比较正确，若测量次数较少，可靠性也较低。一般来说，肖维纳准则判断的过失误差界限，较适用于 $n = 15 \sim 20$。

（3）狄克松准则　3σ 准则和肖维纳准则均需先求出标准差 σ，在实际运用中比较烦琐。而狄克松准则用极差比的方法，可得到简化而严密的结果。为了提

高判断效果，不同的测量次数应用不同的极差比公式。其方法如下：

1）将 n 个测量值 x_i 按大小顺序排列，得到：$x(1) \leqslant x(2) \leqslant \cdots \leqslant x(n)$。

2）先由表 2-13 中相应的公式计算 D_0，再由给定的置信系数 α，查得极差比系数 $D(\alpha, n)$。若满足：$D_0 > D(\alpha, n)$，则应剔除最小值 $x(1)$ 或最大值 $x(n)$。

表 2-13 常用极差比系数 $D(\alpha,n)$ 与 D_0 的计算公式

n	$D(\alpha,n)$		D_0 的计算公式	
	$\alpha=0.01$	$\alpha=0.05$	$x(1)$ 可疑时	$x(n)$ 可疑时
3	0.989	0.941		
4	0.899	0.765		
5	0.780	0.642	$D_0=\dfrac{x(2)-x(1)}{x(n)-x(1)}$	$D_0=\dfrac{x(n)-x(n-1)}{x(n)-x(1)}$
6	0.698	0.560		
7	0.637	0.507		
8	0.683	0.554		
9	0.635	0.512	$D_0=\dfrac{x(2)-x(1)}{x(n-1)-x(1)}$	$D_0=\dfrac{x(n)-x(n-1)}{x(n)-x(2)}$
10	0.597	0.477		
11	0.679	0.576		
12	0.642	0.546	$D_0=\dfrac{x(3)-x(1)}{x(n-1)-x(1)}$	$D_0=\dfrac{x(n)-x(n-2)}{x(n)-x(2)}$
13	0.615	0.521		
14	0.641	0.546		
15	0.616	0.525		
16	0.595	0.507		
17	0.577	0.490		
18	0.561	0.495		
19	0.547	0.462	$D_0=\dfrac{x(3)-x(1)}{x(n-2)-x(1)}$	$D_0=\dfrac{x(n)-x(n-2)}{x(n)-x(3)}$
20	0.535	0.450		
21	0.524	0.440		
22	0.514	0.430		
23	0.505	0.421		
24	0.497	0.413		
25	0.486	0.406		

2.2.5 电干扰及排除

测量系统的电干扰是由于内部或外部的原因，在测量系统中衍生与所传递的

被测信息无关的电能，它的存在使得测量系统传输、指示或记录的信号值发生变化，从而造成测量误差，严重时测量将无法进行。

测量系统中一般采用模拟传感器将诸如压力、流量、加速度等非电物理量转换成模拟电信号输出。这种电信号的频带较宽、电平较低（从微伏或皮安级到几伏或几十毫安级）。这样低电平的信号对电干扰是十分敏感的，所以在组成测量系统时，要分析各种可能的电干扰并设计抑制或排除电干扰的措施。

1. 电干扰的分类

电干扰可以按其频谱特性和进入信道的方式来分类。

1）电干扰按其信号频谱特性，可以将电干扰分为直流干扰、工频干扰、低次谐波干扰、低频干扰、高频干扰、射频干扰、瞬态干扰以及随机噪声干扰等类。这些干扰对正常测量工作的危害程度要根据具体情况来确定。

2）电干扰按其进入信道的方式，可以将电干扰分为常模干扰和共模干扰两种。

① 常模干扰。测量系统可以看成是由传感器通过信号传输线到信号接收器的系统。常模干扰是使信号接收器的一个输入端点相对于另一个输入端点在电位上发生变化的干扰。常模干扰发生的机理如图 2-21 所示，每一回路的常模干扰全部被耦舍到信号接收器的输入端上。

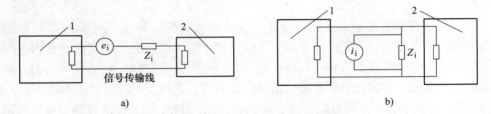

a)   b)

图 2-21　常模干扰发生的机理

a）与信号传输线串联的干扰电压发生器　b）与信号传输回路并联的干扰电流发生器

1—传感器　2—信号接收器　e_i—干扰电压　i_i—干扰电流　Z_i—干扰阻抗

② 共模干扰。共模干扰出现在两条信号传输线和公共参考点（接地点）之间，它使两条信号传输线对公共参考点的电位同时等量地发生变化。如图 2-22 所示，共模干扰通常能够用一个干扰电压发生器 e_i 来表示，此发生器的一端直接（或者经由某些阻抗）与信号回路相连接，另一端接到信号回路之外的参考点（例如接地点）上。干扰电压源的电流经由干扰阻抗 Z_{i1}、Z_{i2} 进入信号回路，然后经信号回路对参考点的漏阻抗 Z_{s1}、Z_{s2} 回到参考点，这样就构成一完整的干扰回路。信号导线的阻抗 Z_1、Z_2 及传感器和信号接收器的阻抗是信号通道和干扰通道两者的公共阻抗，干扰电压源的电流流过公共阻抗，在接收器两端产生附

加的常模干扰电压。

共模干扰可转变为常模干扰，即将一端不是信号回路的干扰源引到信号回路中。这种形式的干扰不直接作用在信号接收器上，只是在发生由共模干扰到常模干扰的转变时才能引起误差，这种转变是由信号电流通路和干扰电流通路的公共阻抗所造成的。虽然共模干扰源常常有高于公共阻抗的有效阻抗，从而使共模干扰转变为常模干扰的效率下降，但共

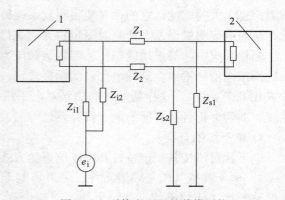

图 2-22　干扰电压源的共模干扰

1—传感器　2—信号接收器　Z_1、Z_2—信号回路导线的阻抗
Z_{s1}、Z_{s2}—信号回路对参考点的漏阻抗　Z_{i1}、Z_{i2}—干扰阻抗

模干扰源的电压通常高于信号电压，即使转换的效率低，也将产生很大的误差。因此，共模干扰常常是比常模干扰更为严重的问题。

2. 电干扰的干扰源

了解干扰源的类型及其对测量系统产生的干扰作用，将有助从源头上抑制或排除电干扰。

（1）交流和直流电力线路的干扰　交流电力线路（或交流电源线路）是最常遇到的干扰源之一，它产生工频干扰。这种干扰通过互感、电容很容易耦合到信号回路。电力线路虽然有比较高的电压，但是由于将它耦合到信号回路上去的电容和电感很小，因此对被影响的信号回路而言，这种干扰源的阻抗是很高的。

由于直流和低频不容易耦合到信号回路上去，因此，直流电力线路对信号回路的干扰比交流电力线路小。这种干扰只有通过传导（绝缘性差等方面的原因）才能耦合到信号回路上去。所以这类性质的干扰一般只对具有非常高输入阻抗的信号回路有影响。然而，在直流电力线路中，传输功率的变化能引起线路周围电磁场强度的变化，这种变化能够在信号回路中感生瞬态干扰。接在直流或交流电力线路上的负载接通或切断时所引起的线路传输功率的突变就是这种情况。另外，切断同电力线路连接的电感型负载时，所产生的电感放电也是常见的瞬态干扰源。

（2）电设备的干扰　在测量系统附近，无论直流还是交流供电的电设备，对信号回路都能产生干扰。例如，和测量系统的仪器有公共电源电路的其他设备电源的瞬态和射频干扰，能够通过电源电路传导到测量仪器中去。电源变压器无论其大小都要产生漏磁场，这种漏磁场能将工频干扰耦合到信号回路上去，铁心的磁通密度越大，变压器的漏磁场就越大。虽然大功率电力变压器和小功率仪表变压器相比是更强的干扰源，但后者往往更接近于信号通道，因此可能产生更强

的干扰。变压器漏磁场干扰是正弦波形的，理论上，由于变压器铁心磁性的非线性，常使得干扰信号波形变为平顶的或尖峰式的。

在交流电动机、变频器和发电机的磁路中存在着空气隙，它们产生的漏磁场往往比变压器更强，所以它们是更强的干扰源。很小的仪表用同步电动机也可能是测量系统中的干扰源。电刷型电动机除产生磁场干扰外，还会由换向器和集电环的电火花引起传导和电磁波干扰。

（3）设备接地的干扰　测量仪器接地或仪器的某一部分通过杂散电容与地耦合，都可能在测量系统中形成烦琐的干扰源。设备构件往往和大地构成一个传导通路，不同接地点的电位差产生共模干扰电流，它通过电流导入信号回路，而干扰通路和信号回路的公共阻抗将共模干扰电流转换成常模干扰电压。

3. 电干扰的抑制和排除方法

抑制干扰是测量系统设计和使用的重要技术。一般说来，可以通过两个途径抑制干扰，一个途径是通过控制干扰源来抑制干扰的发生，另一个途径是通过控制干扰源和信号电路之间的耦合，把信号回路同干扰源隔离开来。这里仅简述测量系统接地干扰、静电感应干扰和电磁感应干扰的抑制方法。

（1）测量系统接地干扰　接地干扰是测量系统中最常见，但也是最麻烦的干扰源。现以图 2-23 所示接地干扰的等效电路说明接地干扰。测量系统设备的不同接地点间存在电位差，图 2-23 中，接地电位差用不同的接地符号和干扰电压发生器 e_{cm} 表示，i_{cm1} 和 i_{cm2} 是干扰回路的共模干扰电流。公共阻抗（信号源阻抗 R_1、接收器阻抗 R_2、信号线路阻抗）将共模电流 i_{cm1} 和 i_{cm2} 转换成常模电压，使信号接收器接收的电压是这些电压降的矢量和。这就是接地产生的常模干扰。

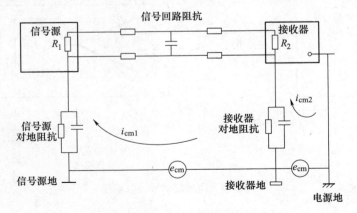

图 2-23　接地干扰的等效电路

由公共阻抗造成的常模干扰，能够通过消除公共的电流通路来防止，即排除信号信道中的干扰电流。干扰电流通路可以包括真实电路元件的实际连接和形成对地阻抗的漏电阻和杂散电容的通路，如图 2-23 所示。这两种情况消除公共阻抗的方法有些不同，但基本的原理一样。

消除公共阻抗的简单做法是阻断信号电路和可能的干扰电路之间的物理连接。但是，在许多情况下测量系统需要接地，所以这种做法往往行不通。另外，对于杂散的干扰电流通路来说，这种做法也不现实。因此，在测量实践中常常采用信号回路单点接地的方法来消除公共阻抗。它的基本原理是保证信号回路中只有一个点连接到干扰源上，在这种单点连接的情况下，干扰电流不是在所有的电路上不能流动，就是被限制为只能通过杂散通路回流，这就使得流过公共阻抗的干扰电流比多点接地情况下的干扰电流小得多，从而抑制了接地干扰。

现以图 2-24 所示的传感器信号接收系统来说明单点接地抑制干扰的效果。接收系统中，放大器输入信号的低端可以接地，也可以不接地。当放大器接地时系统就形成阻抗很小的通路（图 2-24 中虚线），接地电位差就可引起较大的干扰电流。干扰电流流过由信号源、信号线和放大器组成的公共阻抗回路，产生常模干扰。当放大器不接地时，干扰电流只能通过信号电路和接收器外壳之间阻抗很大的漏电通路回流到接地点 2，干扰电流就比放大器接地时小得多。测量仪器的信号电路与外壳、大地之间没有实际直流通路连接的情况称为浮接（或浮地），保证浮接的办法就是测量系统的信号回路中只能有一点接地。图 2-24 中，测量系统的信号回路只在传感器做接地连接，虽然接收器外壳仍然保持接地，但这不是信号回路。必须注意：应使信号电路和接地点 2 间的分布电容保持最小值，否则也可能使干扰电流增大。

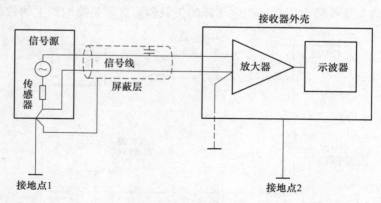

图 2-24　传感器信号接收系统

（2）静电感应干扰的抑制　干扰源通过静电感应耦合到信号回路上的干扰，可以通过减少信号回路的阻抗和采用静电屏蔽等方法来抑制。

接地干扰源通过静电感应耦合到信号回路上的干扰电势，直接取决于导线和地之间的阻抗。这样，连接传感器和信号接收器的两根导线之间各自感应的电势之差（即它们之间的电位差）取决于它们之间的阻抗（即传感器的阻抗和信号接收器的阻抗）。因此，减小信号回路阻抗是控制静电感干扰的一种有效方法。信号电路的阻抗应在满足其他要求的情况下保持最低的水平。因此，在组成测量系统时，对传感器的输出阻抗和信号接收器的输入阻抗的选择都必须考虑这个要求。传感器阻抗的选择受测量系统需求的限制，应在此范围内选择具有最小输出阻抗的传感器。信号接收器（即测量仪器）的输入阻抗通常由它对传感器或信号传输线的负载效应决定，输入阻抗越大，负载误差就越小。但是，如果考虑干扰抑制的问题，就要在允许的负载误差范围内，选择尽可能低的输入阻抗。

　　静电屏蔽是最有效的抑制静电感应干扰的方法。所谓静电屏蔽就是在信号导线的绝缘层外包上金属屏蔽网（即采用金属屏蔽线）或者将某一部分电路用金属屏蔽罩隔离起来，并将这些金属屏蔽网、罩接地或接到适当的参考点上。这时干扰电流将通过金属屏蔽网、罩流回干扰源，而不进入被屏蔽的信号回路。

　　有效的静电屏蔽必须提供低阻抗的干扰电流旁通回流通路，这就要求金属屏蔽网或金属屏蔽罩为合适的形状和电导，并且要求其有可靠的接地连接。必须注意，对信号信道加静电屏蔽时决不能降低它对周围环境的总电容，反而会使总电容增大，但通过此电容的耦合而产生的干扰电流仅仅在金属屏蔽网或金属屏蔽罩中流动，几乎没有干扰电流传输到信号电路上去。

　　（3）电磁感应干扰的抑制　在交变磁场作用下，信号回路受到的干扰总是常模形式的。根据法拉第定律，受磁场干扰的信号电路所感生的干扰电压与信号电路与磁场交链的有效匝数成正比，与信号电路的面积成正比，与交变磁场的磁通密度成正比。为减小干扰电压值应该减小信号电路的面积、减少有效匝数、减小交变磁场的磁通密度。信号电路面积的减小，可以通过信号电路的合理组成和布线来实现。通过使用有效的磁屏蔽材料（具有高磁导率的材料）和形状的磁屏蔽物将信号电路屏蔽，可以减小交变磁场的磁通密度，同时减小信号电路与磁场交链的有效匝数。为了减小磁干扰，信号电缆常采用屏蔽双绞线或同轴电缆。前者适用于频率 100kHz 到 10MHz 的场合，后者适用于从零频率（直流）至甚高频的频段。采用这些电缆时，应注意其屏蔽层的接地方式。

2.3　相似性原理与量纲分析法

　　试验是建立液压系统数学物理模型的重要手段。液压试验的被试对象可以是液压系统（或元件）原型，也可以是液压系统（或元件）模型。对于重要的、大型的、复杂的液压系统（或元件），常要求在设计制造之前，研究掌握其某些物理量之间的规律，这时，原型试验将无从谈起；对已建造出来的液压系统（或元件），有时由于条件的限制（如不具备过大液压系统的试验条件、试验环境无法满足过高温度或过高压力的要求），也难于进行原型试验。这时，只能采用另一种试验研究方法——模型试验。

模型试验方法以相似理论为基础，通过建立模型，由模型试验得到被测对象的某些物理量间的规律，然后把获得的规律推广到实际对象（即原型）上去。这种方法根据相似原理，利用相似于原型的模型来探求原型的工作规律性，因此，其试验结果可以推广应用到与之相似的所有现象，并且能够研究原型试验方法无法进行的以及在原型设计制造前要求研究的现象。模型试验可以准确控制试验对象的主要参量，不受外界条件的制约；模型一般是根据原型尺寸按比例缩小的，容易制造，节省资金、人力、时间和空间；对于一些变化缓慢的物理现象，模型可以加快其研究进程，而对于一些稍纵即逝的现象，模型也可以减缓其研究过程。

相似理论是研究自然界和工程中各种物理过程相似原理的学说，可以把个别现象的研究结果推广到所有相似的现象中，以减少试验次数。相似理论综合了理论分析与试验研究方法的优点。它除了可以用来指导模型试验外，还可用来解决试验中应测量哪些物理量、应如何整理试验数据、试验结果可以推广到哪些现象中去等问题。本节主要阐述相似理论的基础知识及其在模型试验方法中的应用。

2.3.1 相似性原理

要使液压系统原型和模型相似，就必须保证它们之中流体的流动相似。模型和原型要保证流动相似，应满足几何相似、运动相似、动力相似、初始条件和边界条件一致。在两个相似现象中，各对应点上同种物理量的比值，叫作该物理量的相似倍数（或相似系数、比例系数）。通常用 C 及相应的下标表示，例如长度相似系数记作 C_l。

1. 几何相似

几何相似即原型和模型及其中流动的所有形体的线性变量的比值均相等。若长度相似系数为 C_l、面积相似系数为 C_A、体积相似系数为 C_V，原型形体的长度、面积、体积分别表示为 l_1、A_1、V_1，模型对应形体的长度、面积、体积分别表示为 l_2、A_2、V_2，则有

$$C_l = \frac{l_1}{l_2} \tag{2-11}$$

$$C_A = \frac{A_1}{A_2} = \frac{l_1^2}{l_2^2} = C_l^2 \tag{2-12}$$

$$C_V = \frac{V_1}{V_2} = \frac{l_1^3}{l_2^3} = C_l^3 \tag{2-13}$$

在本节的叙述中，原型物理量的符号均附以下标"1"，模型物理量的符号均附以下标"2"。

2. 运动相似

运动相似是指流体运动的速度场相似，也即两流场各相应点（包括边界上各点）的速度及加速度方向相同，且大小具有同一比值。若速度相似系数为 C_v、加速度相似系数为 C_a、时间相似系数为 C_t，原型流体运动的速度、加速度、时间表示为 v_1、a_1、t_1，模型流体运动对应的速度、加速度、时间表示为 v_2、a_2、t_2，则有

1）速度相似系数

$$C_v = \frac{v_1}{v_2} = \frac{l_1/t_1}{l_2/t_2} = C_l C_t^{-1} \tag{2-14}$$

2）加速度相似系数

$$C_a = \frac{a_1}{a_2} = \frac{v_1/t_1}{v_2/t_2} = C_l C_t^{-2} = C_v C_t^{-1} \tag{2-15}$$

运动相似的两个流动系统中，流体位移对应距离所需的时间间隔成比例：

$$C_v = \frac{v_1}{v_2} = \frac{\lim\limits_{\Delta t_1 \to 0} \dfrac{\Delta l_1}{\Delta t_1}}{\lim\limits_{\Delta t_2 \to 0} \dfrac{\Delta l_2}{\Delta t_2}} = \frac{\dfrac{\Delta l_1}{\Delta l_2}}{\lim\limits_{\substack{\Delta t_1 \to 0 \\ \Delta t_2 \to 0}} \dfrac{\Delta t_1}{\Delta t_2}} = \frac{C_l}{C_t} \tag{2-16}$$

若 C_v、C_l 均为常数，则 C_t 也为常数，即运动相似的系统，时间也相似。运动相似必须以几何相似为前提。

在液压系统中，运动相似还有体积流量成比例和运动黏度成比例。

3）体积流量相似系数 C_q 为

$$C_q = \frac{q_1}{q_2} = \frac{l_1^3/t_1}{l_2^3/t_2} = \frac{C_l^3}{C_t} = C_l^2 C_v \tag{2-17}$$

式中　q_1——原型体积流量；

q_2——模型对应的体积流量。

4）运动黏度相似系数 C_v 为

$$C_v = \frac{\nu_1}{\nu_2} = \frac{l_1^2/t_1}{l_2^2/t_2} = \frac{C_l^2}{C_t} = C_l C_v \tag{2-18}$$

式中　ν_1——原型运动黏度；

ν_2——模型对应的运动黏度。

3. 动力相似

动力相似是指原型流动和模型流动各相应的流体质点所受的同名力方向相同，其大小比值相等。

1）力相似系数 C_F

$$C_F = \frac{F_1}{F_2}$$

根据模型与原型的密度比例、长度比例和速度比例，就可确定其他动力学量的比例。

由牛顿第二定理 $F = ma$，可得

$$C_F = \frac{\rho_1 l_1^3 \dfrac{\Delta v_1}{\Delta t_1}}{\rho_2 l_2^3 \dfrac{\Delta v_2}{\Delta t_2}} = C_\rho C_l^2 C_v^2 \tag{2-19}$$

式中　ρ_1——原型密度；

　　　ρ_2——模型对应的密度；

　　　C_ρ——密度相似系数。

实际上，根据模型与原型的密度相似系数、长度相似系数和速度相似系数，就可确定其他动力学量的相似系数。

2）力矩相似系数 C_M 为

$$C_M = \frac{M_1}{M_2} = \frac{F_1 l_1}{F_2 l_2} = C_F C_l = C_l^3 C_v^2 C_\rho \tag{2-20}$$

式中　M_1——原型力矩；

　　　M_2——模型对应的力矩。

3）压力相似系数 C_p 为

$$C_p = \frac{p_1}{p_2} = \frac{F_1/A_1}{F_2/A_2} = \frac{C_F}{C_A} = C_v^2 C_\rho \tag{2-21}$$

式中　p_1——原型压力；

　　　p_2——模型对应的压力。

4）动力黏度相似系数 C_μ 为

$$C_\mu = \frac{\mu_1}{\mu_2} = \frac{\rho_1 \nu_1}{\rho_2 \nu_2} = C_\rho C_\nu = C_l C_v C_\rho \tag{2-22}$$

式中　μ_1——原型的动力黏度相似数；

　　　μ_2——模型的动力黏度相似数。

几何相似是运动相似和动力相似的前提，动力相似是决定运动相似的主导因素。

4. 初始条件和边界条件一致

初始条件包括原型和模型在时间零点的压力、流量、黏度、温度等。边界条件有几何类、运动类和动力类三种，如固体边界上的法向流速为零、自由液面上的压力为大气压等。

2.3.2　动力相似准则

相似性原理说明，原型流动和模型流动若要相似，必须同时满足几何相似、运动相似、动力相似及初始条件和边界条件一致。但在实际应用中，并不能用几何相似、运动相似及动力相似的定义式来判定两个流动是否相似。因为，待研究的原型流动的状态是未知的。为保证设计的模型和未知状态的原型相似，科学家研究出了一些准则。只要满足这些准则规定的条件，原型流动和模型流动就可判断是相似的，不需再按几何相似、运动相似及动力相似的定义式做所有计算了。

在几何相似的条件下，原型流动和模型流动保证相似的准则称为动力相似准则。

1. 牛顿相似准则

由式（2-19）可得

$$\frac{C_F}{C_\rho C_l^2 C_v^2} = 1 \quad 或 \quad \frac{F_1}{\rho_1 l_1^2 v_1^2} = \frac{F_2}{\rho_2 l_2^2 v_2^2} \tag{2-23}$$

对任何流体系统，其所受外力、密度、运动黏度、某线性长度分别为 F、ρ、v、l，令其牛顿数 Ne 为

$$Ne = \frac{F}{\rho l^2 v^2} \tag{2-24}$$

则要使原型流动和模型流动动力相似，只要原型流动的牛顿数等于模型流动的牛顿数即可。即

$$Ne_1 = Ne_2$$

因此，牛顿相似准可表述为：当模型与原型的动力相似，则其牛顿数必定相等，反之亦然。牛顿相似准则数（牛顿数）为量纲数。

流动中有各种性质的力，但无论哪种力，只要两个流动动力相似，它们都要服从牛顿相似准则。根据被考察力的不同，可以由牛顿相似准则推导出针对不同力应用的相似准则。

2. 重力相似准则

重力 W 可表示为

$$W = \rho V g \tag{2-25}$$

式中　ρ——密度；

　　　V——体积；

　　　g——重力加速度。

力相似系数可写为

$$C_F = \frac{W_1}{W_2} = \frac{\rho_1 V_1 g_1}{\rho_2 V_2 g_2} = C_\rho C_l^3 C_g \tag{2-26}$$

将式（2-26）代入式（2-23），得

$$\frac{C_v}{(C_l C_g)^{\frac{1}{2}}} = 1 \quad 或 \quad \frac{v_1/v_2}{\left(\frac{l_1}{l_2}\frac{g_1}{g_2}\right)^{\frac{1}{2}}} = 1$$

即

$$\frac{v_1^2}{l_1 g_1} = \frac{v_2^2}{l_2 g_2}$$

令 Fr 为弗劳德数，有

$$Fr = \frac{v^2}{lg} \tag{2-27}$$

因此，重力相似准则（或称弗劳德准则）可表述为：当模型与原型的重力相似，则其弗劳德数必定相等，反之亦然。重力相似准则数（或称弗劳德数）为量纲数。

3. 压力相似准则

液压系统主要关注的力是压力产生的作用力，对此可由牛顿相似准则推导出压力相似准则。设原型与模型的压力各为 p_1、p_2，对应的作用力为 F_1、F_2，压力的作用面积为 A_1、A_2，则力相似系数为

$$C_F = \frac{F_1}{F_2} = \frac{p_1 A_1}{p_2 A_2} = C_p C_l^2 \tag{2-28}$$

将式（2-28）代入式（2-19）得

$$\frac{C_p}{C_\rho C_v^2} = 1 \quad 或 \quad \frac{p_1}{\rho_1 v_1^2} = \frac{p_2}{\rho_2 v_2^2}$$

令流动的欧拉数为 Eu，有

$$Eu = \frac{p}{\rho v^2} \tag{2-29}$$

因此，压力相似准则（或称欧拉准则）可表述为：若模型与原型压力相似，则其欧拉数必定相等，反之亦然。压力相似准则数（或称欧拉数）为量纲数。

4. 黏性力相似准则

由式（2-22）可得

$$C_\rho C_v C_l / C_\mu = 1 \quad 或 \quad \frac{\rho_1 v_1 l_1}{\mu_1} = \frac{\rho_2 v_2 l_2}{\mu_2} \quad 或 \quad \frac{v_1 l_1}{\nu_1} = \frac{v_2 l_2}{\nu_2} \tag{2-30}$$

令流动的雷诺数为 Re，有

$$Re = \frac{vl}{\nu} \tag{2-31}$$

因此，黏性力相似准则（或称雷诺准则）可表述为：当模型与原型的黏性力相似，则其雷诺数必定相等，反之亦然。黏性力相似准则数（或称雷诺数）为量纲数。

2.3.3　动力相似准则的应用

就一般流动而言，除动力相似准则还有弹性力相似准则（或称柯西准则）、表面张力相似准则等。但对于液压流体，常用的动力相似准则就是压力相似准则、黏性力相似准则和重力相似准则。

将动力相似准则用于模型流动设计时，一般只在多个相似准则中选择一个最能代表原型主要作用力的准则应用。如果同时选择两个以上相似准则进行模型流动设计，则可能出现无法求解而需再做人为取舍的状况。应用动力相似准则进行模型设计的一般步骤如下：

1）根据原型主要作用力的种类选择相似准则，利用准则中无量纲数相等的公式去设计模型，选择流动介质。

2）在模型试验过程中测定对应相似准则数中包含的一切物理量。

3）用数学方法找出相似准则数之间的函数关系，即准则方程式。该方程式便可推广应用到相似的原型流动中去。

【例 2-1】　如图 2-25 所示，当通过大油箱底部的管道向外输油时，为防止箱内油深太小，形成油面旋涡将空气吸入输油管。需要通过模型试验确定油面开始出现旋涡的最小油深 h。

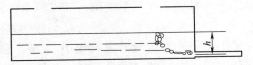

图 2-25　通过大油箱底部管道输油示意图

已知输油管内径 $d=250\mathrm{mm}$，输油流量 $q=0.14\mathrm{m}^3/\mathrm{s}$，油的运动黏度 $\nu=7.5\times10^{-5}\mathrm{m}^2/\mathrm{s}$。倘若选取长度相似系数 $C_l=1/5$，为了保证流动相似，模型输油管的内径、模型内液体的流量和运动黏度应是多少？若在模型上测得出现旋涡的最小油深 $h_2=50\mathrm{mm}$，油箱的最小油深 h 应是多少？

解：该流动流体所受外力只有重力和大气压力，而重力是流动的主要动力，故采用重力相似准则来设计模型。

按长度相似系数得模型输油管内径

$$d_2 = C_l d = \frac{250}{5}\mathrm{mm} = 50\mathrm{mm}$$

在重力场中，模型和原型的重力加速度相等。由弗劳德数相等可得模型内液体的流速 v_2 和流量 q_2 为

$$v_2 = \left(\frac{h_2}{h}\right)^{1/2} v = \left(\frac{1}{5}\right)^{1/2} v$$

$$q_2 = \frac{\pi}{4} d_2^2 v_2 = \frac{\pi}{4} \left(\frac{d}{5} \right)^2 \times \left(\frac{1}{5} \right)^{1/2} v = \left(\frac{1}{5} \right)^{5/2} q = \frac{0.14}{55.9} \mathrm{m}^3/\mathrm{s} = 0.0025 \mathrm{m}^3/\mathrm{s}$$

运动黏度由黏性力相似准则确定。由雷诺数相等可得模型内液体的运动黏度 ν_2 为

$$\nu_2 = \frac{v_2 d_2}{v d} \nu = \left(\frac{1}{5} \right)^{3/2} \nu = \frac{7.5 \times 10^{-5}}{11.18} \mathrm{m}^2/\mathrm{s} = 6.708 \times 10^{-6} \mathrm{m}^2/\mathrm{s}$$

油池的最小油深 h 为

$$h = \frac{h_2}{C_l} = 5 \times 50 \mathrm{mm} = 250 \mathrm{mm}$$

2.3.4 量纲分析法

1. 量纲

量纲是表示各种物理量的类别，单位是度量各种物理量数值大小的标准。单位和量纲都是关于度量的概念，单位决定度量的数量，而量纲则指度量的性质。例如，长度的单位可以是米，也可以是毫米，但长度的量纲为 L。同种类物理量的量纲必定相同，但量纲相同的物理量并不一定是同种类的物理量。

量纲分为基本量纲和导出量纲。基本量纲具有独立性的，不能由其他量纲推导出来的量纲叫作基本量纲。在国际单位制（SI）中，当研究力学和机械运动现象时，取长度、质量、时间的量纲作为基本量纲，相应地用 M、L、T 表示。这种量纲系统称为质量系统或 MLT 系统。目前，世界各主要工业国家都已采用国际单位制，取长度、质量、时间的量纲作为基本量纲，可以解决大多数工程实际问题。

导出量纲是指由基本量纲导出的量纲，可以写为基本量纲的函数组合。在质量系统中，任何一个导出量纲可统一地由如下的量纲表达式来表示，即

$$\mathrm{dim} X = \mathrm{L}^\alpha \mathrm{T}^\beta \mathrm{M}^\gamma \tag{2-32}$$

式中 α、β、γ——基本量纲 L、T、M 的指数。

例如，力 F 的量纲可表示为

$$\mathrm{dim} F = \mathrm{MLT}^{-2}$$

速度的量纲为

$$\mathrm{dim} v = \mathrm{LT}^{-1}$$

运动黏度的量纲为

$$\mathrm{dim} \nu = \mathrm{L}^2 \mathrm{T}^{-1}$$

如雷诺数的量纲

$$\mathrm{dim} Re = \mathrm{dim} \frac{vd}{\nu} = \frac{(\mathrm{LT}^{-1}) \mathrm{L}}{\mathrm{L}^2 \mathrm{T}^{-1}} = \mathrm{M}^0 \mathrm{L}^0 \mathrm{T}^0 = 1 \tag{2-33}$$

如果用无量纲数来表达物理定律的关系式，则无量纲关系式的形式不会随单位选用的变化（但要同类量的单位一致）有任何改变。所以用无量纲数来整理试验数据时，其结果可以推广应用到相似的对象中，并可使试验内容减少，大大节省试验的人力物力。所以，在相似理论中，一般用无量纲数来表述现象的规律。

2. 量纲和谐原理

凡是正确反映客观规律的物理方程，其各项的量纲都必须是一致和相同的，称为量纲和谐原理，也称为量纲齐次性原理。

满足量纲和谐原理的物理方程，可用任一项去除其余各项，使其变为无量纲方程。如描述深度为 h 处液体静压力 p 与大气压力 p_0 关系的流体静力学基本方程为

$$p = p_0 + \rho g h \qquad (2\text{-}34)$$

用 $\rho g h$ 除其余各项，可得无量纲方程为

$$\frac{p}{\rho g h} = \frac{p_0}{\rho g h} + 1 \qquad (2\text{-}35)$$

量纲和谐原理可用来确定公式中各物理量的指数，建立物理方程式的结构形式，也可用来检验试验得出的经验公式的正确性，为科学地组织试验过程、整理试验成果提供理论指导。利用量纲和谐原理，实现上述应用的方法称为量纲分析法，常用的量纲分析方法有瑞利法和白金汉法（也称 π 定理）。

3. 瑞利（Rayleigh）法

瑞利法是量纲和谐原理的直接应用。瑞利法的实施步骤如下：

1）确定与所研究的物理现象目标 y 有关的 n 个物理量 x_1、x_2、$x_3\cdots$、x_n。

2）将物理现象（或试验目标）目标与各物理量（或被测量）之间的函数关系写成指数乘积的形式，即

$$y = k x_1^{a_1} x_2^{a_2} x_3^{a_3} \cdots x_n^{a_n} \qquad (2\text{-}36)$$

3）根据量纲和谐原理，即等式两端的量纲应该相同，确定各物理量的指数 a_1、a_2、a_3、$\cdots a_n$，代入指数方程式即得各物理量之间的关系式。

【例 2-2】　液压油在粗糙管内定常流动时，管道的沿程压力损失 Δp 与管道长度 L、内径 d、绝对粗糙度 ε、流体的平均流速 v、密度 ρ 和动力黏度 μ 有关。试用瑞利法导出管道沿程压力损失的表达式。

解：按照瑞利法将沿程压力损失写成指数乘积的形式，即

$$\Delta p = k L^{a_1} d^{a_2} \varepsilon^{a_3} v^{a_4} \rho^{a_5} \mu^{a_6} \qquad (2\text{-}37)$$

将方程中的各物理量的量纲表达式代入，则有

$$ML^{-1}T^{-2} = L^{a_1} L^{a_2} L^{a_3} (LT^{-1})^{a_4} (ML^{-3})^{a_5} (ML^{-1}T^{-1})^{a_6} \qquad (2\text{-}38)$$

根据量纲和谐原理，式（2-38）左右两边对应量纲的指数应相等，

对 L 有

$$-1 = a_1 + a_2 + a_3 + a_4 - 3a_5 - a_6 \qquad (2\text{-}39)$$

对 T 有

$$-2 = -a_4 - a_6 \qquad (2\text{-}40)$$

对 M 有

$$1 = a_5 + a_6 \qquad (2\text{-}41)$$

6 个指数有 3 个代数方程,只能选取 3 个指数是独立(待定)的。若取 a_1、a_3 和 a_6 为待定指数,联立式(2-39)~式(2-41)求解,可得

$$\begin{cases} a_4 = 2 - a_6 \\ a_5 = 1 - a_6 \\ a_2 = -a_1 - a_3 - a_6 \end{cases} \qquad (2\text{-}42)$$

将式(2-42)代入式(2-37),可得

$$\Delta p = k \left(\frac{L}{d} \right)^{a_1} \left(\frac{\varepsilon}{d} \right)^{a_3} \left(\frac{\mu}{\rho v d} \right)^{a_6} \rho v^2 \qquad (2\text{-}43)$$

由于沿管道的压力损失是随管长线性增加的,故 $a_1 = 1$。式(2-43)右侧第一个无量纲量为管道的长径比,第二个无量纲量为相对粗糙度,第三个无量纲量为相似准则雷诺数 $1/Re$,于是可将式(2-43)写成

$$\Delta p = f \left(Re, \frac{\varepsilon}{d} \right) \frac{L}{d} \frac{\rho v^2}{2} \qquad (2\text{-}44)$$

令 $\lambda = f \left(Re, \dfrac{\varepsilon}{d} \right)$ 为沿程损失系数,由试验确定,则式(2-44)可写为

$$\Delta p = \lambda \frac{L}{d} \frac{\rho v^2}{2} \qquad (2\text{-}45)$$

令 $h_f = \dfrac{\Delta p}{\rho g}$,则得单位质量流体的沿程压力损失为

$$h_f = \lambda \frac{L}{d} \frac{v^2}{2g} \qquad (2\text{-}46)$$

这就是计算沿程压力损失的达西-魏斯巴赫(Darcy-Weisbach)公式。

4. 白金汉(Buckingham)法(也称 π 定理)

π 定理:对于某个物理现象,如果存在 n 个变量互为函数,即 $F(x_1, x_2, \cdots, x_n) = 0$。而这些变量中含有 m 个基本量,则可排列这些变量成 $(n-m)$ 个无量纲数 π 的函数关系:

$$f(\pi_1 \pi_2 \cdots \pi_{n-m}) = 0 \qquad (2\text{-}47)$$

即可合并 n 个物理量为 $(n-m)$ 个无量纲 π 数。

π 定理的实施步骤:

1）确定关系式：根据对所研究的现象的认识，确定影响这个现象的各个物理量及其关系式为

$$F(x_1, x_2, \cdots, x_n) = 0 \tag{2-48}$$

2）确定基本量纲：从 n 个物理量中选取其中的 m 个基本物理量作为基本量纲的代表，一般取 $m = 3$。原则是既要相互独立，又应包含 3 个基本量纲。一般选几何尺度、速度和质量作为基本物理量。例如选取长度 l 为 x_n，速度 v 为 x_{n-1}，质量 m 为 x_{n-2}。

3）确定 π 数的个数 $N(\pi) = (n - m)$，并写出其余物理量与基本物理量组成的 π 表达式：

$$f(\pi_1 \pi_2 \cdots \pi_{n-m}) = 0 \tag{2-49}$$

4）确定无量纲数 π：由量纲和谐原理解联立指数方程，求出各 π 项的指数 a_i，b_i，c_i；从而定出各无量纲数 π。

$$x_i = \pi_i x_{n-2}^{a_i} x_{n-1}^{b_i} x_n^{c_i}$$

$$\pi_i = \frac{x_i}{x_{n-2}^{a_i} x_{n-1}^{b_i} x_n^{c_i}} \tag{2-50}$$

5）将各无量纲数 π 代入 π 表达式。

6）π 表达式中，各无量纲数 π 之间的函数关系要靠模型试验确定。

【例 2-3】　试用 π 定理导出例 2-2 中管道沿程压力损失的表达式。

解：由例 2-2，管道沿程压力损失可以写成以下物理方程式

$$F(\Delta p, \mu, L, \varepsilon, d, v, \rho) = 0 \tag{2-51}$$

式（2-51）中 7 个物理量对应的字符如例 2-2 所述，选取 d，v，ρ 为基本量，可以用它们组成 4 个无量纲量，即

$$\pi_1 = \frac{\Delta p}{d^{a_1} v^{b_1} \rho^{c_1}}, \pi_2 = \frac{\mu}{d^{a_2} v^{b_2} \rho^{c_2}}, \pi_3 = \frac{L}{d^{a_3} v^{b_3} \rho^{c_3}}, \pi_4 = \frac{\varepsilon}{d^{a_4} v^{b_4} \rho^{c_4}}$$

用基本量纲表示 π_1 表达式中的各物理量，得

$$\mathrm{ML^{-1}T^{-2}} = \mathrm{L}^{a_1} (\mathrm{LT^{-1}})^{b_1} (\mathrm{ML^{-3}})^{c_1} \tag{2-52}$$

根据量纲和谐原理，式（2-52）左右两边对应量纲的指数应相等，对 L 有

$$-1 = a_1 + b_1 - 3c_1 \tag{2-53}$$

对 T 有

$$-2 = -b_1 \tag{2-54}$$

对 M 有

$$1 = c_1 \tag{2-55}$$

联立式（2-53）~式（2-55），解得 $a_1 = 0$，$b_1 = 2$，$c_1 = 1$，故有

$$\pi_1 = \frac{\Delta p}{\rho v^2} = Eu$$

用基本量纲表示 π_2 表达式中的各物理量，得

$$ML^{-1}T^{-1} = L^{a_2}(LT^{-1})^{b_2}(ML^{-3})^{c_2} \qquad (2\text{-}56)$$

根据量纲和谐原理，式（2-56）左右两边对应量纲的指数应相等，解联立方程可得 $a_2 = 1$，$b_2 = 1$，$c_2 = 1$，故有

$$\pi_2 = \frac{\mu}{\rho vd} = \frac{1}{Re}$$

用基本量纲表示 π_3 和 π_4 表达式中的各物理量，得相同形式的量纲表达式。为简化描述，令 $a_3 = a_4 = a_{3,4}$，$b_3 = b_4 = b_{3,4}$，$c_3 = c_4 = c_{3,4}$，可得

$$L = L^{a_{3,4}}(LT^{-1})^{b_{3,4}}(ML^{-3})^{c_{3,4}} \qquad (2\text{-}57)$$

根据量纲和谐原理，式（2-57）左右两边对应量纲的指数应相等，解联立方程可得 $a_{3,4} = 1$，$b_{3,4} = 0$，$c_{3,4} = 0$，故有

$$\pi_3 = \frac{L}{d} ,\pi_4 = \frac{\varepsilon}{d}$$

将所有 π 值代入式（2-47），可得

$$Eu = \frac{\Delta p}{\rho v^2} = f\left(Re, \frac{\varepsilon}{d}, \frac{L}{d}\right) \qquad (2\text{-}58)$$

π 定理不能得出具体的函数关系，但式（2-58）所表达的管道沿程压力损失与相关物理量间的关系规则与瑞利法中式（2-43）显示的函数关系是一致的。通过模型试验即可确定式（2-58）的函数关系。

2.4 液压试验正交设计

影响液压试验结果的因素很多，有些因素单独起作用，有些因素则互相制约联合起作用。如果试验设计得好，通过少数试验，就能获得所需要的信息，得出明确的结论。如果试验设计得不好，即使做了大量试验，仍然得不出结论。因此，如何合理地设计试验是必须考虑的一个重要问题。科学的试验设计应能做到：①尽可能地减少试验次数；②利用进行较少试验次数所得到的试验数据，能分析得出正确结论。

2.4.1 正交表概述

在一项试验中，试验需要测查研究的结果称为试验目标，如液压元件的性能、寿命，液压系统的效率、能耗等。

在试验中需要考察的对试验目标可能有影响的外界条件或被试件自身的参

数，称为因素。因素在试验中所处的状态或取值的大小，称为因素的水平。试验中某个因素通常会有多种不同的水平。一项具有 q 个因素、每个因素要考察 t 个不同水平的试验，简记为 t^q 型试验。

1. 正交的含义

一项试验中，对试验目标有影响的因素通常很多，如果各因素对试验目标的影响互相独立，因素之间没有交互作用，则称这些因素是正交的或非相关的。还有一些因素不仅各自对试验目标有影响，而且因素之间还有交互作用，则称这些因素是非正交的或相关的。

正交的几何含义是相互"垂直"。例如三维直角坐标系的 x 坐标轴、y 坐标轴、z 坐标轴是确定空间某点位置的充分必要条件。这 3 个因素对空间某点位置的影响是互相独立的，3 个因素之间没有交互作用，它们的关系是正交的，3 个坐标轴相互垂直。三维直角坐标系中函数在某点的全微分就等于对正交的各因素（即 x 坐标、y 坐标、z 坐标）的偏微分之和。在多于三维的域中，几何含义的"垂直"就不存在了，但正交的概念仍然是适用的。若某试验目标有且只有 c 个正交的因素，则只要对这 c 个正交的因素进行试验就可以达到试验目标，即针对正交因素设计的试验，具有达到试验目标的最少试验次数。

以 3 因素的试验为例。试验目的是搞清楚因素 A、B、C 对试验目标有什么影响。在试验范围内对因素 A、B、C 各选 3 个水平，分别为 $A1$、$A2$、$A3$、$B1$、$B2$、$B3$、$C1$、$C2$、$C3$。因为因素 A、B、C 是正交的，故可分别用笛卡儿坐标系的 3 个轴表示，如图 2-26a 所示。对应于 A 有 $A1$、$A2$、$A3$ 共 3 个平面，对应于 B、C 也各有 3 个平面，共 9 个平面。则这 9 个平面上的试验点都应当一样多，即对每个因子的每个水平都同等看待。具体来说，每个平面上都有 3 行、3 列，要求在每行、每列上的试验点一样多。如果每行、每列各选 3 个点（即每因素都是 3 个水平），总共就有 27 个点。从这 27 个点中，再做优选可只选 9 个点，得到如图 2-26b 所示的试验点设计，图中试验点用 ⊙ 表示。如图 2-26b 所示，在 9 个平面中每个平面上都恰好有 3 个点，而每个平面的每行每列都有且只有 1 个点，总共 9 个点。这样的试验方案，试验点在各因素的全部范围内分布均匀，试验次数也最少。当因子数和水平数都不大于 3 时，还可通过作图的办法来选择试验点；但是因子数和水平数多了，就只有靠正交表设计来选择试验点了。

2. 正交表的规则与特性

正交试验设计法是一种科学地安排与分析多因素多水平试验的数学方法。它的工具就是正交表。日本著名的统计学家田口玄一将正交试验选择的因素和水平组合列成表格，称为正交表。

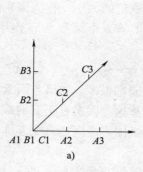
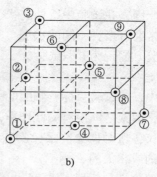

图 2-26　3 因素正交试验点选择

a）笛卡儿坐标系　b）9 个试验点

表 2-14　$L_9(3^4)$ 正交表

试验号	列号			
	A	B	C	D
1	1	1	1	1
2	1	2	2	2
3	1	3	3	3
4	2	1	2	3
5	2	2	3	1
6	2	3	1	2
7	3	1	3	2
8	3	2	1	3
9	3	3	2	1

　　正交表是按一套规则设计的表格，用 $L_n(t^q)$ 表示。L 为正交表（orthogonal layout）的代号，n 为试验的次数，t 为水平数，q 为最多的因素个数。例如，表 2-14 为 $L_9(3^4)$ 正交表，L 的下标 9 代表试验次数，括号内的底数 3 为因素的水平数，括号内的指数 4 为因素个数。正交表的有效列数（标题列除外）等于试验中需考虑的因素个数，每个因素对应一列，列号就是因素的代码。列号可以用 A、B、C、D 等英文字母，也可用阿拉伯数字。正交表的每一有效行（标题行除外）对应各因素不同水平的组合。因素的不同水平用阿拉伯数字表示，水平大小可按升序排列（1 表示最小，2 较大，3 更大，等等），也可按降序排列（1 表示最大，2 较大，3 较小，等等）。有效行的数量等于实现目标需进行的试验次数。正交表行列交叉点处的数字，就代表某因素在该次试验中的水平。为体现正交特性，正交表各项（行列交叉点）的数字填写应遵循以下规则：

1）每一列中，不同的数字出现的次数相等。例如在 2 水平正交表中，任何一列都有数码 "1""2"，且任何一列中它们出现的次数是相等的；又如在 3 水平正交表中，任何一列都有 "1""2""3"，且在任一列的出现次数均相等。对应于试验设计，就是在所设计的全部试验次数中，每个因素的不同水平，在试验中出现的次数相等。

2）正交表中，任意两列中数字的排列组合方式齐全而且均衡。在 2 水平正交表中，同一行内任何两列（可以不相邻）数字组成的有序数组总共有 4 种：（1.1）、（1.2）、（2.1）、（2.2）。在整个表中，任意两列区域中，每种数组出现次数相等。例如，在表 2-15 所示的 $L_8(2^7)$ 正交表中，任意两列区域中，4 种有序数组（1.1）、（1.2）、（2.1）、（2.2），每种出现的次数都为 2。在 3 水平的表 2-14 所示的 $L_9(3^4)$ 正交表中，同一行内任何两列有序数组共有 9 种：（1.1）、（1.2）、（1.3）、（2.1）、（2.2）、（2.3）、（3.1）、（3.2）、（3.3）。任意两列区域中，每种数组出现的次数都为 1，也均相等。

表 2-15 $L_8(2^7)$ 正交表

试验号	列号						
	1	2	3	4	5	6	7
1	1	1	1	1	1	1	1
2	1	1	1	2	2	2	2
3	1	2	2	1	1	2	2
4	1	2	2	2	2	1	1
5	2	1	2	1	2	1	2
6	2	1	2	2	1	2	1
7	2	2	1	1	2	2	1
8	2	2	1	2	1	1	2

以上两点充分地体现了正交表的特性，即"均匀分散和整齐可比"。对应于试验设计，就是在所设计的全部试验次数中，每个因素的每个水平与另一个因素的不同水平各组合一次，且只组合一次，这就是正交性。

2.4.2 正交试验设计

正交试验设计就是利用正交表来设计试验方案，应用数理统计方法计算和分析试验数据。对于因素多、周期长等各种试验问题，是一种行之有效的方法。例如作一个 3 因素 3 水平的实验，按全面实验要求，须进行 $3^3 = 27$ 种组合的试验，且尚未考虑每一组合的重复数。若按 $L_9(3^4)$ 正交表安排试验（见表 2-14），就只需安排 9 个试验点，即①A1B1C1、②A2B1C2、③A3B1C3、④A1B2C2、⑤A2B2C3、

⑥$A3B2C1$、⑦$A1B3C3$、⑧$A2B3C1$、⑨$A3B3C2$。这 9 个试验点和图 2-26b 得到的试验点相同，显然大大减少了工作量。

正交试验设计包含：确定试验因素和水平，计算最少试验次数；正交表设计；确定试验实施方案；试验数据的计算分析。

1. 确定因素和水平，计算最少试验次数

正交试验表设计前，一定要弄清试验目的，即通过试验要解决什么问题？试验的目标可以用什么指标来表达？影响指标的因素有多少？这些因素中哪些是正交的，哪些因素有交互作用？每个因素要考虑几个水平？因素和水平确定以后，才可选定正交表。

因素的水平大小可以是定量的，也可以是定性的；同时定量因素水平间的距离可以相等，也可以不相等，均以有利于实现试验目标为准。

因素和水平确定后，就可计算最少试验次数，即正交试验表的最少有效行数。

$$最少试验次数 = \sum (每列水平数 - 1) + 1$$

此计算式也适用于各因素具有不同数量水平的试验设计。利用上述关系式可以从所要考察的因素水平数来决定最少的试验次数，进而选择合适的正交表。

2. 正交表设计

正交表设计的主要步骤如下：

（1）确定列数　原则上，每个因素对应一个有效列。如果对试验中的某些问题尚不了解，可预留空白列。没有安排因素或交互作用的列称为空白列，其可以反映试验误差，并以此作为衡量试验因素产生的效应是否可靠的标志。正交表设计时，一般须设置空白列，当无重复试验，每个试验只有 1 个试验数据时，可设 2 个或 3 个空白列，作为计算误差项之用。当然，如果对试验已有充分的把握，确信试验误差在允许范围内，同时各因素都满足正交条件，此时也可不设置空白列，正交表的有效列数就等于因素数。正交表中，因素的代码通常用 A、B、C、D、E 等大写英文字母表示。

（2）确定各因素的水平数　根据试验条件和研究目的的不同，确定各因素的水平数。当试验研究目的是因素筛选时，一般选择 2 水平（有、无，或多、少）即可，适用于试验次数少、分批进行的研究。当试验研究目的是观察变化趋势、决定最佳匹配时，可选择 3 水平或多水平。正交表中，水平的代码通常用数字 1、2、3、4 表示，可降序排列，也可升序排列。

（3）选定正交表　根据确定的列数 c 与水平数 t 选择相应的正交表。例如观察 5 个因素，留 2 个空白列，且每个因素取 2 水平，则适宜选 $L_8(2^7)$ 正交表。又比如要考察 5 个 3 水平因素及 1 个 2 水平因素，则起码的试验次数为 $5×(3-1)+1+1×(2-1)+1 = 13$（次）。这就是说，要在行数不小于 13，既有 2 水平列又有 3

水平列的正交表中选择。考虑预留 2 个空白列后，可选择 $L_{18}(2 \times 3^7)$ 正交表，该正交表有 7 列是 3 水平，有 1 列是 2 水平，共 18 行。

（4）表头排列　各因素在表头列的序位设置有两种方式。第一种，在没有交互作用的情况下，可以自由地将各个因素安排在正交表的各列。第二种，当有交互作用要考虑时，就应优先考虑有交互作用的因素，按照不可混杂的原则，将它们及交互作用首先在表头前几列排妥，然后将其余没有交互作用的因素任意安排在后序各列上。例如某试验要考察 4 个因素 A、B、C、D，其中 A、B 有交互作用，各因素均为 2 水平，现选取 $L_8(2^7)$ 正交表。由于 A、B 两因素需要观察其交互作用，故将两者优先安排在第 1、2 列，$A \times B$（×表示 A、B 交互作用的符号）应排在第 3 列，于是 C 排在第 4；第 5 列和第 6 列应该排 $A \times C$ 和 $B \times C$，但由于未考查 $A \times C$ 与 $B \times C$，为避免混杂，应预留为空白列，剩下 D 就排在第 7 列了。排好的表头见表 2-16。

表 2-16　$L_8(2^7)$　表头设计

列号	1	2	3	4	5	6	7
因素与交互作用	A	B	$A \times B$	C			D

3. 确定试验实施方案

在完成了表头排列的选定正交表中，填写每有效列对应的各因素的水平数列，构成试验实施方案表。各因素的水平数列填写应遵循 2.4.1 节中所述的两项规则。每次试验按表中各行所列的各水平组合进行。例如表 2-14 所示的 4 个因素 3 水平的 $L_9(3^4)$ 正交表，第一次试验 A、B、C、D 4 个因素均取 1 水平；第二次试验 A 因素 1 水平，B、C、D 取 2 水平；……；第 9 次试验 A、B 因素取 3 水平，C 因素取 2 水平，D 因素取 1 水平。每次试验结果记录在对应行的末尾列。

4. 试验数据的计算分析

根据试验目的，对试验数据进行有针对性的分析。

2.4.3　液压正交试验设计案例

液压试验多数是针对正交因素进行设计的，也有少数是针对非正交因素进行设计的。从实用性出发，以下只介绍一个针对正交因素的正交表试验设计案例：液压缸活塞的密封性能试验。

1. 试验目标、因素和水平分析

某型号的液压缸，内径为 160mm，工作油温为 60℃ 左右，其活塞与缸筒间的密封采用新型组合密封，由格来圈和 O 形圈组成。工作油温确定后，决定该密封性能的主要因素有：格来圈的硬度、O 形圈的弹性模量、活塞（安装导向环后）与缸筒的径向间隙、缸筒内表面的表面粗糙度值。由于缸筒内表面的表面粗糙度 Ra 值已确定为 $0.4\mu m$，所以试验的因素就只有格来圈的硬度、O 形圈的弹性模量、活塞（安装导向环后）与缸筒的径向间隙三项，而且这三项都是互不相关正交的。通常，格来圈的杜罗硬度（A）可选择的等级有：$2.3\sim2.6$、$4\sim5.4$、$7\sim10.5$ 这三个区间，对应的材料代码分别为 60、70、80。O 形圈的弹性模量（MPa）有 4.5、5.4、7.8、10.5、11.2 五个等级供选择，从中选择最常用的三个等级 5.4、7.8、10.5 进行试验。活塞与缸筒径向间隙（mm）取 0.010、0.015、0.020 三档。故可将试验确定为 3 因素 3 水平的正交试验。

试验目标是液压缸活塞的密封性能。对于密封性能而言，有三项指标可衡量：一是额定压力下的泄漏量，二是安装了密封圈以后活塞的启动压力，三是密封圈的寿命。在这三项中，第一项泄漏量必须满足要求（小于 0.6mL/min）；第二项、第三项是相互关联的，启动压力小表示摩擦力小，寿命必然长。在保证可靠密封前提下，活塞的启动压力越小，密封性能越好。设 M 为密封性能指标，即试验目标 M 的计算式为

$$M = 8q + 2p$$

式中　q——泄漏量（mL/min）；

　　　p——启动压力（MPa）；

　　8、2——加权系数。

所以试验中要检测的量为泄漏量 q 及启动压力 p，然后计算 M 值。显然，M 值越小越好。液压缸活塞密封性能试验的因素和水平代码见表 2-17。

表 2-17　液压缸活塞密封性能试验的因素和水平代码

水平	因素		
	A	B	C
	格来圈材料代码	O 形圈弹性模量/MPa	活塞与缸筒径向间隙/mm
1	60	5.4	0.010
2	70	7.8	0.015
3	80	10.5	0.020

2. 正交表设计

因素 A、B、C 都是 3 水平的，试验次数要不少于 $3\times(3-1)+1=7$（次），故选择 3 水平正交表 $L_9(3^4)$。因为只有 3 个因素且没有交互作用，所以可以自由地将各个因素安排在正交表的前三列，第四列为空列。然后按照 2.4.1 节中所述的两项规则填写正交表各项（行列交叉点）的水平代码。完成的正交表设计见表 2-18。表 2-18 中列出了 9 次试验的因素和水平组合方案。

表 2-18　液压缸活塞密封性能试验正交表

试验号	列　号			
	A	*B*	*C*	4
1	1	1	1	
2	1	2	2	
3	1	3	3	
4	2	1	2	
5	2	2	3	
6	2	3	1	
7	3	1	3	
8	3	2	1	
9	3	3	2	

3. 试验实施方案

把正交表（表 2-18）每列的数字"翻译"成所对应因素的水平，见表 2-17。这样，正交表每一行的各水平组合就构成了一个试验条件（不考虑没安排因子的列）。由此可得出试验实施方案，见表 2-19。

表 2-19　试验实施方案

试验次数	因素和水平组合	试验条件		
		格来圈材料代码	O 形圈弹性模量/MPa	活塞与缸筒径向间隙/mm
1	*A*1*B*1*C*1	60	5.4	0.010
2	*A*1*B*2*C*2	60	7.8	0.015
3	*A*1*B*3*C*3	60	10.5	0.020
4	*A*2*B*1*C*2	70	5.4	0.015
5	*A*2*B*2*C*3	70	7.8	0.020
6	*A*2*B*3*C*1	70	10.5	0.010
7	*A*3*B*1*C*3	80	5.4	0.020
8	*A*3*B*2*C*1	80	7.8	0.010
9	*A*3*B*3*C*2	80	10.5	0.015

4. 试验数据的计算分析

在正交表（表 2-18）右侧填入 3 列试验检测数据，见表 2-20。

表 2-20　试验检测数据

试验号	列号			试验检测数据		
	A	B	C	q	p	M
1	1	1	1	0.3	1.0	4.4
2	1	2	2	0.3	0.8	4.0
3	1	3	3	0.4	0.7	4.6
4	2	1	2	0.7	0.7	4.6
5	2	2	3	0.5	0.6	5.2
6	2	3	1	0.2	1.2	4.0
7	3	1	3	0.6	0.5	5.8
8	3	2	1	0.3	1.1	4.6
9	3	3	2	0.2	0.8	3.2

（1）直观分析　由表 2-20 可知，第 9 次试验对应的试验目标（密封性能指标）M 最小。显然第 9 次试验对应的因素组合（格来圈材料代码 80、O 形圈弹性模量 10.5MPa、活塞与缸筒径向间隙 0.020mm）能使该液压缸达到最好的密封性能。

（2）极差分析　首先分析各因素的不同水平对试验目标的影响，以因素 C 为例：

因素 C 的 1 水平 $C1$，出现在第 1、6、8 次试验，而这 3 次试验中，而因素 A、B 的 3 个水平均各出现 1 次；这 3 次试验，试验目标的和为 13，试验目标的平均值为 4.33。

因素 C 的 2 水平 $C2$，出现在第 2、4、9 次试验，而这 3 次试验中，因素 A、B 的 3 个水平也各出现 1 次；这 3 次试验，试验目标的和为 11.8，试验目标的平均值为 3.93。

因素 C 的 3 水平 $C3$，出现在第 3、5、7 次试验，而这 3 次试验中，因素 A、B 的 3 个水平也均各出现 1 次；这 3 次试验，试验目标的和为 15.6，试验目标的平均值为 5.20。

每组（3 次）试验中，当因素 C 取同一水平时，因素 A、B 的变化状态相同，A、B 变化的作用抵消了（没有交互作用时）。每组（3 次）试验的结果只与因素 C 的水平相关。因此，从上述因素 C 不同水平 3 组试验得出的试验目标平均值的大小就可以判断出因素 C 取 2 水平为好，此时试验目标平均值最小。

上述分析可以类推到正交表的各列并用一般的形式予以表达。即对正交表 $L_n(t^q)$ 用 M_{jk} 表示第 j 因素 k 水平所对应的各次试验目标之和，用 $\overline{m}_{jk}$ 表示第 j 因素 k 水平所对应的各次试验目标之平均值。其中，j 为因素代码 A、B、C、D 等，

k 为水平代码 1、2、3、4 等。

如果试验目标结果的数值越大（或越小）越好，则 M_{jk} 中，数值最大者（或最小者）所对应的水平就是该因素的最佳水平，各因素的最佳水平组合起来即得最佳工程条件。各项计算可以在试验方案表上进行，将表 2-20 扩展为表 2-21 所示的试验结果分析表。

表 2-21　试验结果分析表

试验号	列号 j（因素代码）			试验结果		
	A	B	C	q	p	M
1	1	1	1	0.3	1.0	4.4
2	1	2	2	0.3	0.8	4.0
3	1	3	3	0.4	0.7	4.6
4	2	1	2	0.4	0.7	4.6
5	2	2	3	0.5	0.6	5.2
6	2	3	1	0.2	1.2	4.0
7	3	1	3	0.6	0.5	5.8
8	3	2	1	0.3	1.1	4.6
9	3	3	3	0.2	0.8	3.2
M_{j1}	13.0	14.8	13.0			
M_{j2}	13.8	13.8	11.8			
M_{j3}	13.6	11.8	15.6		$M=8q+2p$	
$\overline{m_{j1}}$	4.33	4.93	4.33		M_{Ak} 中 M_{A1} 最小	
$\overline{m_{j2}}$	4.60	4.60	3.93		M_{Bk} 中 M_{B3} 最小	
$\overline{m_{j3}}$	4.53	3.93	5.20		M_{Ck} 中 M_{C2} 最小	
Δj	0.27	1.00	1.27		$\Delta C > \Delta B > \Delta A$	

注：表中"试验方案设计"对应试验号 1~9；"结果计算分析"对应 M_{j1}~Δj。

在表 2-21 中，试验目标平均值 M_{jk} 的数值最大者与数值最小者之差，称为因素 j 的极差，以 Δj 表示。极差的大小反映了各因素水平变化时试验结果变动的幅度。极差越大，该因素对试验目标的影响越大，因而也就越重要。按照极差的大小，可以列出因素的主次顺序。对于主要因素，应该选取最佳水平，对于次要因素，可以根据经济、方便等实际情况选取适当水平，然后确定最优工程条件。应该注意，当某列的极差不大时，不一定说明该列对应的因素不重要，而只是表明在所选的水平变动范围反映不出该因素的重要性。因此，可以肯定极差大的因素是重要因素，但却不能轻易肯定极差小的因素不重要，有时也许需要进一步试验。因此，这里所说的因素的主次与水平的优势，只有在试验方案所限定的因素水平变动范围内才有意义，超出这个范围，情况有可能发生变化。

在表 2-21 中，根据极差的大小，可以排列出因素对试验目标影响的主次顺序为 C、B、A。同时，由 M_{jk} 值的大小可以得出：C 因素的最佳水平是 2，B 因素的最佳水平是 3，A 因素的最佳水平是 1。它们组合起来，即得各因素的最佳设计组合 $A1B3C2$。这个组合没有包括在已进行的 9 次试验之中。由此可见，用正交表安排的试验方案确实是有很好的代表性，既可以减少试验次数，又可以从所有可能的试验条件中找到最好的条件。

极差分析得出的因素的最佳设计组合 $A1B3C2$，和直观分析看出的最佳设计组合 $A3B3C2$ 有所不同，不同之处在因素 A 的水平有差异。因素 A 的极差很小，相对因素 C、B 对密封性能的影响要小，所以因素 A 选 1 水平或选 3 水平对密封性能的影响都不大。当然这是指在油温为 60℃ 左右的环境下，在这种环境下格来圈材质的硬度对密封性能的影响极小。若油温达到 85℃ 以上或低于 0℃，格来圈材质的硬度对密封性能的影响就会很大。

第 3 章 液压试验的加载方式及功率回收

3.1 液压试验常用加载方式

对于液压元件，其承受的负载形式是与某流量对应的压力或压力差。液压试验加载就是要被试的液压元件承受试验项目要求的与某流量对应的压力或压力差。这是液压试验加载的目标，也是液压试验加载和结构强度试验中液压加载的区别。

3.1.1 液压试验加载的作用

在液压元件的试验中，加载是试验的重要环节。国家标准规定，液压元件出厂试验和型式试验的多数测试项目都要在规定的压力和流量下进行，即都要进行试验加载，没有加载无法进行试验。对于同一种液压元件，选择的加载方式不同，试验状态的流体力学模型也不同；加载方式选择得正确与否，会直接影响试验结果的正确性。失真的流体力学试验模型，将使试验的基本原理产生错误，得到错误的试验数据。

试验需根据液压元件试验标准，结合所设计加载回路的特点，为被试液压元件的各试验项目选择合理的加载方式，以保证液压元件试验原理正确，使试验结果符合被试液压元件本身特性，而没有受到其他元件（包含加载元件）性能的干扰。这样得到的试验结果才是准确的。

所以，在液压试验中，加载的作用是使试验的原理模型或流体力学模型正确，符合被试液压元件本身的工作原理、运行工况，满足标准对被试液压元件性能试验的要求；同时又要排除外界（包含加载元件）对被试液压元件性能的影响。在试验加载方式的选择和加载装置的设计中，应重点关注被试件实际工况条件下加载的实现。

3.1.2 液压试验常用加载方式及其特点

根据所用的加载元件不同，液压试验常用加载方式可分为节流加载、溢流加载、液压缸加载、液压泵和液压马达加载、蓄能器加载、测功机加载、发电机加载等。

1. 节流加载

节流加载方式的特点是：节流加载时，节流阀安装在被试元件的回油路上，通过被试阀的流量等于通过节流阀的流量。

节流阀流量特性公式为

$$q = c_q A_{\mathrm{T}} \sqrt{\frac{2}{\rho}(p_1 - p_2)} \tag{3-1}$$

式中　q——节流阀流量；

　　　c_q——孔口流量系数；

　　　A_{T}——节流口过流面积；

　　　p_1——节流阀进口压力；

　　　p_2——节流阀出口压力；

　　　ρ——液压油密度。

节流阀的 $p\text{-}\Delta q$ 特性曲线如图 3-1 所示。图中，$\Delta p = p_1 - p_2$。

节流加载时，节流阀安装在被试元件的回油路上，通过被试阀的流量等于通过节流阀的流量，节流阀的进油口压力等于被试阀的出油口压力。设节流阀的出口压力为零，则由式（3-1）可知，在通过节流阀的流量不变时，改变节流阀孔口的节流面积 A_{T} 的大小，可调节被试阀出口压力，从而实现对被试阀加载。

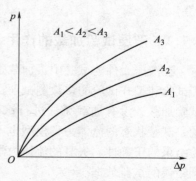

图 3-1　节流阀的 $p\text{-}\Delta q$ 特性曲线

当节流阀的节流口面积 A_{T} 不变，而通过节流阀的流量变化时，由图 3-1 可知，节流阀进油口的压力随流量的增减而增减。所以在试验过程中，如果通过被试阀的流量发生变化时，被试阀出口压力也发生变化，不能稳定在规定值。被试阀出油口压力变化值为

$$\Delta p = \frac{\rho}{2(c_q A_{\mathrm{T}})^2}(\Delta q^2 + 2q_0 \Delta q) \tag{3-2}$$

式中　Δp——被试阀出油口压力变化值；

　　　q_0——试验时调定的初始流量；

　　　Δq——试验过程中流量变化值。

综上分析可知，节流阀用于对被试阀的背压加载，改变节流面积 A_T 的大小，可调节被试阀出口压力。但节流阀开度的变化与加载压力是非线性关系。采用比例节流阀加载，可使被试阀出油口压力按一定规律变化以模拟现场负载。当试验过程中流量发生变化后，节流加载的调定压力会随系统流量变化而变化，节流加载不能实现恒流量调压加载和恒压变流量加载。所以节流加载方式主要适用于流量稳定的试验系统，或者系统流量变化不大且对加载压力稳定性要求不高的试验。此外，节流加载的能量损失大，油温升高很快，需要大容量的冷却器。但由于节流加载的回路简单，易于构建，所以 20kW 以下的加载试验仍广泛采用这种加载方式。

2. 溢流加载

溢流加载时，加载溢流阀通常采用先导式溢流阀：一是因为先导式溢流阀的调压范围比直动式溢流阀大得多；二是因为先导式溢流阀的压力调定后，随流量的变化很小，最大流量和最小流量时的压力差小于调定压力的 8%。先导式溢流阀的 p-q 特性曲线如图 3-2 所示。

溢流加载时，溢流阀可以和被试元件并联，通过被试元件的流量不等于通过溢流阀的流量，此时溢流阀用于调节

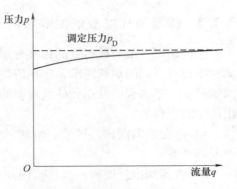

图 3-2   先导式溢流阀的 p-q 特性曲线

被试元件进口压力。溢流阀也可和被试元件串联，溢流阀安装在被试元件的回油路上，通过被试元件的流量等于通过溢流阀的流量，但是通过流量对加载压力的影响很小。根据所选择的溢流阀不同，溢流加载有手动调节和计算机控制两种。现在通常采用电比例溢流阀加载，即计算机控制的溢流加载方式。采用溢流加载能实现恒流量调压加载和恒压变流量加载。电比例溢流阀加载可实现加载的自动连续，可以实现计算机模拟现场工况加载。

3. 液压缸加载

液压缸加载方式通常采用两缸对顶的结构，需要为加载缸配置单独的液压源及调压阀。当液压试验加载既有流量要求，又有压力要求时，液压缸加载方式持续作用的时间将受到液压缸行程的限制。所以液压缸加载方式大多用于被试件是液压缸或换向阀的液压试验。采用对顶缸加载方式对被试液压缸进行试验时，加载液压缸的行程要大于被试液压缸的行程。与溢流加载时被试液压缸活塞杆和液压缸两腔承受的负载与实际状况不符比较，对顶缸加载提供的负载接近液压缸实际工况，使液压缸试验的检测结果正确。

液压缸加载对台架的刚度要求高，试验台结构较重，占用空间较大，并且加

载设备价格较高。

4. 液压泵和液压马达加载

被试件是液压泵或液压马达时，分别用液压马达或液压泵给对方加载。这种加载方式可以实现连续长时间加载，还可以对传动轴施加转矩，既可用于开式系统的液压泵或液压马达，也可用于闭式系统的液压泵或液压马达。

5. 测功机加载和发电机加载

测功机加载和发电机加载用于液压马达试验。测功机加载时，用于加载的测功机有电涡流式和水力式。发电机加载是一种可功率回收的加载方式，用于加载的发电机可以是直流发电机或交流发电机。

3.1.3 需要液压加载的试验项目

按国家标准或机械行业的标准规定（见1.3节），不同被试液压件和不同的试验项目有不同的加载需求，应相应设置不同的加载方式。按标准规定，在液压阀试验中需要加载的液压元件及对应的试验项目如下（此处仅列出主要液压阀的出厂试验项目）：

1）电磁换向阀出厂试验：滑阀机能试验、换向性能试验、压力损失试验和内泄漏试验。

2）溢流阀出厂试验：调压范围及压力稳定性试验、内泄漏试验、卸荷压力试验、压力损失试验、等压力特性试验、动作可靠性试验和背压密封性试验。

3）顺序阀出厂试验：调压范围及压力稳定性试验、内泄漏试验、外泄漏试验、正向压力损失试验、动作可靠性试验和稳态压力-流量特性试验。

4）减压阀出厂试验：调压范围及压力稳定性试验、减压稳定性试验（进口压力变化时的减压稳定特性试验、流量变化时的减压稳定特性试验）和外泄漏试验。

5）调速阀出厂试验：流量调节范围试验、内泄漏试验、外泄漏试验（仅对有外泄漏油口Y的被试阀进行）、进口压力变化对调节流量的影响试验、出口压力变化对调节流量的影响试验、反向压力损失试验（仅对单向调速阀进行）和节流阀压力损失试验（仅对溢流节流阀进行）。

6）液控单向阀出厂试验：内泄漏试验、控制活塞的泄漏试验、正向压力损失试验、反向压力损失试验、开启压力试验和控制压力特性试验。

3.1.4 液压试验加载的节能

液压试验中存在多次能量转换，特别是在加载试验时，大部分加载能量变成热量被带回油箱。这样既不环保，又不节能。所以对于功率大、时间长的加载试验应采用功率回收的加载方式。常用的可功率回收加载方式有液压马达-发电机加载、液压马达-液压泵加载。

3.2　液压阀试验的加载方式

3.2.1　液压阀试验的加载需求

根据液压元件试验标准要求，液压阀（包括压力阀、流量阀、方向阀和相应的比例控制阀）试验需要进行加载的试验项目很多，且每个项目对加载的需求各不相同。对加载有不同的需求，就需要配置不同的液压加载回路。

1）在电磁换向阀出厂试验中，换向性能试验要求使被试阀 P 口压力为其额定压力，T 口压力为规定背压；耐压试验要求以每秒 2% 的速率对各承压油口加载到 1.5 倍的该油口最高工作压力，并保持 5min；内泄漏试验要求被试阀 P 口压力稳定在被试阀的额定压力。

2）在顺序阀出厂试验中，顺序阀试验需要加载的试验项目有：调压范围及压力稳定性试验、内泄漏试验、外泄漏试验、稳态压力-流量特性试验和动作可靠性试验。调压范围及压力稳定性试验过程中被试阀进油口压力由其自身手轮调节，测试顺序进油口压力的稳定性，此时系统溢流阀起安全作用，不加载。内泄漏试验时加在被试阀进油口的压力要在被试阀调压范围上限及上限的 50% 间变化。动作可靠性试验中，加在被试阀进油口的压力要在被试阀额定压力和调压范围下限间变化。稳态压力-流量特性试验中，加在被试阀进油口的压力最高为被试阀调压范围上限。

此外，调速阀、节流阀、溢流阀、单向阀的试验项目对加载的要求在每种阀的标准中有相应的规定。以下以调速阀和减压阀的加载回路进行介绍，其他液压阀试验的加载回路可以此类推。

3.2.2　调速阀出厂试验的加载方式

1. 调速阀出厂试验的液压原理

在调速阀出厂试验中，需要加载的试验项目有：流量调节范围试验，泄漏试验（包括内泄漏试验和外泄漏试验），进、出口压力变化对调节流量的影响试验。这些试验项目只能采用节流加载或溢流加载。包含节流加载和溢流加载的调速阀试验的液压原理如图 3-3 所示。

2. 调速阀流量调节范围试验的加载方式选择

调速阀的流量调节范围是指当阀进出油口为最小压差时（一般为 1MPa 左右），由被试调速阀开度所调节的最小稳定流量与最大流量之间的范围。在试验过程中，可以使被试调速阀由最小流量到最大流量调节，也可以由最大流量到最小流量调节。以 2FRM6A36-3X32QMV 型调速阀为例，其流量调节特性曲线如图 3-4 所示。

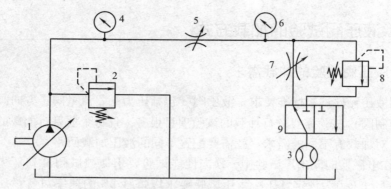

图 3-3　调速阀试验的液压原理

1—液压泵　2、8—溢流阀　3—流量计　4、6—压力表　5—被试调速阀　7—节流阀　9—换向阀

（1）节流加载方式对调速阀流量调节范围试验的影响　试验原理如图 3-3 所示。采用节流加载方式试验时，被试调速阀 5 的流量通过节流阀 7、换向阀 9 回油箱。被试调速阀进口压力由溢流阀 2 调定，出口压力由节流阀 7 调定。在被试调速阀的流量调节特性进行实际液压试验过程中，控制对象为被试调速阀的节流开度，调节被试调速阀的手轮至全松位置（开度调节系数为 10，相当于节流开度最大），然后根据试验标准要求，调节被试调速阀进出油口的压差为最低工作压差不变（取为 1MPa）。

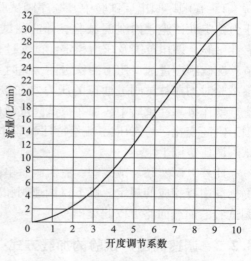

图 3-4　调速阀的流量调节特性曲线

检测此时通过被试调速阀的流量为最大流量，此后逐渐旋紧被试调速阀的手轮（开度调节系数从 10 依次减小），直至通过被试调速阀的流量为最小稳定流量。即可完成流量调节范围试验。

　　由于试验过程中，通过被试调速阀 5 的流量由大变小，所以通过加载节流阀 7 的流量也由大变小。由式（3-2）可知，节流阀 7 进口（即被试调速阀出口）的压力也会随通过流量减小而成二次方关系减小。也就是说，被试调速阀进出油口的压差值将有 10MPa 数量级的变化。这就无法保证标准规定的检测条件：被试调速阀进出油口的压差为最低工作压差不变。为解决此问题，GB/T 8104—1987《流量阀试验方法》提出，在流量调节范围试验中，要将加载节流阀 7 完全打开（相当于没有节流作用），这时被试调速阀进出油口的压差完全靠进口压力调节。所以在流量调节范围试验中，虽然标准推荐的原理图中有加载节流阀，但不能起节流作用，被试调速阀 5 进出油口的压差还是靠被试调速阀进口溢流阀 2 调节的。

由上述分析可知：节流加载方式不适合用于压力恒定、流量变化的检测项目。

（2）溢流加载方式对调速阀流量调节范围试验的影响　溢流加载时，应将图 3-3 中的节流阀 7 关闭。被试调速阀出口接加载溢流阀 8 进口。

根据溢流加载原理图和系统中相关液压元件的数学模型，建立系统 Simulink 仿真方框图如图 3-5 所示。

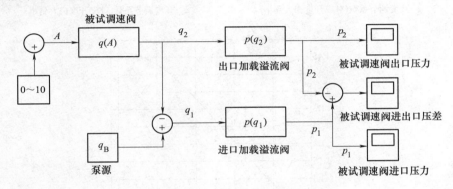

图 3-5　调速阀溢流加载仿真方框图

在图 3-5 中，各方框的函数分别为：

A 为 $0 \sim 10$ 的常数，对应被试调速阀某一调定的节流口开度，0 表示开度最大，10 表示开度最小；被试调速阀的数学模型为 $q(A)$，表示节流口开度与通过流量的函数关系；进口加载溢流阀的数学模型为 $p(q_1)$，表示溢流量 q_1 与被试调速阀进口压力的函数关系；出口加载溢流阀的数学模型为 $p(q_2)$，表示通过流量 q_2 与被试调速阀出口压力的函数关系。

图 3-3 中，若液压泵 1 的输出流量为 58L/min，溢流阀 2 和溢流阀 8 为 DBEM25-5X350YG24K4M 型溢流阀（力士乐比例溢流阀），被试调速阀 5 为 2FRM6A36-3X32QMV 型调速阀时，按各元件样本说明确定相关函数关系式后，进行 Simulink 仿真。仿真结果如图 3-6 所示（图中，横轴对应于被试调速阀 5 节流口开度 A）。

由图 3-6a 可知，进口加载溢流阀的进口压力随着被试调速阀节流口开度 A 的减小而增大，且在整个调节过程中，压力由初始 6.15MPa 增大到约 6.38MPa，压差变化量 $\Delta p = 0.23\mathrm{MPa}$。被试调速阀的节流口开度 A 减小，其流量也减小，而

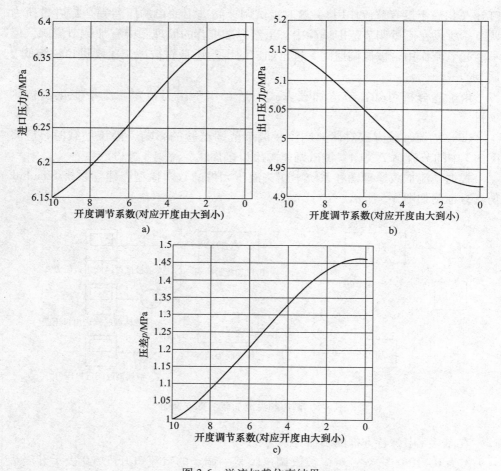

图 3-6　溢流加载仿真结果

a）被试调速阀进口压力　b）被试调速阀出口压力　c）被试调速阀进出口压差

液压泵的出口流量不变，所以溢流阀的溢流量增大。

由图 3-6b 可知，出口加载溢流阀的进口压力，即被试调速阀的出口压力随着被试调速阀的节流口开度 A 的减小而减小。由初始的 5.15MPa 减小到约 4.92MPa，压差变化量 $\Delta p = 0.23$MPa。

由图 3-6c 可知，随着被试调速阀节流口开度 A 的减小，被试调速阀进出口压差增大，由初始的 1MPa 增大到约 1.47MPa，进出口压差变化量 $\Delta p = 0.47$MPa，且压差变化曲线不是直线。当节流口开度 A 很小后，压差几乎不变。

仿真结果说明，在调速阀流量调节范围试验中，采用节流加载方式引起的被试调速阀进出口压差的变化远大于采用溢流加载方式引起的压差变化。根据 JB/T 10366—2014《液压调速阀》调速阀出厂试验标准的要求和调速阀流量调节特性的定义，要求在试验过程中，被试调速阀前后压差保持在最小压差（一般为 1MPa 左右），以排除被试调速阀进出油腔压差变化对其调节特性的影响。为了使试验条件满足标准要求，测得元件实际特性的真实数据，应采用溢流加载方式。

3. 调速阀进口压力变化对调节流量影响试验的加载方式选择

（1）试验对加载的要求 本试验项目是为了试验被试调速阀进口压力变化对其调定流量的影响。根据调速阀出厂试验标准，在试验开始时，要求使被试调速阀的调定流量为最小控制流量，一般为 2L/min。压力加载位置为被试调速阀的进口，加载时使进口压力在被试调速阀最低工作压力到最高工作压力之间变化；被试调速阀出口不加载。试验时随进口压力变化，同时测量被试调速阀出口流量变化值。根据试验结果计算被试调速阀的流量相对变化率，计算公式如下：

$$\overline{\Delta q_{V1}} = \frac{\Delta q_{V1max}}{q_{VD}\Delta p_1} \times 100\% \tag{3-3}$$

式中 $\overline{\Delta q_{V1}}$——在给定的调定流量下，当进口压力变化时的相对流量变化率（%/MPa）；

Δq_{V1max}——当进口压力变化时，给定的调定流量的最大变化值（L/min）；

q_{VD}——给定的调定流量（L/min），此处选为 2L/min；

Δp_1——进口压力变化量（MPa）。

（2）加载方式选择 如图 3-3 所示，被试调速阀 5 的进口压力由溢流阀 2 进行调节。所选溢流阀 2 的调压范围为 0.4~35MPa，由于被试调速阀 5 进出口的最小工作压差应不小于 0.8MPa，在被试调速阀 5 出口压力为 0 时，被试调速阀 5 进口最小压力应在 0.8MPa 以上，所以试验中加载溢流阀 2 的调压应在 1~32MPa 之间，溢流阀加载可以满足要求。需要注意的是，加载时，进口溢流阀 2 必须保持开启状态，此时被试调速阀 5 进口压力才由进口溢流阀 2 调节，这就要求试验过程中，必须保持液压泵 1 的输出流量始终大于被试调速阀 5 的通过流量。

4. 调速阀出口压力变化对调节流量影响试验的加载方式选择

（1）试验对加载的要求 标准对试验加载的要求同进口压力变化对调节流量的影响试验一样。在试验开始时，要求使被试调速阀 5 的调定流量为最小控制流量，一般为 2L/min。调定被试调速阀 5 进口压力为其额定压力，加载时使被试调速阀 5 出口压力在其额定压力的 5%~90% 范围内变化，试验时随出口压力变化，同时测量被试调速阀出口流量变化值。根据试验结果计算被试调速阀的流量相对变化率，计算公式如下：

$$\overline{\Delta q_{V2}} = \frac{\Delta q_{V2max}}{q_{VD}\Delta p_2} \times 100\% \tag{3-4}$$

式中 $\overline{\Delta q_{V2}}$——在给定的调定流量下，当出口压力变化时的相对流量变化率（%/MPa）；

Δq_{V2max}——当出口压力变化时，调定流量的最大变化值（L/min）；

q_{VD}——给定的调定流量（L/min），此处选为2L/min；

Δp_2——出口压力变化量（MPa）。

（2）加载方式选择 如图3-3所示，被试调速阀5进口压力仍然由溢流阀2调定。试验过程中，在被试调速阀5出口压力在其额定压力的5%~90%之间增大时，根据调速阀的流量-压差特性，通过被试调速阀5的试验流量有从2L/min开始减小的趋势。所以进口加载溢流阀2的溢流量有增大的趋势，但最大增大值不可能超过2L/min。由溢流阀p-q特性可知，溢流阀2的压力变化量 $\Delta p \leqslant \dfrac{2}{140}$MPa = 0.0143MPa，与被试调速阀5的额定压力相比较，此变化可忽略，故被试调速阀5的进口压力用溢流阀2调定，可满足试验中被试调速阀5进口压力恒定的要求。因为，溢流加载能满足试验对被试调速阀5进口压力的稳定性要求。

如图3-3所示，被试调速阀5出口压力加载有两种方式可供选择：节流阀7加载和溢流阀8加载。

1）选择节流阀7进行加载时，被试调速阀5出口的流量与通过节流阀7的流量相等为2L/min。由节流阀的流量-压差特性可知，如此小的流量通过节流阀7，即使把节流阀7的开度调得很小，也无法得到被试调速阀5额定压力90%的压差（约28 MPa）。所以被试调速阀出口压力采用节流加载方式不能满足要求。

2）采用溢流阀8加载，既可满足被试调速阀出口压力调节范围的要求，又不用担心流量对调定压力的影响，所以在此试验项目中被试调速阀出口压力应采用溢流加载方式。

3.2.3 减压阀出厂试验的加载方式

1. 减压阀出厂试验的液压原理

在减压阀出厂试验中，除耐压试验外，需要加载的试验项目有减压阀调压范围及压力稳定性试验、减压稳定性试验（包括进口压力变化和流量变化对减压稳定性的影响。）和外泄漏试验。减压阀出厂试验的液压原理如图3-7所示。

2. 减压阀调压范围及压力稳定性试验的加载方式选择

（1）试验对加载的要求 按减压阀标准要求，试验时，使系统压力达到被试减压阀的额定压力，通过流量为试验流量。随后调节减压阀调压手轮从全松到全紧，再从全紧到全松，观察其出口压力变化情况，测量压力调节范围，并测量调压范围上限值和下限值的稳定性。

（2）加载方式选择 被试减压阀5进口压力就是系统压力，而试验对通过流

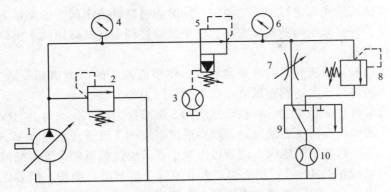

图 3-7　减压阀出厂试验的液压原理

1—液压泵　2、8—溢流阀　3、10—流量计　4、6—压力表　5—被试减压阀

7—节流阀　9—换向阀

量无明确要求，所以被试减压阀 5 进口采用溢流加载，用溢流阀 2 将系统压力调节至被试减压阀 5 的额定压力，并在试验中保持不变。

按减压阀标准要求，被试减压阀 5 出口的压力要在调压范围内变化。所以被试减压阀 5 的出口必须加载，而不能直通油箱，否则被试减压阀 5 的出口压力将始终为零，同时被试减压阀 5 进口压力也建立不起来。

被试减压阀出口压力的加载方式有溢流加载和节流加载两种。

1）溢流加载。若采用溢流阀 8 加载，就会出现油路中同一点压力由两个阀同时调节确定的状况。想要使两个阀的调定压力始终相等是不可能的。当被试减压阀调定压力大于溢流阀 8 调定压力时，将使得被试减压阀 5 出口压力恒定在溢流阀 8 调定压力，不随被试减压阀 5 的调节变化。这显然不符合减压阀试验标准的要求。当被试减压阀 5 调定压力小于溢流阀 8 调定压力时，由减压阀工作原理知，被试减压阀 5 先导阀打开溢流。由于被试减压阀 5 出口压力小于溢流阀 8 调定压力，所以溢流阀 8 关闭，油液无法通过。这时，全部试验流量均由被试减压阀 5 先导泄油口流回油箱。在试验过程中，通过被试减压阀 5 主阀芯的流量几乎为零。显然，这不是被试减压阀 5 的正常工况，试验得不到正确的检测数据。所以被试减压阀 5 出口的加载不能采用溢流方式。

2）节流加载。若采用节流阀 7 加载，则必须保证节流阀 7 进口的压力能达到被试减压阀 5 调节压力的上限。由于标准对试验中通过被试减压阀的流量没有明确限制，依据节流小孔流量公式 $q = c_d A_T \sqrt{\dfrac{2}{\rho} \Delta p}$，只要流量 q 足够大，将节流口面积 A_T 适当调小，就能保证节流阀 7 的进口压力达到被试减压阀 5 调节压力的上限。只要在试验过程中，始终保持此流量和节流口面积，就可满足在全调压范围内对被试减压阀 5 出口加载的要求，同时通过被试减压阀 5 的流量为足够大的试验流量，符合减压阀的真实工况。整个试验过程中被试减压阀 5 出口节流加载调节的步骤是：

①使通过被试减压阀 5 的流量足够大，将节流阀 7 的节流口面积适当调小，使节流阀 7 的进口压力达到被试减压阀 5 调节压力的上限。

②保持节流口面积不变，将被试减压阀 5 调节压力减小，此时会有少许流量经流量计 3 回油箱，待压力稳定后，观察通过节流阀 7 流量（流量计 10 的读数）的减小值，继续将被试减压阀 5 调节压力减小，若通过节流阀 7 流量的减小值过大（超过初始流量的 40%），则适当加大节流阀 7 的节流口面积，但要保证被试减压阀 5 出口压力，不随节流口面积调大而改变。

③重复上述调节步骤，直至完成被试减压阀 5 调节压力下限的调节试验。

由以上分析可知，节流加载是减压阀调压范围试验合理的加载方式。

3. 减压稳定性试验的加载方式选择

（1）进口压力变化时的减压稳定特性试验

1）试验对加载的要求。根据标准要求，试验时调节被试减压阀 5 手轮使其出口压力调定值为其调压范围下限（对于调压范围下限小于 1.5MPa 的减压阀，调定为 1.5MPa），通过被试减压阀 5 的流量为试验流量。然后使被试减压阀 5 的进口压力在比出口调定压力高 2MPa 到其额定压力的范围内变化，测量被试减压阀 5 出口压力变化量，并计算相对出口调定压力变化率，计算公式如下：

$$\overline{\Delta p_{2D}} = \frac{\Delta p_{2D}}{p_{2D}\Delta p_1} \times 100\% \qquad (3-5)$$

式中　$\overline{\Delta p_{2D}}$——在给定的调定压力下，当进口压力变化时的相对出口调定压力变化率（%/MPa）；

Δp_{2D}——当进口压力变化时，给定的调定压力的最大变化值（MPa）；

p_{2D}——给定的出口调定压力（调压下限）（MPa），≥ 1.5MPa；

Δp_1——进口压力变化量（MPa）。

2）加载方式选择。要使被试减压阀 5 的进口压力在比出口调定压力高 2MPa 到其额定压力的范围内变化，除了要在被试减压阀 5 的进口加载，在被试减压阀 5 的出口也必须加载。

被试减压阀 5 进口采用溢流加载方式，被试减压阀 5 进口压力的变化由溢流阀 2 调节。

被试减压阀 5 出口采用节流加载方式，调节节流阀 7 的开度，使通过流量达到试验流量时，节流阀 7 进口的压力比被试减压阀 5 调压范围的下限高 2MPa 左右，以确保被试减压阀 5 出口压力不受节流阀 7 的影响。

（2）流量变化时的减压稳定特性试验

1）试验对加载的要求。根据标准要求，试验时调节被试减压阀 5 手轮使其出口压力调定值为其调压范围下限（对于调压范围下限小于 1.5MPa 的减压阀，调定为 1.5MPa），调定被试减压阀 5 的进口压力为额定压力。使通过被试减压阀 5 的流量在零和试验流量间变化。测量被试减压阀 5 出口压力变化量，并计算相对出口调定压力变化率，计算公式如下：

$$\overline{\Delta p_{2D}} = \frac{\Delta p_{2D}}{p_{2D}\Delta q_V} \times 100\% \tag{3-6}$$

式中　$\overline{\Delta p_{2D}}$——在给定的调定压力下，当流量变化时的相对出口调定压力变化率 [%/(L/min)]；

Δp_{2D}——当进口压力变化时，给定的调定压力的最大变化值（MPa）；

p_{2D}——给定的出口调定压力（调压下限）（MPa），≥1.5MPa；

Δq_V——流量变化值（L/min）。

2）加载方式选择。试验过程中，满足 1.3 节中相关标准要求的加载难点是：当通过被试减压阀 5 的流量在零和试验流量间变化时，如何保证被试减压阀 5 出口的压力受减压阀控制，而不是由节流阀 7 或溢流阀 8 控制。由减压阀调压范围试验加载方式分析可知，本试验中，被试减压阀 5 出口加载也不适合采用溢流加载方式。若采用节流阀 7 为出口加载，在零流量时，只需将节流阀 7 关闭即可。关键是小流量时，要保证节流阀 7 前后的压差大于被试减压阀 5 调压范围的下限，这就需要节流阀 7 的开度足够小。可是当通过被试减压阀 5 的流量为试验流量时，又要保证较大部分的试验流量在被试减压阀 5 调压范围下限的压差下通过节流阀 7，这就要求又要适当调大节流阀 7 的开度。所以，被试减压阀 5 出口压力可用节流加载调节方式，但节流加载调节方式也要参照减压阀调压范围试验加载方式分析中，被试减压阀出口节流加载调节的步骤进行。

上述分析也说明，试验过程中通过被试减压阀 5 的流量（除零流量外）不能采用节流阀 7 调节，否则被试减压阀 5 出口压力将受到节流阀 7 开度的影响，而不完全由被试减压阀 5 决定。所以，本试验应采用变量泵来调节流量。

按 1.3 节中相关标准要求，被试减压阀进口压力保持在额定压力不变，试验可用溢流加载方式。

4. 外泄漏试验的加载方式选择

相关标准对本试验的加载要求和对减压稳定性试验的加载要求基本相同，被试减压阀进口压力为其额定压力，出口调定压力为其调压范围下限值，但通过流量只有零流量和试验流量两个状态。所以本试验的加载方式应和减压稳定性试验一样。

3.3 液压缸试验的加载方式

液压缸的种类很多，本节的讨论以单活塞杆双作用液压缸为例。

3.3.1 液压缸试验加载概述

根据 GB/T 15622—2005《液压缸试验方法》，液压缸的出厂试验中需对有杆腔或无杆腔的压力进行调节的试验项目有起动压力特性试验、耐压试验、耐久性试验、泄漏试验（包括内泄漏、外泄漏和低压下的泄漏试验）、缓冲试验、负载效率试验、高温试验、型式试验、出厂试验。这就要求，试验过程中要对液压缸的两个工作腔进行可调节压力的加载。而且液压缸试验的加载既有在液压缸静止状态下进行的，也有在液压缸运动状态下进行的。液压缸试验常用的加载方式有节流或溢流加载、液压缸对顶加载，特定情况时也有采用重力加载和蓄能器加载的。

3.3.2 液压缸试验的节流或溢流加载方式

1. 液压缸试验的节流或溢流加载原理

图 3-8 所示为 GB/T 15622—2005《液压缸试验方式》中推荐的液压缸试验的节流或溢流加载回路原理。6 为被试液压缸，溢流阀 2 用于对被试液压缸 6 进油工作腔的压力调节，被试液压缸 6 回油工作腔的加载由节流阀 7 完成，换向阀 4 用于被试液压缸 6 进、回油腔的切换。

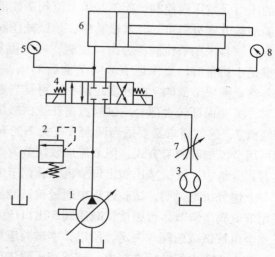

图 3-8 液压缸试验的节流或溢流加载原理
1—液压泵 2—溢流阀 3—流量计 4—换向阀
5、8—压力表 6—被试液压缸 7—节流阀

2. 液压缸试验的加载方式分析

（1）最低起动压力试验 最低起动压力试验要求在液压缸无负载工况下进行，所以在试验过程中被试液压缸 6 回油腔压力应为零。操控换向阀 4，使被试液压缸 6 回油腔通节流阀 7，并将节流阀 7 全开。调节溢流阀 2，使被试液压缸 6 进油腔的压力由零逐渐增大，当被试液压缸 6 活塞从静止刚好起动时，进油腔的压力即为被试液压缸的最低起动压力。

（2）泄漏试验　液压缸的泄漏可分为三种：内泄漏、外泄漏和低压下的泄漏试验。内泄漏是指从液压缸某高压工作腔的液压油经过活塞向另一低压腔的泄漏；外泄漏是指在缸体各静密封处、接合面处由液压缸内向外的渗漏和活塞杆密封处的泄漏。外泄漏可在做最低起动压力试验、耐压试验和内泄漏试验时同时检查。所以有关外泄漏试验的加载方式选择，就不专门介绍了。

按 1.3 节中所列的液压缸的试验标准要求，测量内泄漏量时，液压缸进油腔的工作压力调节为被试液压缸 6 的额定压力或实际工况的指定压力，回油腔压力应为零。所以被试液压缸 6 进油腔的工作压力由溢流阀 2 调节，节流阀 7 全开，不起节流作用。问题在于，当回油腔压力为零时，要将进油腔的工作压力升高，活塞必然从进油口端向回油口端运动，直至终点。当进油腔的工作压力为被试液压缸 6 的额定压力时，作用在活塞上的液压力全部由液压缸端盖承受，活塞杆未受负载力。并且，活塞在某端测得的泄漏量不能代表活塞在其他位置的泄漏量。因此，液压缸内泄漏试验采用节流或溢流加载有局限性，只适用对检测准确性要求不高的场合。

（3）耐压试验　耐压试验主要是试验液压缸零部件的强度。试验时，先把被试液压缸活塞移动至端部缸盖处，然后调节进油腔压力为被试液压缸额定压力的 1.5 倍（当被试液压缸额定压力≤16MPa 时）或 1.25 倍（当被试液压缸额定压力>16MPa 时），保压 5min，全部零件不得有破坏或永久变形等异常现象。只要被试液压缸额定压力≤28MPa，采用溢流阀 2 调节可满足要求。对于额定压力>28MPa 的液压缸就需要采用更高压力的油源进行试验。和对泄漏试验的分析相似，采用溢流阀加载的耐压试验，活塞只能在端部缸盖处。此时全部加载力由液压缸端盖承受，活塞杆不受力，与实际工况不符，所以液压缸耐压试验采用溢流加载有局限性。

3.3.3　液压缸试验的对顶加载方式

1. 对顶加载原理

采用配备了单独供油系统的加载液压缸对被试液压缸加载，通常称为液压缸对顶加载。GB/T 15622—2005《液压缸试验方法》中推荐的液压缸试验对顶加载的原理如图 3-9 所示。

为了对液压缸活塞杆施加负载，通常采用两缸对顶加载方式。系统为加载液压缸另外设置了一套供油系统。在试验中，当被试液压缸 10 的活塞以速度 v 向左（或向右）运动时，通过对顶使加载液压缸 11 活塞一起向左（或向右）运动。加载液压缸 11 左腔（或右腔）的液压油在通过加载溢流阀 12 回油箱的同时，其压力 p_1' 由加载溢流阀 12 调节，并通过加载液压缸 11 的活塞对被试液压缸 10 活塞杆加载。加载液压缸 11 另一腔由加载供油系统通过单向阀补油，补油压

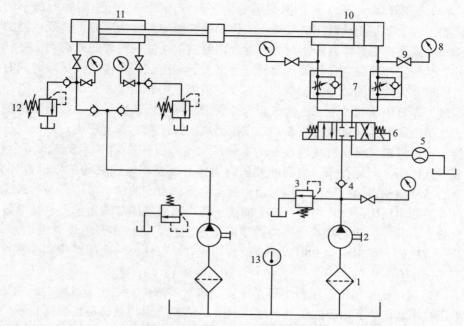

图 3-9　液压缸试验对顶加载原理图

1—过滤器　2—液压泵　3—溢流阀　4—单向阀　5—流量计　6—电磁换向阀　7—单向节流阀
8—压力表　9—压力表开关　10—被试液压缸　11—加载液压缸　12—加载溢流阀　13—温度计

力略大于零。

2. 对顶缸加载特性分析

在对顶缸加载回路中，被试液压缸活塞杆的负载力 F 的计算公式为

$$F = A'(p_1' - p_2') \qquad (3\text{-}7)$$

式中　A'——加载液压缸活塞的有效加载面积；

　　　p_1'——加载溢流阀调定压力；

　　　p_2'——加载液压缸补油压力。

若被试液压缸进油腔的压力为 p_1、被试液压缸回油腔的压力为 p_2、被试液压缸进油腔的有效面积为 A，则被试液压缸两腔的压力差的计算公式为

$$p_1 - p_2 = \frac{A'(p_1' - p_2')}{A} \qquad (3\text{-}8)$$

调节加载溢流阀的压力 p_1'，即可获得被试液压缸所需的试验压力 p_1。

采用对顶缸加载方式对液压缸进行试验，所选择的加载液压缸的行程要大于被试液压缸的行程。与采用溢流加载方式进行液压缸试验比较，对顶缸加载提供的负载更接近液压缸实际工况，负载变化范围可以较大，使液压缸性能可以得到

更全面的检验。但是对顶缸加载方式的试验设备较多，试验台占用空间较大，成本较高。

3. 死挡铁对顶加载

为了模仿实际工况，减少占用空间，液压缸试验加载还可采用死挡铁对顶加载模式。死挡铁对顶加载的原理和对顶缸加载相似，均是使被试液压缸的活塞杆承受加载力。但死挡铁对顶加载时，被试液压缸的活塞杆只承受加载力而不能运动。死挡铁对顶加载相对对顶液压缸加载的优点是：台架长度较短，省去了加载液压油源及对应的加载控制，被试液压缸的加载压力由被试液压缸进油口溢流阀调节。

死挡铁对顶加载，贵在一个"死"字。要保证"死顶"，液压缸试验台架、挡铁和安装座的刚度必须足够大。通常要按最大加载力的 2~3 倍来进行强度校核。

3.4　液压泵和液压马达试验的加载方式

3.4.1　液压泵和液压马达试验对加载的要求

根据国家标准和行业标准，液压泵出厂试验需加载的项目有：容积效率试验、总效率试验、变量特性试验、超载性能试验。液压马达试验需加载的项目有：跑合、容积效率试验、总效率试验、变量特性试验、冲击试验、超载试验。

1）液压泵试验的加载要使被试液压泵出油口及每个封闭的工作腔均承受标准规定的压力，输入轴要在规定的转速下承受与输出压力对应的转矩。

2）液压马达试验的加载要使被试液压马达进、出油口的压差达到标准规定的值，输出轴要在规定的转速下承受与进、出油口压差对应的转矩。

3.4.2　液压泵和液压马达试验加载的一般方式

1. 液压泵试验的加载方式

液压泵试验加载可采用溢流加载或节流加载方式，将加载溢流阀或加载节流阀串联在被试液压泵的出油口即可。节流加载时，被试液压泵出口压力受流量影响较大；溢流加载时，被试液压泵出口压力基本不受流量影响。

液压泵试验加载也可采用液压泵-液压马达加载方式，如图 3-10 所示。试验时，被试液压泵 2 出口的压力由加载液压马达 5 的回油背压调节，可通过换向阀 6 选择回油背压是采用溢流阀 7 调节，还是用节流阀 8 调节。

溢流加载、节流加载或液压泵-液压马达加载方式均可保证被试液压泵在试验时的工况和实际运行时的工况一致：均为在传动轴上输入机械转矩和转速，在出油口输出液压压力和流量，进油口吸油，出油口高压。

2. 液压马达试验加载方式

液压马达试验加载不可采用溢流加载或节流加载方式。将加载溢流阀或加载节流阀串联在被试液压马达的出油口并不能满足进、出油口压差达到标准规定值的要求，也不能使被试液压马达的输出轴承受与进、出油口压差对应的转矩。所以液压马达试验的加载只能采用在被试液压马达输出轴上施加负载转矩的方式。

在被试液压马达输出轴上施加负载转矩通常采用的方法有以下四种：

1）在被试液压马达输出轴上安装卷扬机，用卷扬机起吊重物所需的转矩给被试液压马达加载。

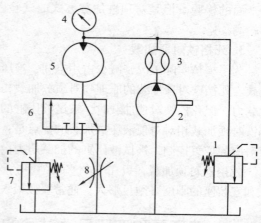

图 3-10　液压泵-液压马达加载方式的液压原理
1—安全阀　2—被试液压泵　3—流量计　4—压力表
5—加载液压马达　6—换向阀　7—溢流阀　8—节流阀

2）在被试液压马达输出轴上安装液压泵，用液压泵调定的输出压力（液压能）所需的输入转矩给液压马达加载，其原理如图 3-11 所示。P_1、P_2 分别为被试液压马达的进、出油口；比例溢流阀 6 用于调定加载泵出口压力；单向阀 7、8、9、10 组成桥式回路。加载模块由比例溢流阀 6、桥式回路和双向变量泵 4 组成，不需换接油管即可实现被试马达正反转切换的自动加载。

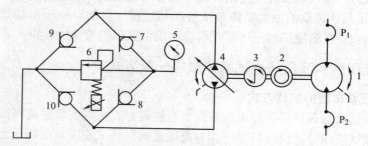

图 3-11　用液压泵给被试液压马达加载的液压原理
1—被试液压马达　2—转速仪　3—转矩仪　4—双向变量泵（加载泵）
5—压力表　6—比例溢流阀　7~10——单向阀

3）在被试液压马达输出轴上安装测功机，用测功机产生的摩擦转矩给被试液压马达加载。

4）在被试液压马达输出轴上安装发电机，用发电机输出电功率所需的输入转矩给被试液压马达加载。

上述被试液压马达的加载模式均可保证被试液压马达在试验时的工况和实际

运行时的工况一致：均为输入液压压力和流量，输出机械转矩和转速，进油口高压进油，出油口低压回油。被试液压马达转子在进出口液压油压差作用下转动，转轴上承受的负载转矩和被试液压马达进出口油压差成正比。

3.5　液压泵和液压马达试验的功率回收

3.5.1　液压泵和液压马达试验的加载功率回收概述

当液压泵和液压马达试验的加载时间较长时（如耐久性测试），试验所消耗的功率很大。试验台设计时，设计人员必须考虑采用功率回收的加载方式。由于液压试验的加载是要被试液压元件承受试验项目要求的与某流量对应的压力或压力差，所以液压加载的能量形式是液压介质的压力能。加载功率回收时，要回收的能量也是液压介质的压力能。从能量流的角度分析，功率回收试验台的加载装置不只是耗能元件，还是具备能量转换功能的元件。在试验过程中不是将对被测元件加载的液压能量转化成热量消耗掉，而是要将加载的液压能转化为机械能或电能进行回收，或直接将该液压能回输给系统重新利用，这就是液压加载的功率回收。具备回收液压介质压力能的元件及相关回路称为功率回收装置。依据功率回收装置种类的不同，可将功率回收形式分为：蓄能器回收、泵-马达回收和马达-发电机回收。前两种属液压能直接回收，后一种是将液压能转换为电能后回收。由于蓄能器回收的效果受到加载压力变化的限制，回收后所能输出的流量较小，输出的压力不稳定，所以通常不单独应用，本书不做介绍。以下主要介绍泵-马达功率回收系统（泵-马达同轴加载静压并联补偿式功率回收系统和泵-马达同轴加载电动机补偿式功率回收系统），以及马达-发电机加载的功率回收系统。

3.5.2　泵-马达同轴加载静压并联补偿式功率回收系统

1. 系统组成

泵-马达同轴加载静压并联补偿式功率回收系统属液压能直接回收，其系统原理如图 3-12 所示。被试元件既可以是液压泵，也可以是液压马达。以下以液压马达是被试元件为例。补偿泵 2 和加载液压泵 10 均为变量泵，两者并联，共同提供被试液压马达 5 加载所需的某压力的流量。静压并联补偿就是指补偿泵 2 与加载液压泵 10 并联。被试液压马达 5 可以是变量马达，也可是定量马达。泵-马达同轴加载指被试液压马达 5 和加载液压泵 10 采用传动轴刚性连接，通过机械反馈，使被试液压马达 5 的输出转矩和转速作为加载液压泵 10 的动力。

2. 工作特性分析

在图 3-12 所示的泵-马达同轴加载静压并联补偿式功率回收系统中，被试液

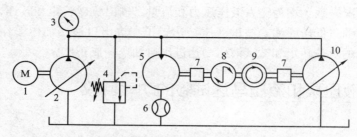

图 3-12　泵-马达同轴加载静压并联补偿式功率回收系统原理
1—电动机　2—补偿泵　3—压力表　4—溢流阀　5—被试液压马达
6—流量计　7—轴承座　8—转矩仪　9—转速仪　10—加载液压泵

马达 5 和加载液压泵 10 通过传动轴直接相连，加载液压泵 10 出口、被试液压马达 5 入口和补偿泵 2 出口并联，补偿泵 2 在电动机 1 的驱动下向被试液压马达 5 供油，驱动被试液压马达 5 转动，被试液压马达 5 通过传动轴带动加载液压泵 10 转动。系统设计和参数调节时应保证补偿泵 2 和加载液压泵 10 的输出流量之和远超被试液压马达 5 的输入流量。通常把加载液压泵 10 和被试液压马达 5 选择为相同排量。系统运行时补偿泵 2 和加载液压泵 10 的出口压力由溢流阀 4 调节。

试验系统起动时，先将溢流阀 4 调节为较低工作压力（一般取额定试验压力的 50%），补偿泵 2 排量调为最大。起动补偿泵 2 后，被试液压马达 5 开始运转并带动加载液压泵 10 工作。逐渐调高溢流阀 4 的工作压力，使被试液压马达 5 的转速升高直至试验要求转速。此后，在减少补偿泵 2 排量的同时，调节升高溢流阀 4 的压力至额定试验压力。正常运行时，被试液压马达 5 主要由加载液压泵 10 驱动，功率不足的部分由补偿泵 2 进行补充。

泵-马达同轴加载静压并联补偿式功率回收系统结构组成简单，外部补偿泵一般采用变量泵或是定量泵由变频电动机驱动，以方便调节补油流量的大小，从而确定系统的试验转速，并补偿加载液压泵驱动功率的不足。此外加载液压泵通常采用和被试液压马达规格型号基本相同的元件，可通过传动轴直接相连。

由于图 3-12 中，被试液压马达 5 的加载转速和加载压差均要通过调节溢流阀 4 的压力和补偿泵 2 的排量来实现，所以，试验中要将加载转速和加载压差调节到规定值是比较繁杂和困难的。因此该系统的实际应用不多。

3.5.3　泵-马达同轴加载电动机补偿式功率回收系统

1. 系统组成

泵-马达同轴（双出轴型）加载电动机补偿式功率回收系统原理如图 3-13 所示。被试元件既可以是液压泵，也可以是液压马达。以下以液压马达是被试元件为例，加载液压泵 2 为变量泵，被试液压马达 10 可以是变量液压马达，也可以是定量液压马达。加载液压泵 2 提供被试液压马达 10 加载所需的某压力的流量。泵-马达同轴加载指被试液压马达和加载液压泵 2 采用传动轴刚性连接，通过机械反馈，使被试液压马达 10 的输出转矩和转速作为加载液压泵 2 的动力。加载液压泵 2 的驱动功率，一部分由被试液压马达 10 提供，另一部分由电动机 6 提供，这就是电动机补偿。此系统中，补偿驱动电动机采用的是双出轴型。

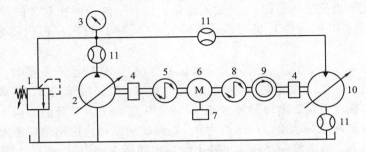

图 3-13　泵-马达同轴（双出轴型）加载电动机补偿式功率回收系统原理
1—溢流阀　2—加载液压泵　3—压力表　4—轴承座　5、8—转矩仪　6—电动机
7—变频调速器　9—转速仪　10—被试液压马达　11—流量计

　　在泵-马达同轴加载电动机补偿式功率回收系统中，补偿驱动电动机也可采用单出轴型，这时试验系统原理如图 3-14 所示。单出轴电动机 6 通过双出轴分动箱 12 和加载液压泵 2、被试液压马达 10 刚性连接，系统其他部分组成及功率回收的系统原理均和图 3-13 所示的系统原理相同。以下仅以图 3-13 为例进行分析。

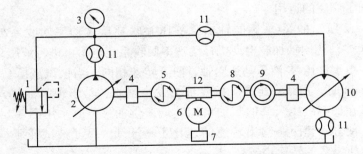

图 3-14　泵-马达同轴（单出轴型）加载电动机补偿式功率回收系统原理
1—溢流阀　2—加载液压泵　3—压力表　4—轴承座　5、8—转矩仪
6—电动机　7—变频调速器　9—转速仪　10—被试液压马达　11—流量计　12—双出轴分动箱

2. 系统的工作特点

泵-马达同轴刚性连接后，如何在被试液压马达的输出轴上建立起测试所需

的加载转矩是功率回收系统必须解决的关键问题。马达-泵加载系统要实现功率回收，就必须保证在试验加载的过程中被试液压马达 10 起帮助电动机 6 驱动加载液压泵 2 的作用，而不是变成被电动机 6 驱动的负载。实现此工况的必要条件是：加载时必须保证加载液压泵 2 的输出流量远大于被试液压马达 10 维持电动机 6 同样转速时所需的输入流量，这时被试液压马达 10 才处于马达工况，而不是泵工况。由于泵-马达同轴刚性连接，两者转速相同，要保证加载液压泵 2 的输出流量大于被试液压马达 10 的输入流量，就只要加载液压泵 2 的排量 V_b 大于被试液压马达 10 的排量 V_m 即可，通常取 $V_b = (1.2 \sim 1.4)V_m$，容积效率高时系数可取小值。

当加载液压泵 2 的输出流量大于被试液压马达 10 的输入流量时，多余的油液无法排出，产生困油现象，使系统的压力升高，打开溢流阀 1，多余的油液流回油箱，加载液压泵 2 出口和被试液压马达 10 进口压力升至溢流阀 1 的调定压力 p_y。若被试液压马达出油口压力为 0，则被试液压马达进出油口压差为 p_y；在此压差作用下，被试液压马达输出轴上的输出转矩 $T = V_m p_y$。所以，图 3-13 所示系统要实现按 1.3 节中液压马达相关标准规定的转矩 T 给被试液压马达加载，只需将溢流阀 1 的调定压力 p_y 设定为 $p_y = T/V_m$ 即可。

至于满足试验加载对被试液压马达输出转速的要求，泵-马达同轴加载电动机补偿系统比图 3-12 所示系统要简单和便利得多，只要用变频器将补偿驱动电动机的转速调节到所需转速即可。

由于泵-马达同轴加载电动机补偿系统的加载转矩（或压差）靠溢流阀 1 的调定压力调节，加载转速靠变频调速器 7 调节，两者互不干扰，可以方便地满足标准规定的试验加载要求；所以泵-马达同轴加载电动机补偿系统在功率回收试验台中得到了广泛的运用。

和图 3-12 所示的泵-马达同轴加载静压并联补偿式功率回收系统一样，图 3-13 所示的泵-马达同轴加载电动机补偿功率回收系统也不可进行液压马达的低速性能试验。由于液压泵-液压马达同轴，两者转速相同，当被试液压马达 10 转速低于 500r/min 时，加载液压泵 2 的吸油会发生困难，易出现吸油气穴。为解决此问题，可在加载液压泵 2 的吸油口加装低压供油泵，或采用图 3-14 所示的分动箱结构，使分动箱两路输出转速的速比不等于 1，保证被试液压马达低转速时，加载液压泵 2 的转速仍较高。

3. 系统的功率传递关系

以图 3-13 所示系统为例。设加载液压泵 2 的排量为 V_b、输出流量为 q_b、输出功率为 N_{bo}、输入功率为 N_{br}、容积效率为 η_{bv}、机械效率为 η_{bm}；被试液压马达 10 的排量为 V_m、输入流量为 q_m、输出功率为 N_{mo}、输入功率为 N_{mr}、容积效率为 η_{mv}、机械效率为 η_{mm}；电动机 6 的输出功率为 N_d、输出转速为 n。可得

$$N_{\mathrm{bo}}/N_{\mathrm{br}} = \eta_{\mathrm{bv}}\eta_{\mathrm{bm}}$$

$$N_{\mathrm{mo}}/N_{\mathrm{mr}} = \eta_{\mathrm{mv}}\eta_{\mathrm{mm}}$$

泵-马达同轴加载电动机补偿系统的功率传递关系框图如图 3-15 所示。图中，η_{c} 为机械传动机构的效率、η_{L} 为管路系统效率。当系统处于功率回收状态时，正常试验条件下各元件间的功率传递关系：（电动机 6 的输出功率 N_{d} +被试液压马达 10 的输出功率 N_{mo}）→加载液压泵 2 的输入功率 N_{br}→（加载液压泵 2 的输出功率 N_{br} -溢流阀 1 损失功率 N_{y}）→被试液压马达 10 的输入功率 N_{mr}→被试液压马达 10 的输出功率 N_{mo}→通过机械传动机构参与液压泵 2 驱动。

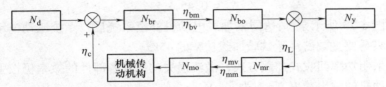

图 3-15　泵-马达同轴加载电动机补偿系统的功率传递关系框图

4. 系统的功率回收分析

按相关标准规定，液压马达试验时，其输出轴上的负载转矩和转速要达到额定值或最大值。设试验时，被试液压马达输出轴上的负载转矩和转速要达到的值为 T、转速为 n，则图 3-13 所示系统中，加载液压泵 2、电动机 6 的转速也为 n，还可认为加载液压泵 2 的输出压力、被试液压马达 10 的输入压力均等于溢流阀 1 的调定压力 p_{y}。要满足标准规定的被试液压马达的加载要求，图 3-13 所示系统的补偿驱动电动机的输出功率最少应为多大？

由 $N_{\mathrm{mo}}/N_{\mathrm{mr}} = \eta_{\mathrm{mv}}\eta_{\mathrm{mm}}$ 和 $N_{\mathrm{mo}} = Tn$，可得

$$N_{\mathrm{mr}} = Tn/(\eta_{\mathrm{mv}}\eta_{\mathrm{mm}}) \tag{3-9}$$

设经溢流阀 1 溢流损失的流量为加载液压泵 2 输出流量的 10%，则溢流损失功率 N_{y} 为加载液压泵 2 的输出功率 N_{bo} 的 10%。由图 3-15 可得

$$N_{\mathrm{bo}} = 0.1N_{\mathrm{bo}} + N_{\mathrm{mr}}/\eta_{\mathrm{L}}$$
$$= 0.1N_{\mathrm{bo}} + [Tn/(\eta_{\mathrm{mv}}\eta_{\mathrm{mm}})]/\eta_{\mathrm{L}}$$

即

$$N_{\mathrm{bo}} = (Tn/\eta_{\mathrm{mv}}\eta_{\mathrm{mm}})/(0.9\eta_{\mathrm{L}})$$

又

$$N_{\mathrm{bo}}/N_{\mathrm{br}} = \eta_{\mathrm{bv}}\eta_{\mathrm{bm}}$$

故有

$$N_{\mathrm{br}} = (Tn/\eta_{\mathrm{mv}}\eta_{\mathrm{mm}})/[0.9\eta_{\mathrm{L}}(\eta_{\mathrm{bv}}\eta_{\mathrm{bm}})]$$
$$= Tn/(0.9\eta_{\mathrm{L}}\eta_{\mathrm{mv}}\eta_{\mathrm{mm}}\eta_{\mathrm{bv}}\eta_{\mathrm{bm}}) \tag{3-10}$$

由图 3-15 可知

$$N_{br} = N_d + N_{mo}\eta_c = N_d + Tn\eta_c \tag{3-11}$$

联立式（3-10）和式（3-11），得

$$N_d = Tn/(0.9\eta_L\eta_{mv}\eta_{mm}\eta_{bv}\eta_{bm}) - Tn\eta_c \tag{3-12}$$

或写为被试液压马达试验加载功率（即输出功率）的形式

$$N_d = N_{mo}/(0.9\eta_L\eta_{mv}\eta_{mm}\eta_{bv}\eta_{bm}) - N_{mo}\eta_c$$

$$= N_{mo}[1/(0.9\eta_L\eta_{mv}\eta_{mm}\eta_{bv}\eta_{bm}) - \eta_c] \tag{3-13}$$

通常，取 $\eta_L = \eta_{mv} = \eta_{mm} = \eta_{bv} = \eta_{bm} = 0.95$，取 $\eta_c = 0.92$。可得

$$N_d = 0.45 N_{mo} \tag{3-14}$$

采用图 3-13 所示泵-马达同轴加载电动机补偿系统后，系统驱动电动机输出功率通常只需要是被试马达试验加载功率的 45%。

若不采用功率回收式加载方式，溢流损失功率和各部件的效率仍按上述值设定，则电动机的输出功率 N_{do} 应为

$$N_{do} = N_{mo}/(0.9\eta_L\eta_{mv}\eta_{mm}\eta_{bv}\eta_{bm}\eta_c) = 1.48N_{mo}$$

即系统驱动电动机输出功率为被试液压马达试验加载功率的 1.48 倍。显然采用图 3-13 所示泵-马达同轴加载电动机补偿系统后，试验系统节能的效果非常明显。

定义试验系统的功率回收效率 $\eta_N = 1 - (N_d/N_{do})$，则图 3-13 所示泵-马达同轴加载电动机补偿系统的功率回收效率通常有 70% 左右。

3.5.4 液压马达-发电机加载的功率回收系统

采用液压马达-发电机加载时，液压马达与发电机同轴，试验系统加载的液压能带动液压马达转动，液压马达再带动发电机。发电机产生的电能，或者送到电网实现回收，或者直接回馈给试验台的供电系统用于驱动电动机实现回收。液压马达-发电机系统功率回收通常可以回收约 70% 的加载液压能。

1. 系统组成

系统中用于加载的发电机可以是直流发电机，也可以是交流发电机。

图 3-16 所示为采用交流发电机为液压马达加载的功率回收系统原理。被试液压马达 5 的转速由补偿泵 2 的排量调节，进油压力由溢流阀 4 调节并与输出轴的负载转矩匹配。被试液压马达输出轴的负载转矩由发电机的驱动转矩 T_d 产生，通常 $T_d = C_d\Phi I$。式中，C_d 为发电机的电机力矩常数；Φ 为励磁磁通；I 为电枢电流。控制发电机的电枢电流 I 和励磁磁通 Φ 就可调节被试液压马达输出轴的负载转矩。加载交流发电机 11 将被试液压马达 5 输出的机械能转换为电能，经变频器进行频率调节后，送入电网用于电动机 1 的驱动，实现加载能量回收。

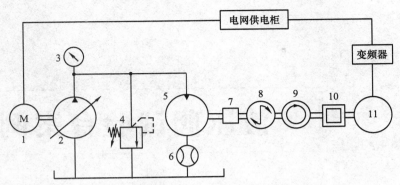

图 3-16 液压马达-交流发电机功率回收系统原理

1—电动机 2—补偿泵 3—压力表 4—溢流阀 5—被试液压马达

6—流量计 7—轴承座 8—转矩仪 9—转速仪 10—变速器 11—加载交流发电机

2. 共直流母线的发电机加载电功率回收

共直流母线的发电机加载电功率回收系统的驱动电动机、补偿泵、液压马达、加载交流发电机部分和图 3-16 所示相同，不同之处在于：交流发电机输出的电能不是以交流电的形式反馈回收，而是先将交流电经过逆变器转换为直流电后，通过与驱动电动机供电模块共用的直流母线反馈到电能输入端实现回收。驱动电动机供电

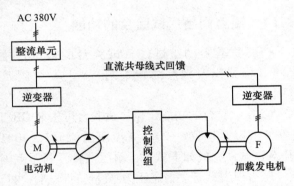

图 3-17 共直流母线的发电机加载电功率回收原理

模块由整流单元、逆变器组成。图 3-17 所示为共直流母线的发电机加载测试系统电功率回收原理。

3. 液压马达-发电机加载功率回收系统的特点

液压马达-发电机加载功率回收系统有以下特点：

1）试验系统的机械传动机构为开放式，液压泵和液压马达间无机械反馈，流量和压力间无耦合，结构简单，调节便利，通用性强。

2）操作控制全部采用电控，可完全实现自动化控制；被试液压马达的转速可由液压泵的排量或驱动电动机的转速调节，被试液压马达的输出转矩可由发电机的电枢电流和励磁磁通调节，可方便灵活地满足加载需求，适于模拟现场工况下连续加载。

3）试验台的加载发电机可以向电网或系统反馈电能，实现能量回收，回收能量可达加载能量的 60% 左右，节能效果好。

第4章 液压阀试验台案例

溢流阀出厂试验台

4.1.1 溢流阀出厂试验台的功能

（1）试验台的被试件 试验台的被试件主要是行走机械液压系统的溢流阀（板式阀或螺纹插装式阀）、主安全阀及工作液压缸大小腔的限压安全阀。

（2）试验台的功能定位 试验台可按照 GB/T 8105—1987《压力控制阀试验方法》、JB/T 10374—2013《液压溢流阀》、JB/T 10371—2013《液压卸荷溢流阀》对被试件完成如下试验：耐压试验、调压范围及压力稳定性试验、内泄漏试验、压力损失试验、稳态压力-流量特性试验、外泄漏试验。

试验过程控制采用手动、半自动和自动三种模式，试验数据通过数显仪表显示和计算机采集。

（3）试验台的性能参数

1）试验台装机功率：142kW。

2）主泵最大压力：35MPa。

3）主泵流量：0~250L/min。

4）最高试验压力：40MPa。

5）最高压力下流量：30L/min。

6）测试精度：C级。

（4）试验台的组成 试验台由液压动力系统、电控系统、试验台架和计算机测试系统组成。其中，液压动力系统包含主泵站、控制阀块、循环冷却系统；试验台架由双作用限压安全阀安装板、板式溢流阀安装板、插装式溢流阀安装板和两个台架油路块组成。

4.1.2　溢流阀出厂试验台液压系统

1. 试验台液压系统原理

溢流阀出厂试验台液压系统原理如图 4-1 所示。泵站油路块的控制阀和两个台架油路块的控制阀均为二通插装阀结构。

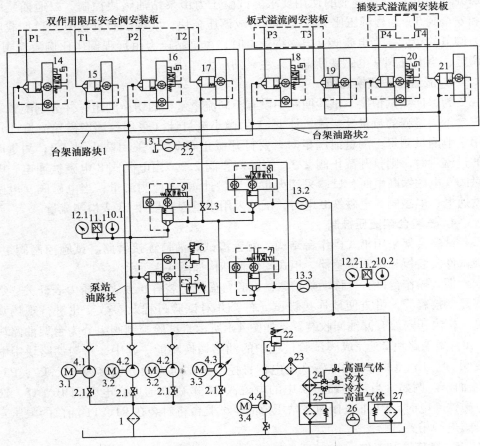

图 4-1　溢流阀出厂试验台液压系统原理

1、23、25、27—过滤器　2.1～2.3—截止阀　3.1～3.4—电动机　4.1、4.2—柱塞泵

4.3—比例控制变量泵　4.4—液压泵　5、22—安全阀　6—远程调压比例溢流阀

7～9、14～21—电磁阀　10.1、10.2—温度计　11.1、11.2—压力传感器

12.1、12.2、13.1～13.3—流量计　24—冷却加热器　26—液位控制器

2. 液压动力系统

主泵站由 4 台液压泵电动机组及油箱等辅件组合而成，4 台液压泵电动机组

可以在计算机控制下组合供油，也可单独供油，视溢流阀试验时所需的流量而定。三台 A2F 柱塞泵（泵 4.1 的排量为 23L/min，两台泵 4.2 的排量为 55L/min）和一台最大排量为 58L/min 的 A7V58 比例控制变量泵 4.3 组成主液压油源，可向系统提供额定压力为 32MPa、最大流量为 250L/min 的压力油。恰当组合比例控制变量泵 4.3 与定量柱塞泵（4.1 或 4.2）可使合流后的流量满足试验流量在 250L/min 以内比例调节的使用要求。试验压力由泵站油路块控制，二通插装阀和安全阀 5、远程调压比例溢流阀 6 组成调压模块，实现试验过程中 P 口加载压力调节的功能。当电磁阀 9 电磁铁通电时，主泵站压力由远程调压比例溢流阀 6 调定；当电磁阀 9 电磁铁断电时，主泵站压力卸荷。

3. 流量检测切换阀组

为保证测试精度，试验回路中设有不同流量量程的切换阀组，并分别配置了三台不同量程的流量计。流量计 13.1 为微小流量计（采用德国产齿轮流量计），用于泄漏量测量。测量泄漏量时，要打开截止阀 2.2，关闭截止阀 2.3；测量阀的过流量时，则打开截止阀 2.3，关闭截止阀 2.2。当电磁阀 8 电磁铁通电、电磁阀 9 电磁铁断电时，试验采用大量程流量计 13.3 检测流量；当电磁阀 9 电磁铁通电、电磁阀 8 电磁铁断电时，试验采用小量程流量计 13.2 检测流量。

4. 试验台架液压控制

试验台架采用柜式操作台结构，配置被试阀油口连接管路、试验控制阀组、被试件安装板和检测传感器。柜式操作台结构如图 4-2 所示。

柜式操作台设有可移动防护罩，试验台面板上装有压力表、压力表开关、数字显示仪表等，可方便地连接被试元件，并对试验过程及参数变化进行现场观测，柜内还安放有漏油回收装置。如图 4-1 所示，试验控制阀组分为台架油路块 1 和台架油路块 2，完成阀试验过程中的油路切换功能。其中，台架油路块中电磁阀 14、16、18、20 的电磁铁通电，将控制泵站压力油分别接通 P1、P2、P3、P4 油口。例如，当台架油路块中的电磁阀 14 电磁铁通电，电磁阀 16、18、20 电磁铁断电时，P1 油口接通泵站压力油，试验台将对装在 P1、T1 油口的限压安全阀进行相关试验。

5. 循环冷却系统

循环冷却系统主要由电动机 3.4、液压泵 4.4、安全阀 22、一级过滤器 23、冷却加热器 24 和二级过滤器 25 组成，以满足试验台的油液清洁度及试验温度控制要求。液压泵 4.4 从油箱吸入油液，经冷却加热器 24 及两级过滤器 23、25 后，返回油箱。系统配置了 MSZ-6A 型温控仪，可以根据主泵吸油口的温度自动控制冷却加热器进出水阀及蒸汽阀门的开关动作，对油液进行可控的冷却或加热，实现对试验油温的准确控制。液压泵 4.4 为低噪声的内啮合齿轮泵（NB4-C125F）。

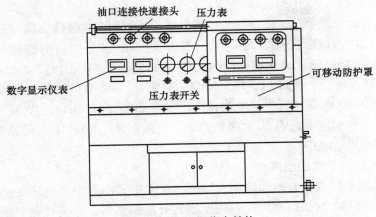

图 4-2　柜式操作台结构

4.1.3　溢流阀出厂试验台电气控制系统

1. 主要元件的控制模式

1）两台 A2F55 柱塞泵电动机组（A2F55R2P3/Y225S-4）的电动机功率为 37kW，采用丫-△起动方式，分别设置起动按钮、停止按钮。

2）一台 A7V58 比例控制变量泵电动机组（A7V58EL/Y225S-4）的电动机功率为 37kW，采用丫-△起动方式，设置起动按钮、停止按钮。比例控制变量泵对应的流量调节：设置手动旋钮，通过比例放大器（VT-2000BK4X）来控制调节泵流量的比例电磁铁。

3）一台 A2F23 柱塞泵电动机组（A2F23R2P4/Y180M-4）的电动机功率为 22kW，采用直接起动方式，设置起动按钮、停止按钮。

4）一台冷却循环泵电动机组（Y132M-4）的电动机功率为 7.5kW，采用直接起动方式，设置起动按钮、停止按钮。

5）油温控制设置自动和手动两种方式用三位选择旋钮设定自动控制、手动控制和停止。自动控制方式：当温控仪（MSZ-6C）的温度传感器信号温度低于设定温度时，关闭冷却水电磁阀（AC 220V），同时打开蒸汽电磁阀（AC 220V）；当温度传感器信号温度高于设定温度时，打开冷却水电磁阀，同时关闭蒸汽电磁阀；当温度传感器信号温度在设定温度范围内时，关闭所有电磁阀。手动控制方式：用三位选择旋钮设定手动冷却或手动加热控制，冷却时打开冷却水电磁阀，加热时打开蒸汽电磁阀（注意：温度控制的前提是冷却循环泵电动机组起动）。

6）试验台设置警示灯和蜂鸣器同时报警功能，蜂鸣器可用手动按钮关闭。试验台在主吸油过滤器 1、主回油过滤器 27、冷却循环回油过滤器 23、冷却循环回油过滤器 25 处设置过滤器堵塞报警功能。试验台设置主油箱低液位报警功能，由液位指示控制器 YKJD24（DC 24V）控制。

7）试验台设置手动试验控制与计算机试验控制的模式选择旋转开关。

8）被试件油口接通选择采用多位选择开关实现：1 位对应电磁阀 14 电磁铁通电，电磁阀 16、18、20 电磁铁断电，P1 油口接通泵站压力油；2 位对应电磁阀 16 电磁铁通电，电磁阀 14、18、20 电磁铁断电，P2 油口接通泵站压力油；3 位对应电磁阀 18 电磁铁通电，电磁阀 14、16、20 电磁铁断电，P3 油口接通泵站压力油；4 位对应电磁阀 20 电磁铁通电，电磁阀 14、16、18 电磁铁断电，P4 油口接通泵站压力油。

2. 电气控制系统的组成

电气控制系统由强电柜和控制台组成。强电柜采用集中供电集中控制方式，总装机容量为 142kW。电动机配有施耐德高分断断路器，作为过载和断路保护。控制台中配置工业控制计算机和 PLC 及各种中间继电器。控制回路电源有 AC 220V 和 DC 24V，控制电动机的中继线圈采用 AC 220V 电源；控制各种阀和报警信号采用 DC 24V 电源。

控制台面板上设有电动机控制按钮、电动机运行指示、报警显示等。所有电器控制均采用西门子 200 系列 PLC。

控制台面板上控制按钮、选择旋钮、多位选择开关和指示灯、报警灯的布置如图 4-3 所示。图 4-3 中，双线圆表示按钮，单线圆表示指示、报警灯，双线方框表示数显仪，比例流量调节处安装精密多圈电位计。

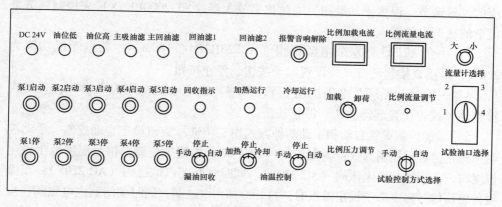

图 4-3　控制台面板的布置

4.1.4　溢流阀出厂试验台计算机测控系统

1. 测控系统的组成

计算机测控系统采用工业控制计算机（数据采集卡、A/D 转换板、D/A 转

换板和 I/O 端子）作为上位机，可完成试验数据的检测、采集和处理；并且可和
PLC 进行通信，实现对试验台设备及试验过程的控制。计算机测控系统能快速完
成试验报告的编写和打印输出。计算机测控系统组成框图如图 4-4 所示。

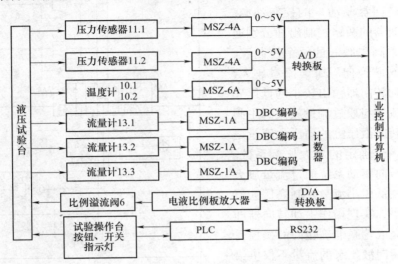

图 4-4　计算机测控系统组成框图

2. 检测物理量及二次仪表

试验台试验过程中需检测的物理量及对应的二次仪表见表 4-1。

表 4-1　试验台试验过程中需检测的物理量及对应的二次仪表

序号	被测量（测试仪表）	单位	量程	二次仪表	输出信号	备注
1	试验油温（温度计 10.1、10.2）	℃	0~80	MSZ-6A	0~5V	1个
2	进油压力（压力传感器 11.1）	MPa	0~60	MSZ-4A	0~5V	1个
3	回油压力（压力传感器 11.2）	MPa	0~6	MSZ-4A	0~5V	1个
4	泄漏量（流量计 13.1）	mL/min	5~500	MSZ-1A	DBC 编码	1个
5	回油量（流量计 13.2）	L/min	1~40	MSZ-1A	DBC 编码	1个
6	回油量（流量计 13.3）	L/min	5~300	MSZ-1A	DBC 编码	1个

4.2　流量放大阀出厂试验台

4.2.1　流量放大阀出厂试验台的功能

1. 流量放大阀简介

目前，工程行走机械已普遍采用全液压转向驱动，流量放大阀是工程行走机

械全液压转向驱动系统中的控制阀。转向液压泵的出油一路经过流量放大阀，去

驱动转向液压缸；另一路经减压阀
减压后，作为手动转向器（由驾驶
员操纵转向盘驱动）的控制油源。
手动转向器的两路控制出油分别通
流量放大阀主阀芯的两个控制腔，
控制主阀芯换向。所谓流量放大，
是指手动转向器输出较小的低压先
导控制流量与通过流量放大阀主阀
芯驱动转向液压缸的高压大流量之
间，有一个确定的放大比例系数。
全液压转向驱动系统通过流量放大
阀达到用低压小流量控制高压大流
量的效果，实现操作手动转向器即
可灵活完成轮系准确转向的操控目
标。当转向液压泵的流量不仅供给
转向液压缸，还要用于工作装置
时，流量放大阀在结构上需增配一
个优先阀，以保证转向液压泵的流

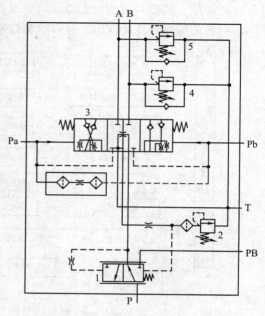

图 4-5 流量放大阀的液压系统原理
1—优先阀 2—安全阀 3—主阀芯 4、5—过载阀

量优先满足转向所需。流量放大阀的液压系统原理如图 4-5 所示。

转向液压泵出油进入流量放大阀的一路与 P 口连通。不转向时，手动转
向器在中位，转向器的两路先导控制油口关闭，流量放大阀主阀芯 3 左右两
控制腔的先导压力为零，主阀芯 3 在复位弹簧作用下保持在中位，连接转向
液压缸的油路 A 和 B 均被断开，转向液压缸不驱动轮系转向。驾驶员操纵转
向盘向某方向转动时，手动转向器对应的先导控制油口分别连通主阀芯 3 左
右两控制腔，使主阀芯 3 产生对应的位移，从而将高压 P 口及回油口 T 通过
A 口或 B 口与转向液压缸的对应控制腔连通，驱动转向液压缸伸出或缩回，
实现轮系做相应的转向。通过主阀芯 3 进入转向液压缸的流量与轮系转向的
大小成正比，主阀芯 3 的流量又与主阀芯 3 的位移（开度）成比例，而主阀
芯 3 的开度与先导控制油的流量成比例，先导控制油的流量又可用手动转向
器控制。所以驾驶员操纵转向盘的转角就和工程行走机械轮系的转向成正
比。这样，流量放大阀就将驾驶员用较小力操控转向器（方向盘）的动作，
成比例地放大成了高压大流量驱动转向液压缸使轮系转向的动作。

某型优先流量放大阀的相关技术参数见表 4-2。

表 4-2　某型优先流量放大阀的技术参数

安全阀额定压力/MPa	安全阀额定流量/(L/min)	过载阀额定压力/MPa	过载阀额定流量/(L/min)	先导压力/MPa	先导流量/(L/min)
16.5±0.5	140	21.5±0.5	40	2.5	15

2. 试验台的功能定位

依据某企业标准,对某型优先流量放大阀进行出厂试验。

1)试验工艺流程:被试阀上试验台→装夹、定位、接油管→被试阀排气→被试阀试验→拆卸油管和夹具→被试阀内腔残油清理→被试阀下试验台。

2)试验项目:主安全阀压力设定验证、工作油口最大流量、中位泄漏试验、转向泄漏试验、优先阀芯和主阀芯动作性能、流量放大系数、耐压试验。

3)试验节拍:每台阀的试验周期小于 10.6min。

4)液压油液:46 号抗磨液压油。

5)试验油温要求:试验油温(50±5)℃。

6)油液固体污染等级:NAS9 级以内。

7)试验噪声:不超过 75dB。

3. 试验台的性能参数

主液压泵工作流量:5~150L/min。

主液压泵最高压力:25MPa。

控制液压泵最高压力:5MPa。

控制液压泵流量:5~20L/min。

测试精度:C 级。

最大装机功率:69kW。

控制回路液压泵电动机功率:3kW。

主液压泵电动机功率:55kW。

高压液压泵电动机功率:7.5kW。

冷却循环液压泵电动机功率:3kW。

4.2.2　流量放大阀出厂试验设计

1. 试验项目与试验方法

流量放大阀出厂试验的试验项目与试验方法见表 4-3。

2. 试验台液压系统原理

流量放大阀试验台的液压系统原理如图 4-6 所示。

3. 试验台液压系统的组成

流量放大阀出厂试验台的液压系统主要由主油路、控制油路、循环油路和漏油回收油路组成。

表4-3　流量放大阀出厂试验的试验项目与试验方法

序号	试验项目	油口连接方式		试验方法	合格标准	试验时间 /min
1	主安全阀	P 口：接主泵 T 口：接油箱 PB 口：接油箱 Pa 口：接先导泵 Pb 口：接油箱 A、B 口：堵住		P 口通入流量为 100L/min 的液压油时，测 P 口压力	(16.5±0.5)MPa	0.4
				P 口通入流量为 5L/min 的液压油时，测 P 口压力	13MPa 以上	0.4
2	过载阀	A 口：接主泵 T 口：接油箱 其余油口：堵住		A 通入流量为 40L/min 的液压油时，测 A 与 T 口的压差	(21.5±0.5)MPa	0.4
		B 口：接主泵 T 口：接油箱 其余油口：堵住		B 口通入流量为 40L/min 的液压油时，测 B 口与 T 口的压差	(21.5±0.5)MPa	0.4
3	工作油口流量	P→A→T	P 口：接主泵 T 口：接油箱 PB 口：接油箱 A 口：通过流量计到油箱 B 口：堵住 Pa 口：接先导泵 Pb 口：接油箱	P 口通入流量为 140L/min 的液压油时，测量通过 A 口的流量	13~140L/min	0.5
		P→B→T	P 口：接主泵 T 口：接油箱 PB 口：接油箱 B 口：通过流量计到油箱 A 口：堵住 Pb 口：接先导泵 Pa 口：接油箱	P 口通入流量为 140L/min 的液压油时，测量 B 口流量	130~140L/min	0.5

（续）

序号	试验项目	油口连接方式	试验方法	合格标准	试验时间/min
4	主阀芯中位内泄漏	A 口：接主泵 P 口：打开 T 口：打开 Pa 口：接油箱 Pb 口：接油箱 PB 口：堵住	对 A 口施加 6.7MPa 的压力，测量泄漏量	30～200mL/min	0.5
		B 口：接主泵 P 口：打开 T 口：打开 Pa 口：接油箱 Pb 口：接油箱 PB 口：堵住	对 B 口施加 6.7MPa 的压力，测量泄漏量	30～200mL/min	0.5
5	主阀芯换向位泄漏	A 口：接主泵 P 口：打开 T 口：打开 Pa 口：接先导泵 Pb 口：接油箱 PB 口：接油箱	Pa 口通入流量为 15L/min 的液压油，使主阀芯处于全开状态；对 A 口施加 6.7MPa 的压力，测量泄漏量	≤400mL/min	0.5
		B 口：接主泵 P 口：打开 T 口：打开 Pb 口：接先导泵 Pa 口：接油箱 PB 口：接油箱	Pb 口通入流量为 15L/min 的液压油，使主阀芯处于全开状态；对 B 口施加 6.7MPa 的压力，测量泄漏量	≤400mL/min	0.5
6	优先阀芯和主阀芯动作性能	P 口：接主泵 T 口：接油箱 PB 口：接油箱 Pa（Pb）口：接先导泵 A 口：堵住 B 口：堵住	Pa（Pb）口不供油，阀芯处于中位，P 口通入流量为 100L/min 的液压油，测量 P 口压力	<0.5MPa	0.4
			向 Pa（Pb）口通入流量为 15L/min 的液压油，并保持 3s，使主阀芯处于大开口状态，测量 P 口压力	(16.5±0.5)MPa	0.4
			突然停止向 Pa（Pb）口供油，阀芯应回复到中位，观察此时 P 口压力的下降值	<0.5MPa	0.3

（续）

序号	试验项目	油口连接方式	试验方法	合格标准	试验时间/min
7	再次确认主安全阀压力	P 口：接主泵 T 口：接油箱 PB 口：接油箱 Pa 口：接先导泵 Pb 口：接油箱 A、B 口：堵住	重复主安全阀试验步骤	(16.5±0.5)MPa	0.4
8	流量放大比	P 口：接主泵 P→A：7MPa 负载压力 PB 口：接油箱 Pa 口：接先导泵	先导流量以每秒增加 10% 的速度从 0 增加到 15L/min，测量 A 口流量，计算该过程中的流量放大比：A 口流量/先导流量	9~14	0.75
		P 口：接主泵 P→B：7MPa 负载压力 PB 口：接油箱 Pb 口：接先导泵	先导流量以每秒增加 10% 的速度从 0 增加到 15L/min，测量 B 口流量，计算该过程中的流量放大比：B 口流量/先导流量	9~14	0.75
			装卸试验工装、残油清理及安装封板		3
			合计		10.6

（1）主油路　由 1 台功率为 7.5kW 的 A2F10 定量柱塞泵组 1.3 和 1 台功率为 55kW 的 A10V100 变量泵组 1.2 提供压力油源。定量柱塞泵组 1.3 流量不大于 10L/min，最高压力为 25MPa；变量泵组 1.2 流量范围是 5~145L/min，最高压力为 18MPa。二通阀 11.1、换向阀 20.2 和比例溢流阀 9.3 组成的阀块 2 为大流量调压阀组，用于变量泵组 1.2 的压力控制。比例溢流阀 9.2，用于泵组 1.3 的压力控制。主油路上设置了比例流量控制阀 4.2 和流量计 5.2，对主轴路的油液流量进行实时监测与控制。

试验台连接被试阀各工作油口 P、A、B、PB、T 的油路由阀块 5 及阀块 7 的二通开关阀自动控制通断，试验过程中，不需要人工拔插管路。阀块 5 用于油口 A 和 B 间双向油流的回油路加载压力调节。若被试阀先导控制口 Pb 为高压、Pa 口、通油箱，则被试阀 P 口通 B 口、T 口通 A 口，此时电磁阀 20.6、20.7 断电，电磁阀 20.8、20.9、20.10 通电，主泵压力油进被试阀 P 口到 B 口，又经二通阀 11.7、11.10 流入由二通阀 11.8、换向阀 20.11 和比例溢流阀 9.4 组成的加载调节阀组，再经流量计 5.4、二通阀 11.11、11.16 流到 A 口，经被试阀 T 口回油

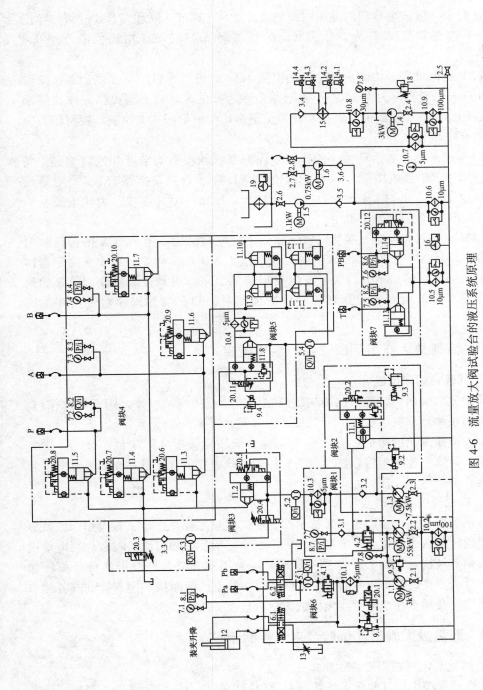

图 4-6 流量放大阀试验台的液压系统原理

1—泵组 2—球阀 3—单向阀 4—比例流量阀 5—流量计/变送器 6—三位换向阀 7—压力表 8—压力变送器 9—溢流阀 10—过滤器
11—二通插装阀 12—液压缸 13—节流阀 14—水用电磁阀 15—换热器 16—液位计 17—油温传感器 18—安全阀 19—液位控制器 20—二位电磁阀

箱。试验中,被试阀 B 口的油压由比例溢流阀 9.4 调节。同理,若被试阀先导控制口 Pb 通油箱、Pa 口为高压,则此时被试阀 A 口的油压由比例溢流阀 9.4 调节。

(2)控制油路　由 1 台电动机功率为 3kW 的齿轮泵组 1.1 提供油源,流量为 20L/min,最高压力为 5MPa。控制油路除为被试流量放大阀提供先导控制油外,也用于控制工装的升降。控制回路流量由比例流量阀 4.1 控制,控制压力由溢流阀 9.1 调节。

(3)循环油路　循环油路的作用是保证系统油液的清洁度并控制油温。循环油路由 1 台电动机功率为 3kW 的齿轮泵组 1.4、1 台热交换器 15、4 个电磁阀 14.1、14.2、14.3、14.4 和 3 套过滤器 10.7、10.8、10.9 组成。齿轮泵流量为 120L/min,最高压力为 0.6MPa。

(4)漏油回收油路　漏油回收油路由 1 台电动机功率为 1.1kW 的齿轮泵组 1.5 和 1 台电动机功率为 0.75kW 的齿轮泵组 1.6 组成。齿轮泵组 1.5 用于漏油箱油液的回收,漏油箱上设置了液位控制器 19,可以自动控制漏油回收泵的起停。齿轮泵组 1.6 用于试验完毕后对被试阀内部残存油和操作台底座存油的回收。

4.2.3　流量放大阀出厂试验台的结构组成

1. 试验台组成概述

流量放大阀出厂试验台的结构组成主要包括液压泵站、被试阀安装操作台、电气动力柜和计算机控制柜。其三维结构布置如图 4-7 所示。

有关液压泵站的组成已在上述"试验台液压系统组成"中做了介绍,电气动力柜、计算机控制柜将在试验台电气控制系统中介绍,以下只介绍被试阀安装操作台。

2. 被试阀安装操作台

被试阀安装操作台用于安装被试阀、配接试验油管并进行试验操作,以及显示主要检测参数。被试阀安装操作台的下部装有漏油箱和漏油回收齿轮泵电动机组,其内部结构及管路布置如图 4-8 所示。被试阀安装台面及操作台前面板如图 4-9 所示。被试阀安装台面上装有被试阀安装座,前面板上配有被试阀各油口的连接软管及用于在线显示实测值的流量数显表、压力表等。

4.2.4　流量放大阀出厂试验台电气控制系统

1. 试验台电气控制系统的组成

流量放大阀出厂试验台电气控制系统包括电气动力柜和计算机控制柜。电气动力柜用于实现电动机的控制和强电的配送。计算机控制柜则用于完成所有低压

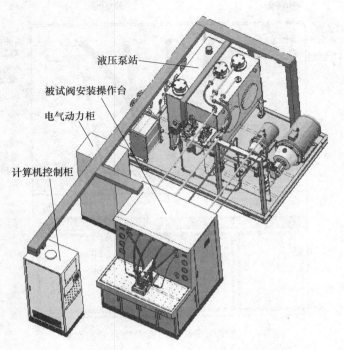

液压泵站

被试阀安装操作台

电气动力柜

计算机控制柜

图 4-7　流量放大阀出厂试验台三维结构布置

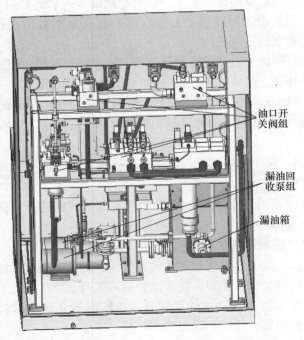

油口开关阀组

漏油回收泵组

漏油箱

图 4-8　被试阀安装操作台内部结构及管路布置

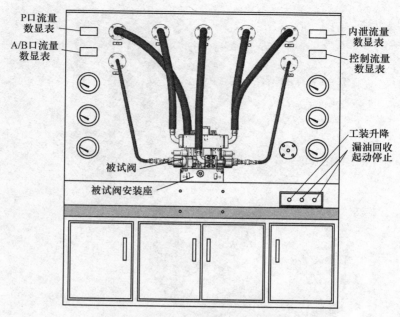

P口流量
数显表

A/B口流量
数显表

内泄流量
数显表

控制流量
数显表

工装升降
漏油回收
起动停止

被试阀

被试阀安装座

图 4-9　被试阀安装台面及操作台的前面板

电器的控制和被测物理量的数据采集，控制和数据采集全部采用 PLC 控制，PLC
与上位机之间采用总线通信连接，上位机对 PLC 采集的数据进行处理，形成报
表，并对试验台系统进行监控。

计算机控制柜面板上主要配置有显示器、触摸屏、薄膜按钮、操作开关（含
起停按钮、选择开关、调节旋钮等）、键盘等，如图 4-10 所示。

1）显示器和键盘：用于文本、表格、试验报告的显示、编辑和查询。

2）触摸屏：用于试验界面的显示和操作，手动试验和自动试验都可以在触
摸屏上操作。

3）薄膜按钮：用于手动试验，可进行被试阀编号的输入、试验项目的选择、
试验操作的启停等操作。

4）操作开关：用于液压泵电动机的起停，比例阀的选择（进口阀与国产阀
的选择）、调节，试验的急停、报警、消音等。

2. 试验台电气控制系统的控制模式

流量放大阀出厂试验台电气控制系统可实现三种试验模式：手动、半自动和
全自动。操作者可根据试验需要，选择试验模式项目。

试验前，操作者需输入被试件零件号、出厂编号并选定试验，以便开启试
验。相关试验数据可在计算机控制柜的工业显示器显示。

1）手动模式：操作者需通过旋转选择开关，选定对应的试验项目，并用计

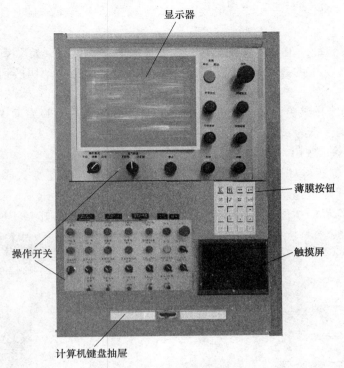

图 4-10　计算机控制柜面板

算机控制柜的薄膜按钮进行该试验项目的试验操作。检测数据在显示器上显示，需人工对检测结果进行判定。

2）半自动模式：操作者旋转选择开关，选定对应的试验项目后，程序将自动运行该项目试验，完成所需数据检测，并对检测结果进行判定（试验合格判定的标准值可根据要求调整）。

3）自动模式：程序自动按照设定的流程，对各试验项目按顺序进行测试，并对每个试验项目检测结果进行判定（试验合格判定的标准值可根据要求调整）。

4.2.5　流量放大阀出厂试验的操作方法

1. 使用触摸屏界面进行自动试验

（1）操作步骤

1）选择自动模式：将操作区"手动/自动"选择开关转到自动侧。

2）自动试验界面选择：在触摸屏"主菜单"界面中选择"自动试验"，进入"流量放大阀试验"界面。

3）被试阀编号输入：在"流量放大阀试验"界面中输入被试阀的编号。

4）试验项目选择：在"流量放大阀试验"界面中选择试验项目，选中的显示为"√"。

5）试验开始：在"流量放大阀试验"界面中按"试验开始"按钮，系统自动按顺序进行选中的各项试验。在试验过程中显示界面会自动切换到当前试验项目的界面。

6）手动停止试验：如果中途需停止试验，可按当前试验界面中的"返回"按钮，返回到"流量放大阀试验"界面，再按"试验停止"按钮，或直接在操作区按"急停"按钮。

7）结果保存：如果试验不是正常结束，则必须在"流量放大阀试验"界面中按"手动保存试验结果"按钮。

（2）操作界面示例　自动试验模式的触摸屏界面示例如图4-11所示。

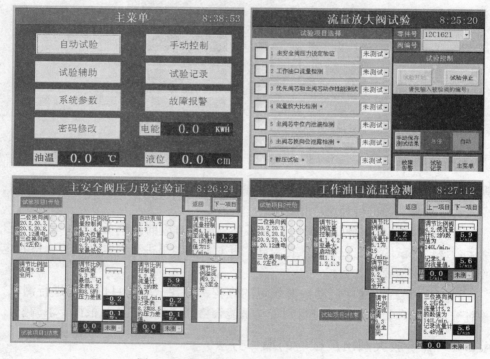

图4-11　自动试验模式的触摸屏界面示例

2. 使用薄膜按钮进行自动试验

薄膜按钮板如图4-12所示。使用薄膜按钮进行自动试验的操作步骤如下：

1）选择自动模式：将操作区"手动/自动"选择开关转到自动侧。

2）被试阀编号输入：在薄膜按钮板上按"编号输入"按钮，触摸屏进入"流量放大阀试验"界面，然后在薄膜按钮板上输入被试阀的编号，按"确认"

按钮结束。

　　3）试验项目选择：在薄膜按钮板上按"试验项目"按钮，触摸屏进入"流量放大阀试验"界面，然后在薄膜按钮板上分别按试验项目对应的序号（1~7 分别代表 7 种试验项目），选中的试验项目显示为"√"，按"确认"按钮结束。

　　4）试验开始：在薄膜按钮板上按"程序启动"按钮，系统自动按顺序进行选中的各项试验。在试验过程中显示界面会切换到当前试验项目的界面。

　　5）手动停止试验：如果中途需停止试验，可在薄膜按钮板上按"试验未通过"按钮，或直接在操作区按"急停"按钮。

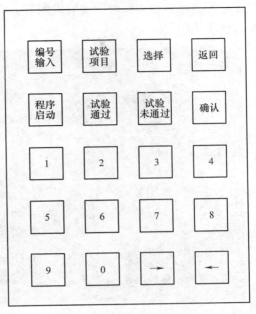

图 4-12　薄膜按钮板

　　6）结果保存：如果试验不是正常结束，则必须在"流量放大阀试验"界面中按"手动保存试验结果"按钮。

　　3. 手动模式操作方法

　　手动操作使用控制柜操作区面板上的按钮。控制柜操作区面板如图 4-13 所示。

　　1）手动控制界面上开关阀的通断：手动控制界面上已标出"通""断"的开关阀，用手指按"通"键时，则"通"键显示为绿色，阀门处于导通的状态；当用手指按"断"键时，则"通"键的绿色消失，此时阀门处于断开状态。

　　2）主油路加载、卸压的控制：手动状态下，主油路的加载、卸压直接在控制柜的操作区进行，将"主油路加载/卸压"操作开关转向"加载"，则主油路处于加载状态；将"加载/卸压"开关转向"卸压"，则主油路处于卸荷状态。

　　3）控制油位的选择：手动状态下，控制油位的选择在控制柜的操作区进行，将"控制油开关左/中/右"转向某个位置，则对应换向阀的某个位置。

　　4）液压泵的启停：手动状态下，液压泵的启停直接在控制柜的操作区进行，按绿色按钮液压泵启动，按红色按钮液压泵停止。

　　5）比例阀的调节：手动状态下，比例阀的调节直接在控制柜的操作区进行，顺时针旋转各调节旋钮，流量或压力会越来越大，反之越来越小。

　　6）注意事项：主泵启动前，"主泵压力调节"旋钮应在最低位置；"主泵流量调节"旋钮应在较高位置。高压泵启动前，"高压泵压力调节"旋钮应在最低位置。手动调节比例阀时，要缓慢调节，要时刻注意压力和流量的变化情况，以免出现超压的危险。

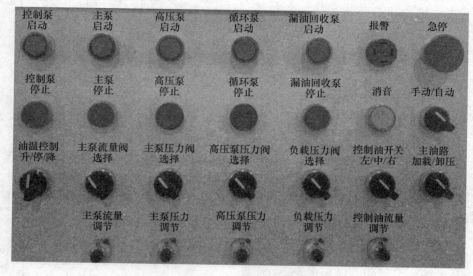

图 4-13   控制柜操作区面板

4.3   装载机分配阀出厂试验台

4.3.1   装载机分配阀出厂试验台的功能

1. 装载机分配阀简介

装载机分配阀实际就是用于装载机工作装置驱动控制的液压多路阀。装载机工作装置驱动液压缸主要有动臂升降缸和铲斗驱动缸，有的装载机还配有夹臂缸或侧卸缸。因此装载机分配阀有两联式和三联式两种规格。图 4-14 所示为三联分配阀的液压系统原理。CH2 联是动臂升降缸控制联，该阀芯有 4 个工作位，分别用于控制动臂升降缸的上升、下降、停止和差动连接。溢流阀 A2R 是过载安全阀，用于限定动臂升降缸举升的最大压力。A2、B2 油口分别接动臂升降缸的大、小腔，Pa2、Pb2 是该阀芯的先导控制油口。CH1 联是铲斗驱动缸控制联，该阀芯有 3 个工作位，分别用于控制铲斗驱动缸的伸出、缩回、停止。溢流阀 A1R、B1R 是过载安全阀，分别用于限定铲斗缸大、小腔的最大压力。A1、B1 油口分别接铲斗驱动缸的大、小腔，Pa1、Pb1 是该阀芯的先导控制油口。CH3 联是辅助工作缸（夹臂缸或侧卸缸）的控制联，其原理和 CH1 联相同。分配阀的主压力油口 P 接液压泵，溢流阀 MR 是主安全阀。T 为主回油口。两联分配阀没有 CH3 联，其他原理和三联分配阀相同。

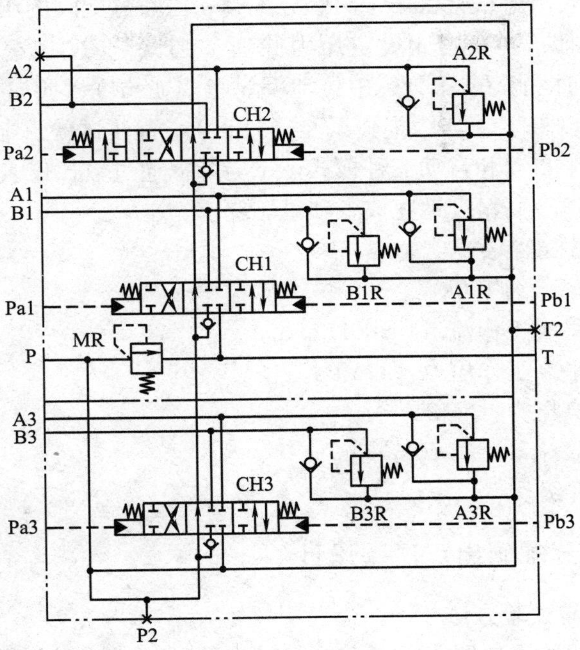

图 4-14　三联分配阀的液压系统原理

某公司生产的 12C###系列装载机分配阀的性能参数见表 4-4。

表 4-4　12C###系列装载机分配阀的性能参数

产品名称	主安全阀调定压力/MPa	主安全阀额定流量/(L/min)	过载阀调定压力/MPa		过载阀额定流量/(L/min)	先导压力/MPa	先导流量/(L/min)
12C###1 型两联分配阀	16±0.3	220	A1R	12±0.5	40	≤2.5	10
			B1R	18±0.5			
			A2R	22.6±0.5			
12C###2 型三联分配阀	16±0.3	220	A1R	18±0.5	40	≤2.5	10
			B1R	18±0.5			
			A2R	22.6±0.5			
			A3R	18±0.5			
			B3R	18±0.5			

2. 试验台的功能定位

装载机分配阀出厂试验台用于两联分配阀、三联分配阀的出厂试验和性能检测。试验项目包括：主安全阀设定压力验证（必试）、过载安全阀设定压力验证（必试）、换向性能（必试）、中位泄漏试验（必试）、换向位泄漏试验（抽试）、耐压试验（抽试）、压力损失试验（抽试）、背压试验（抽试）。试验过程控制采用手动、半自动和自动三种模式。试验数据通过数显仪表显示和计算机采集，可方便、快速、高精度地完成各项试验要求。

3. 试验台的性能参数

最大装机功率：约 120kW。

主试验系统最大工作流量：300L/min。

主试验系统最高工作压力：32MPa。

控制系统最高压力：5MPa。

控制系统最大流量：约 20L/min。

测试精度：C 级。

4.3.2 装载机分配阀出厂试验设计

1. 试验项目与试验方法

分配阀出厂试验可参照 JB/T 8729—2013《液压多路换向阀》进行。

（1）分配阀出厂试验的常规试验项目 分配阀出厂试验的常规试验项目和试验方法见表 4-5。

表 4-5 分配阀出厂试验的常规试验项目和试验方法

序号	试验项目		试验方法
1	耐压试验（抽试）		耐压试验时，对承压油口施加耐压试验压力，耐压试验压力为该油口的最高工作压力的 1.5 倍，以每秒 2% 耐压试验压力的速率递增，保压 5min 不得有外泄漏
2	换向性能		使通过被试阀的流量为额定流量，压力为额定压力，操纵其各手柄连续动作 10 次以上，在换向位停留 10s 以上，检查复位定位情况和操纵力
3	内泄漏	中立位置内泄漏	分别向被试阀各 A、B 油口加压至额定压力及额定流量，除回油口外其余各油口堵住，测量回油口的内泄漏量
		换向位置内泄漏（抽试）	向被试阀进油口加压至额定压力及额定流量，将分配阀的过载阀、安全阀关闭，除回油口外将各工作油口堵住，操纵阀杆处于各换向位置，测量回油口的泄漏量
		注：在测量内泄漏量前，应先将被试阀各滑阀往复动作 3 次以上，停留 30s 后再测量泄漏量	

（续）

序号	试验项目	试验方法
4	压力损失（抽试）	使通过被试阀的流量为额定流量，连通其工作油口，关闭安全阀，操纵阀杆处于各换向位置时，测量进油口、工作油口、回油口的压力，计算压力损失
5	背压试验	被试阀各滑阀置于中立位置，使其回油口背压值为 2.0MPa，滑阀反复换向 5 次后保压 3min，不得有泄漏现象

（2）12C###系列分配阀出厂试验特定项目的试验方法　根据 12C###系列装载机分配阀的性能参数和试验大纲，12C###1 型分配阀出厂试验特定项目的试验方法见表 4-6 。12C###2 型分配阀出厂试验特定项目的试验方法和其类似。

表 4-6　12C###1 型分配阀出厂试验特定项目的试验方法

序号	特定项目	被试阀油口连接	试验方法	标准
1	气密性试验	P（或 T）口：接压缩空气 其他油口：封密	P（或 T）口加 0.5～0.7MPa 的压缩空气，并将阀体整体浸泡在油液中，确认阀体无气体泄漏	无气体泄漏
2	主安全阀调定压力验证	P 口：接主泵 T 口：接回油 各工作油口：断开 各先导油口：接回油	P 口加压，当通过 P 口的流量为 220L/min 时，测 P 口压力 p_P 和 T 口压力 p_T，调节主安全阀，使 $p_P - p_T = (16\pm0.3)$MPa	(16 ± 0.3)MPa
3	过载阀 A1R、B1R、A2R 调定压力验证	A1 口：接主泵 Pa1、Pb1 口：接回油 Pa1、Pb2 口：接回油	A1 口加压，当通过 A1 口的流量为 40L/min 时，测 A1 口压力 p_{A1} 和 T 口压力 p_T，调节安全阀 A1R，使 $p_{A1} - p_T = (12\pm0.5)$MPa	(12 ± 0.5)MPa
		B1 口：接主泵 Pa1、Pb1：接回油 Pa1、Pb2：接回油	B1 口加压，当通过 B1 口的流量为 40L/min 时，测 B1 口压力 p_{B1} 和 T 口压力 p_T，调节安全阀 B1R，使 $p_{B1} - p_T = (18\pm0.5)$MPa	(18 ± 0.5)MPa
		A2 口：接主泵 Pa1、Pb1 口：接回油 Pa1、Pb2 口：接回油	A2 口加压，当通过 A2 口的流量为 40L/min 时，测 A2 口压力 p_{A2} 和 T 口压力 p_T，调节安全阀 A2R，使 $p_{A2} - p_T = (22.6\pm0.5)$MPa	(22.6 ± 0.5)MPa

（续）

序号	特定项目	被试阀油口连接	试验方法	标准
4	铲斗阀芯动作验证	P 口：接主泵 T 口：接回油 Pa1 口：2.5MPa 压力 Pb1 口：接回油	使主泵流量大于 80L/min，操作铲斗联手柄，使先导压力 $p_{Pa1}=$ 2.5MPa，铲斗阀芯处于 P→A1、B1→T 工作位，测定 A1 口→B1 口的流量 q（2.5）	q（2.5）> 70L/min
		P 口：接主泵 T 口：接回油 Pa1 口：接回油 Pb1 口：2.5MPa 压力	使主泵流量大于 80L/min，操作铲斗联手柄，使先导压力 $p_{Pb1}=$ 2.5MPa，铲斗阀芯处于 P→B1、A1→T 工作位，测定 B1 口→A1 口的流量 q（2.5）	
5	动臂阀芯动作验证	P 口：接主泵 T 口：接回油 Pa2 口：接回油 Pb2 口：2.5MPa 压力	使主泵流量大于 80L/min，操作动臂联手柄，使先导压力 $p_{Pb2}=$ 2.5MPa，动臂阀芯处于 P→B2、A2→T 工作位，测定 B2 口→A2 口的流量 q（2.5）	q（2.5）> 70L/min
		P 口：接主泵 T 口：接回油 Pa2 口：先导压力 Pb2 口：接回油	使主泵流量大于 80L/min，操作动臂联手柄，使先导压力 $p_{Pa2}=$ 1.1MPa，动臂阀芯处于 P→A2、B2→T 工作位，测定 A2 口→B2 口的流量 q（1.1）	q（1.1）> 70L/min
			其他同上，使先导压力 $p_{Pa2}=$ 2.5MPa，测定 A2 口→B2 口的流量 q（2.5）	q（2.5）< 30L/min
6	中位泄漏	A1 口：接主泵 P、B1、A2、B2 口：封堵 T 口：测泄漏	向 A1 口加 9.8MPa 的压力，测量泄漏量	7~58mL/min
		B1 口：接主泵 P、A1、A2、B2 口：封堵 T 口：测泄漏	向 B1 口加 9.8MPa 的压力，测量泄漏量	
		A2 口：接主泵 P、A1、B1、B2 口：封堵 T 口：测泄漏	向 A2 口加 9.8MPa 的压力，测量泄漏量	7~42mL/min
		B2 口：接主泵 P、A1、B1、A2 口：封堵 T 口：测泄漏	向 B2 口加 9.8MPa 的压力，测量泄漏量	

（续）

序号	特定项目	被试阀油口连接	试验方法	标准
7	换向位泄漏	P 口：接主泵 T 口：测泄漏 其余工作油口：封堵	Pa1 口加 2.5MPa 的先导压力，推动阀芯移动，P 口加 9.8MPa 的压力，从 T 口测量泄漏量	<100mL/min
		P 口：接主泵 T 口：测泄漏 其余工作油口：封堵	Pb1 口加 2.5MPa 的先导压力，推动阀芯移动，P 口加压 9.8MPa 的压力，从 T 口测量泄漏量	
		P 口：接主泵 T 口：测泄漏 其余工作油口：封堵	Pb2 口加 2.5MPa 的先导压力，推动阀芯移动，P 口加 9.8MPa 的压力，从 T 口测量泄漏量	
8	铲斗提升压力损失	P 口：接主泵 T 口：回油箱 A1 口和 B1 口连通 Pa1 口：回油箱 其他油口：封堵	Pb1 口加 2.5MPa 的压力，P 口流量增大至额定流量时，测定 P、A、B、T 口压力，并计算： $\Delta p_1 = p_P - p_A$， $\Delta p_2 = p_B - p_T$， $\Delta p = \Delta p_1 + \Delta p_2$	<1.0MPa
9	铲斗下降压力损失	P 口：接主泵 T 口：回油箱 A1 口和 B1 口连通 Pb1 口：回油箱 其他油口：封堵	Pa1 口加 2.5MPa 的压力，P 口流量增大至额定流量时，测定 P、A、B、T 口压力，并计算： $\Delta p_1 = p_P - p_A$， $\Delta p_2 = p_B - p_T$， $\Delta p = \Delta p_1 + \Delta p_2$	
10	动臂提升压力损失	P 口：接主泵 T 口：回油箱 A2 口和 B2 口连通 Pa2 口：回油箱 其他油口：封堵	Pb2 口加 2.5MPa 的压力，P 口流量增大至额定流量时，测定 P、A、B、T 口压力，并计算： $\Delta p_1 = p_P - p_A$， $\Delta p_2 = p_B - p_T$， $\Delta p = \Delta p_1 + \Delta p_2$	
11	动臂下降压力损失	P 口：接主泵 T 口：回油箱 A2 口和 B2 口连通 Pb2 口：回油箱 其他油口：封堵	Pa2 口加 1.1MPa 的压力，P 口流量增大至额定流量时，测定 P、A、B、T 口压力，并计算： $\Delta p_1 = p_P - p_A$， $\Delta p_2 = p_B - p_T$， $\Delta p = \Delta p_1 + \Delta p_2$	

2. 试验台液压系统原理

分配阀出厂试验台液压系统原理如图 4-15 所示。

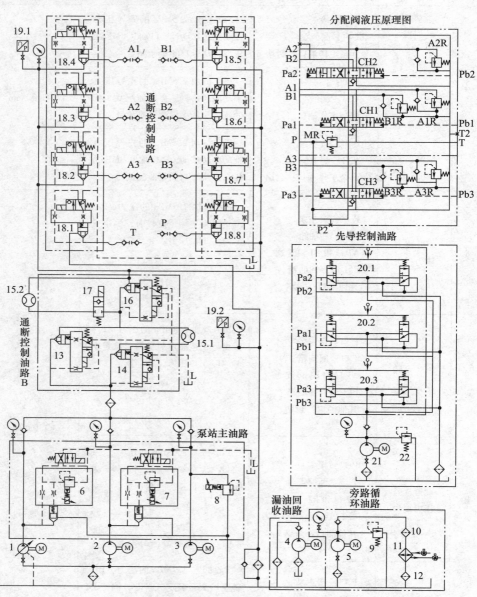

图 4-15 分配阀出厂试验台液压系统原理

1~5—柱塞泵电动机组 6、7、13、14、16、18.1~18.8—锥阀组 8—比例溢流阀

9—压力控制阀 10、12—过滤器 11—热交换器 15.1、15.2—流量计 17—电磁球阀

19.1、19.2—压力传感器 20.1~20.3—三通减压阀 21—液压泵电动机组 22—溢流阀

3. 试验台液压系统的组成

试验台液压系统主要由泵站主油路、通断控制油路 A、通断控制油路 B、先导控制油路、旁路循环油路和漏油回收油路组成。

（1）泵站主油路　如图 4-15 所示，泵站主油路由 1 台功率为 7.5kW 的 A2F10 柱塞泵电动机组 3、1 台功率为 55kW 的 A10V100 电比例变量泵电动机组 1 和 1 台功率为 55kW 的 A2F107 柱塞泵电动机组 2 提供液压源。A2F10 柱塞泵提供耐压试验所需的 32MPa 高压流量，压力由比例溢流阀 8 调定。A10V100 电比例变量泵和 A2F107 柱塞泵既可分别单独供油，也可组合同时供油，用于试验要求的额定压力下不同流量的供油；两泵的压力分别由二通插装压力锥阀组 6、7 调节。锥阀组由 A 型锥阀插件、比例溢流阀和先导控制电磁阀组成，插件通径均为 25mm。当锥阀组的电磁阀断电时，A10V100 电比例变量泵和 A2F107 柱塞泵的压力卸荷；当锥阀组的电磁阀通电时，A10V100 电比例变量泵和 A2F107 柱塞泵的压力由各自的比例溢流阀调定。泵站主油路配置有吸油过滤器、泵出口高压精过滤器和回油磁性过滤器，高压精过滤器的过滤精度为 $10\mu m$。

（2）通断控制油路　通断控制油路包含若干油口开关控制锥阀组 18.1 ~ 18.8，每个锥阀组模块由 B 型锥阀插件和先导控制电磁球阀组成，电磁球阀的电磁铁通电时油口开通，电磁铁断电时油口封闭。

1）通断控制油路 B 用于流量计 15.1 和流量计 15.2 的选择。当锥阀组 14、16 油口开通，锥阀组 13 油口封闭，电磁球阀 17 断电时，试验液压系统采用流量计 15.1 测量分配阀通过的流量；当锥阀组 14、16 油口封闭，锥阀组 13 油口开通，电磁球阀 17 通电时，试验系统采用流量计 15.2 测量分配阀的泄漏流量。

2）通断控制油路 A 用于试验台和被试阀对应工作油口（P、T、A1、B1、A2、B2、A3、B3）的通断控制。试验台和被试阀对应油口利用快速接头一次性对接完成后，试验过程中不需要人工重新拔插油口接头，试验流程需求的不同管路通断状态均可由计算机控制各电磁球阀电磁铁的通断电自动实现。

（3）先导控制油路　先导控制油路的液压泵电动机组 21 由定量柱塞泵 A2F10 配置 5.5kW 的电动机组成。先导控制液压泵的压力由溢流阀 22 调定。通往被试阀各先导控制油口 Pa2、Pb2、Pa1、Pb1、Pa3、Pb3 的先导控制压力分别由手柄操作的三通减压阀 20.1、20.2、20.3 调节。

（4）旁路循环油路　旁路循环油路起循环过滤和油温控制（循环冷却或加热）作用。旁路循环油路由内啮合齿轮泵 NT4-C80F 电动机组 5、两级过滤器 10 和 12、热交换器 11 和压力控制阀 9 等组成，用于保证试验台的油液清洁度及温度满足控制要求。液压泵电动机组 5 从油箱经粗过滤器 10 吸入油液后，经热交换器 11 和精过滤器 12 后，返回油箱。精过滤器 12 的过滤精度为 $5\mu m$，可确保油箱油液清洁度满足 NAS9 级要求。热交换器 11 的进出水阀既可接通热水（约

90℃），为油液升温；也可接通冷水，为油液降温。热交换器 11 配置的控制器可根据现场实测的温度，自动控制热交换器接通冷水或热水，以保证油温为在设定范围内。油液设定温度可根据情况进行在线调整，热交换器 11 的控制模式分为手动和自动两种。通热水加热时，可在 30min 内将油温从 20℃ 加热到（50±5）℃。回路配置的各过滤器均配有滤芯堵塞发信器，当压差达到一定值时报警，提示更换滤芯。

（5）漏油回收油路　漏油回收油路由齿轮泵 CB-B25 电动机组 4 等组成，用于试验完毕后对被试阀内部残油的清理以及试验过程中泄漏在漏油箱中漏油的回收。漏油箱液位到达一定高度后，液位继电器向计算机发出信号，计算机系统自动控制液压泵电动机组 4 的起动，将漏油过滤后抽回主油箱。

4.3.3　装载机分配阀出厂试验台的结构组成

装载机分配阀出厂试验台主要由液压泵站、试验操作台和电气控制柜组成。

1. 液压泵站

液压泵站包含为试验台提供试验所需液压源的各液压泵电动机组和保证油液清洁度、恒定温度的各种设备。这些设备与高架主油箱一起安装在用型钢焊接而成的大底座上。底座还具有漏油接蓄功能。液压泵站的结构如图 4-16 所示。考虑到电动机振动的因素，液压泵电动机组与管路之间采用可弯曲橡胶接头等软连接，电动机与底座之间安装减振器，最大限度地降低噪音。液压站部分设置有油温传感器、液位变送器和压力传感器，传感器将信号采集后，结果直接显示于试验操作台上。液压站总体尺寸（长×宽）≤5m×2.5m。

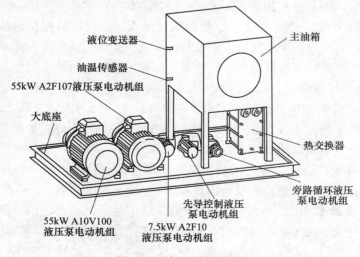

图 4-16　液压泵站的结构

2. 试验操作台

试验操作台用于被试阀的定位、装卸、接管、漏油搜集等试验辅助工作，也用于试验过程的操作、调控、数据显示和运行状态监管（包括声光报警、手动与自动测试模式选择、紧急停机等）。

试验操作台将阀控和操作集成于一体，通断控制油路、先导控制油路的阀件、传感器、流量计等集中安装在阀台的油路块上，简化了管路布置，有利于调试维修。阀台安装在试验操作台内部的台架上。试验操作台正面设置试验操作区，测试时将被试阀装在试验操作区的阀安装座上。专门设计的模块化接管工装可高效、快速地将被试阀各工作油口和试验油管整体对接。模块化接管工装将试验油管通过快换接头与油口集成块连接，油口集成块通过螺栓和铰接接头与装在试验操作区阀安装座上的被试阀的上表面板式连接，直接实现了被试阀各工作油口和试验油管整体对接。当然，被试阀侧面的油口仍需人工进行软管法兰接口的安装。试验操作台的前面板上，安置了用于流量、压力、温度、电流、电压等检测数据显示和监测用的仪表。所有压力表均采用耐振型，由专用测压线和测压点接头相连，测压点接头从阀台油路集成块中引出。试验操作区设有收集试验中的泄漏油和被试阀内腔残油的油槽。为保证测试人员的安全，操作区还设置有可横向移动的防护罩，防护罩配置了用于观察被试阀的钢化玻璃视窗。试验操作台总体尺寸（长×宽）≤3.5m×3m。

3. 电气控制柜

电气控制柜用于安放试验台的各种电气设备及元件，包括电动机供电及控制部件、PLC 控制器及接口板、数据采集板卡和 I/O 模块等。电气控制柜的前面板上装有触摸屏显示器，台面上配置了用于控制的各种按钮、开关。布置时，可将电气控制柜与试验操作台并置在一起，如图 4-17 所示。

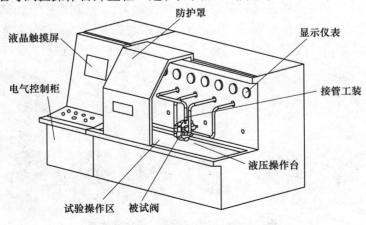

图 4-17　试验操作台与电气控制柜

4.3.4 装载机分配阀出厂试验台电气控制系统

1. 试验台电控系统的组成及原理

装载机分配阀出厂试验台电气控制系统由 PLC 数字采集控制台和配电控制箱两部分组成，合装于电气控制柜中。配电控制箱为电力驱动控制部分，主要由塑壳断路器、接触器、软起动器等组成，承担试验台配电及电动机控制任务。PLC 数字采集控制台由 PLC、数据采集板卡、I/O 模块、触摸屏、数字显示仪表、隔离变压器、滤波器、中间继电器、开关电源、操作按钮/旋钮和指示灯等组成。PLC 数字采集控制台可完成试验操作控制、进行检测信号的测量、转换、采集处理，实现与上位机通信，还可以对试验数据进行存储或打印输出。

电气控制系统原理框图如图 4-18 所示。系统采用 PLC 加触摸屏方式完成测控及编程显示功能。通过工业以太网（PROFONET）与上位机通信，无论在本地或远程控制室均可对试验台进行监控，相应的检测结果可在控制室自动记录、打印输出。上位机也可以对试验台的 S7300 PLC 进行编程和监控。

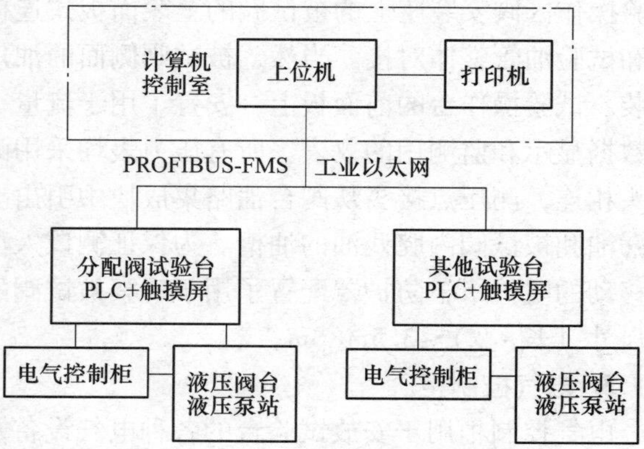

图 4-18　电气控制系统原理框图

PLC 数字采集控制台台面上设置的部分试验操作按钮、旋钮和指示灯如图 4-19 所示。"手动/半自动"旋钮用于设定试验台的控制模式是手动还是半自动。手动控制模式下，试验完全靠试验员操作控制台的按钮和旋钮进行；半自动控制模式下，试验员在人机界面上设定好试验参数后，按下"控制启动"按钮，试验就会自动进行。

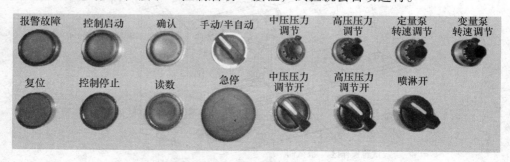

图 4-19　部分试验操作按钮、旋钮和指示灯

2. 控制软件及人机界面

分配阀出厂试验台控制软件的人机界面如图 4-20 所示。界面分为被试阀参数输入区、实时采集数据显示区、实时采集曲线显示区、试验操作按钮区、泄漏量数据显示区。

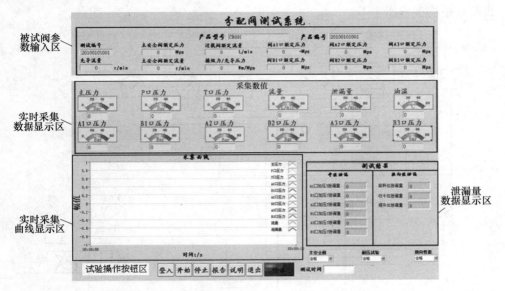

图 4-20　分配阀出厂试验台控制软件的人机界面

1）被试阀参数输入区主要包括产品型号、产品编号、测试编号、被试阀各项参数。测试编号是由产品编号和试验日期组成并自动生成的，其他的数据是在登入界面时选择或填写的。

2）实时采集数据显示区用于显示试验检测的被试阀各工作油口的压力、被试阀的输入流量及泄漏流量的实时值。

3）实时采集曲线显示区用于显示试验检测物理量的实时变化曲线。

4）泄漏量数据显示区用于显示试验检测的被试阀各换向位和中位的泄漏量数据。

4.4　多路换向阀出厂试验台

某工程机械液压阀制造厂，为了提高液压阀出厂试验的自动化程度和生产率，全面提升液压阀的质量，引入了先进的智能化出厂试验台设备。其中包括多路换向阀出厂试验台。

4.4.1　多路换向阀出厂试验的标准

　　JB/T 8729—2013《液压多路换向阀》对多路换向阀的出厂试验做了规定。液压多路换向阀出厂试验系统原理如图 4-21 所示。以下出厂试验项目及试验方法的介绍均参考图 4-21。

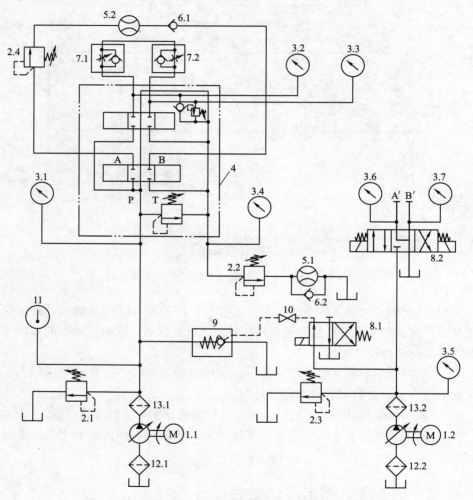

图 4-21　液压多路换向阀出厂试验系统原理

1.1、1.2—液压泵　2.1~2.4—溢流阀　3.1~3.7—压力表（对瞬态试验，压力表 3.1 应接入压力传感器）
4—被试阀　5.1、5.2—流量计　6.1、6.2—单向阀　7.1、7.2—单向节流阀
8.1、8.2—电磁阀　9—阶跃加载阀　10—截止阀　11—温度计　12.1、12.2、13.1、13.2—过滤器
注：试验液动多路阀时，两端的控制油口分别与电磁换向阀 8.2 的 A′、B′口连通。

1. 耐压试验

多路阀试验前，应进行耐压试验。耐压试验时，对各承压油口施加耐压试验压力。耐压试验压力为该油口最高工作压力的 1.5 倍，试验压力以每秒 2% 耐压试验压力的速率递增，至耐压试验压力时，保压 5min，不得有外渗漏及零件损坏等现象。耐压试验时各泄油口与油箱连通。

2. 换向性能

被试阀 4 的安全阀及各过载阀均关闭，调节溢流阀 2.1 和单向节流阀 7.1（7.2），使被试阀 4 的 P 口压力为额定压力，再调节溢流阀 2.2，使被试阀 4 的 T 口无背压或为规定背压值，并使通过被试阀 4 的流量为额定流量。当被试阀 4 为手动多路阀时，在上述试验条件下，操作被试阀 4 各手柄，连续动作 10 次以上，检查复位定位情况。

当被试阀 4 为液动型多路阀时，调节溢流阀 2.3，使控制压力为被试阀 4 所需的控制压力，然后将电磁换向阀 8.2 的电磁铁通电和断电，连续动作 10 次以上，在换向位置停留 10s 以上，检查各联滑阀复位情况。

3. 内泄漏

1）中位内泄漏：被试阀 4 的各滑阀处于中位，A（B）口进油，并调节溢流阀 2.1 加压至额定压力，除 T 口外，其余各油口堵住，将被试阀 4 各滑阀动作 3 次以上，停留 30s 后再测量 T 油口泄漏量。

2）换向位置内泄漏：被试阀的安全阀、过载阀全部关闭，A、B 口堵住，被试阀 4 的 P 口进油。调节溢流阀 2.1，使 P 口压力为被试阀 4 的额定压力，并使滑阀处于各换向位置。将被试阀 4 各滑阀动作 3 次以上，停留 30s 后再测量 T 油口泄漏量。

4. 压力损失

被试阀 4 的安全阀关闭，A、B 口连通。将被试阀 4 的滑阀置于各通油位置，并使通过被试阀 4 的流量为额定流量。分别由压力表 3.1、3.2、3.3、3.4（如用多接点压力表最好）测量 P、A、B、T 各口压力 p_P、p_A、p_B、p_T，计算压力损失。

1）当油流方向为 P→T 时，压力损失为 $\Delta p_{P \to T} = p_P - p_T$。

2）当油流方向为 P→A、B→T 时，压力损失为 $\Delta p_{P \to A} + \Delta p_{B \to T}$。式中，$\Delta p_{P \to A} = p_P - p_A$，$\Delta p_{B \to T} = p_B - p_T$。

3）当油流方向为 P→B、A→T 时，压力损失为 $\Delta p_{P \to B} + \Delta p_{A \to T}$。式中，$\Delta p_{P \to B} = p_P - p_B$，$\Delta p_{A \to T} = p_A - p_T$。

5. 安全阀性能

A、B 口堵住，被试阀 4 置于换向位置，将溢流阀 2.1 的压力调至比安全阀的额定压力高 15% 以上，并使通过被试阀 4 的流量为额定流量，分别进行下列试验：

（1）调压范围与压力稳定性　将安全阀的调节螺钉由全松至全紧，再由全紧至全松，反复试验 3 次，通过压力表 3.1 观察压力上升与下降情况。

（2）压力振摆值　调节被试阀 4 的安全阀至额定压力，由压力表 3.1 测量压力振摆值。

（3）测量开启压力和闭合压力下的溢流量　调节被试安全阀至额定压力，并使通过安全阀的流量为额定流量，分别测量闭合压力和开启压力下的溢流量：

1）调节溢流阀 2.1，使系统逐渐降压，当压力降至规定的闭合压力值时，在 T 口测量 1min 内的溢流量。

2）调压溢流阀 2.1，从被试安全阀不溢流开始使系统逐渐升压，当压力升至规定的开启压力值时，在 T 口测量 1min 内的溢流量。

（4）调定安全阀压力　按用户所需压力调整安全阀压力，然后拧紧锁紧螺母。

6. 过载阀性能

被试阀的安全阀关闭，溢流阀 2.1 的压力调至比过载阀的工作压力高 15% 以上，并使被试过载阀通以试验流量。分别进行下列试验：

1）调压范围与压力稳定性：将过载阀的调节螺钉由全松至全紧，再由全紧至全松，反复试验 3 次，通过压力表 3.1 观察压力上升与下降情况。

2）压力振摆值：调节被试阀 4 的过载阀至额定压力，由压力表 3.1 测量压力振摆值。

3）调定过载阀压力：按用户所需压力调整过载阀压力，然后拧紧锁紧螺母。

4）密封性能：被试滑阀处于中位，被试过载阀关闭，从 A（B）口进油，调节溢流阀 2.1，使系统压力升至额定压力，并使通过被试阀 4 的流量为试验流量。滑阀动作 3 次，停留 30s 后，由 T 口测量内泄漏量。（泄漏量包括中位内泄漏量和补油阀泄漏量、过载阀泄漏量）

5）补油性能：被试滑阀置于中位，T 口进油通以试验流量，由压力表 3.4、3.2（或 3.3）测量 p_T、p_A（或 p_B）的压力，得出开始补油时的开启压力 $p = p_T - p_A$（或 p_B）。

7. 背压试验

各滑阀置于中位，调节溢流阀 2.2，使被试阀 4 的回油口通过试验流量，并保持 2.0MPa 的背压值，滑阀反复换向 5 次后保压 3min。

4.4.2　某厂多路换向阀出厂试验台概述

1. 被试阀种类

某厂多路换向阀试验台用于额定流量 300L/min 以上的各型液控多路阀、电磁及电比例多路阀、总线控制多路阀的出厂试验测试。其中电磁及电比例多路阀分为泵控及阀控两大类，主要包含力士乐系列的 LUDV 型比例阀、川崎的负流量及正流量型挖掘机多路阀。被试阀最大质量为 220kg，最大外形尺寸为 550mm（长）×500mm（宽）×400mm（高）。

2. 单台试验台性能参数

主泵最大压力：42MPa。

双泵最大合流流量：500L/min。

单泵输出流量为 250L/min 时，输出压力：≥18MPa。

单泵输出流量<120L/min 时，输出压力：≥42MPa。

高压泵额定压力：60MPa。

高压泵额定流量：6L/min。

生产试验节拍（单台）：≤20min/件时，采用 2 班制生产，8h/班，全年工作 300 天。

出厂试验台试验用油：LM46#抗磨液压油。

液压油清洁度：优于 ISO 17/14（NAS1638 8）。

3. 试验台组成及布局

每台多路换向阀出厂试验台由液压源动力单元及试验操作台架两部分组成。液压源动力单元位于单独的液压泵间，以便隔噪、隔热。两台试验操作台架位于多路换向阀装配线末端，每台试验操作台架由上线准备区、泄漏测试站、性能测试站、下线封装区四个工位组成，其平面布置如图 4-22 所示。

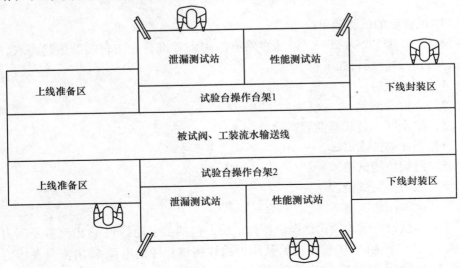

图 4-22　多路换向阀出厂试验操作台架各工位的平面布置

两台多路换向阀出厂试验台的试验操作台分别位于被试阀、工装流水输送线的两边，试验人员面对面站位。被试阀、工装流水输送线用于被试阀及其工装从上线准备区向泄漏测试站、性能测试站、下线封装区方向的间歇输送，以及测试完毕后卸下被试件的工装由下线封装区向上线准备区方向的连续输送。泄漏测试站、性能测试站前部采用自锁启闭门，试验过程中必须自动关闭。试验操作台架各工位的三维立体图如图 4-23 所示。

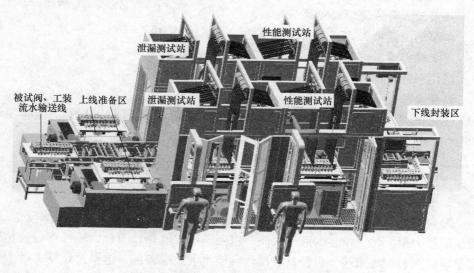

图 4-23　试验操作台架各工位的三维立体图

4. 试验台的试验项目

按照 JB/T 8729—2013《液压多路换向阀》标准，并结合阀的试验需求，确定试验台的试验项目如下：

1）耐压试验。

2）内泄漏试验。

3）安全阀、过载阀性能试验。

4）补油阀性能试验。

5）滑阀机能试验。

6）压力损失试验。

7）换向性能试验。

8）操纵特性试验或比例操纵特性试验，包括：手动行程-输出流量及压力曲线测试；先导控制压力-输出流量及压力曲线测试；控制电流-输出流量及压力曲线测试；总线控制参数-输出流量及压力曲线测试。

9）多联联动试验。

10）回油口背压试验。

11）负载敏感流量阀的流量测试。

5. 试验操作台架各工位的功能

1）上线准备区：①整理回送返回的快换接头及工装；②将被试阀安置在工装上，安装快换接头和夹具；③扫被试阀的条形码，建立该被试阀的电子测试档案，启动相应测试程序。

2）泄漏测试站：完成耐压试验、内泄漏试验。

3）性能测试站：完成除耐压试验、内泄漏试验外的其他试验。

4）下线封装区：①拆卸快速接头和夹具，分离工装，并将快换接头及工装送入返回输送线；②排空被试阀内残余的液压油；③对被试阀做油口封堵防护；④试验合格的阀经传输带送至涂装区，试验不合格的阀移送至返工区。

4.4.3　多路换向阀出厂试验台的生产节拍设计

1. 与多路换向阀装配线装配节拍的匹配

一条多路换向阀装配流水线的生产节拍为 10min/台，试验台的试验节拍必须也满足 10min/台。可是按照选定的试验项目，按规定的试验方法完成每台阀出厂试验的时间（含试验辅助时间）为 40min，其中耐压、内泄漏试验时间为 20min，其他试验为 20min。为此，工厂需为一条多路换向阀装配流水线配备 2 台多路换向阀出厂试验台，且每台要分设两个试验工位，每个工位上分别放置一台阀，一个工位做耐压、内泄漏试验，另一个工位做其他项目试验。这样 40min 内，每条流水线装配完成的 4 台阀，分别在 2 台多路换向阀出厂试验台的 4 个操作台上同时测试不同项目，2 台出厂试验台 40min 内也可完成 4 台阀的出厂试验。

2. 各工位试验项目的工步测试时间

根据各工位试验项目的试验方法，规划了完成该试验项目所需的试验操作动作（工步），测算了每个工步所需时间，据此计算出各试验项目所需占用工位的时间，见表4-7 。由表4-7可知，每台试验台的泄漏测试站和性能测试站完成一台阀试验的总时间均为 20min，满足与制造流水线装配节拍的匹配。

表 4-7　各试验项目所需占用工位的时间

序号	试验项目	试验目的	工步操作内容	工步时间	项目合计占用工位时间
1	准备	试验准备	1）整理返回的快换接头工装	3min	8min
			2）扫条码建立产品测试档案	20s	
			3）安装快换接头、夹具	2min	

（续）

序号	试验项目	试验目的	工步操作内容	工步时间	项目合计占用工位时间
2	耐压试验	验证被试阀强度	1）安装定位，连接高压测压油管	1min	6min
			2）耐压试验（目测阀在1.5倍额定压力下是否有外漏）	5min	
3	内泄漏试验	各联各位的内泄漏	1）各联往复动作3次	30s	14min（以4联共8个换向位计算）
			2）停留30s	30s	
			3）1个换向位内泄漏检测	1min	
			4）1联中位内泄漏检测	1min	
			5）拆管转测试工位	1min	
4	安全阀试验	设定值校验	1）安装定位，连接测压油管	1min	5min
			2）自动检测各螺纹插装阀的设定压力并微调	4min	
5	补油阀试验	补油性能测试	T口流量由0逐步增加至设定值，记录流量-压差曲线	30s	4min（以4联8个补油阀计算）
6	滑阀机能试验	中位及换向机能检测	换向性能试验时同时验证	0	0
7	压力损失	测试多路阀油道通油能力	通过压力、流量传感器记录各油道进出端在额定流量下的压差（P-T、P-A/B以及A/B-T）	15s	2min（以4联共8个换向位计算）
8	换向性能	检测阀芯换向复位性能	单联换向时间约3s，每联共连续换向10次	30s	2min（以4联阀估算）
9	比例或先导操控特性试验	比例或先导控制时输出流量抗负载变换能力	工作油口（A或B口）负载分别设置为过载阀设定压力的25%及75%，测量输入量（手动阀为操纵行程、液控阀为先导压力、电比例阀为输入电流、总线阀为输入数字量）对输出流量的曲线，包含上升段与下降段的滞回量检测	30秒	4min（以4联8个比例或先导输入量计算）

（续）

序号	试验项目	试验目的	工步操作内容	工步时间	项目合计占用工位时间
10	多联联动试验	抗流量饱和性能检测	同时操纵两联，并改变其中一联的负载压力，检测联动各联阀芯的比例特性	15s	1min（以 2 联复合共 4 组计算）
11	负载敏感流量阀流量试验	检查阀的恒流性能	负载压力为 0~20MPa 变化时，记录恒流阀流量曲线	30s	30s
12	回油口背压试验	背压保持能力	1）T 口进额定流量液压油，测试背压压力是否符合要求	30s	90s
			2）卸荷拆管线转下线封装区	60s	
13	下线封装处理	清空被试阀内剩余液压油；封堵油口防止污染，下线入下道工序	1）拆快换接头、工装并回送至上线待测工位	1min	8min
			2）专用工装翻转被试阀放空阀内存油	5min	
			3）被试阀翻转回位后封堵各油口，助力起吊至集放链下线	2min	

注：1. 试验项目 1 在上线待测试区完成，不占用试验工位。

　　2. 试验项目 2、3 在泄漏测试站完成。

　　3. 试验项目 4~12 在性能测试站完成。

4.4.4　多路换向阀出厂试验台液压系统

1. 试验台液压系统的组成

　　多路换向阀出厂试验台液压系统由液压油源装置、工位阀台和高压液压油源组成。

　　（1）液压油源装置　液压油源装置由油箱、动力单元、循环温控过滤系统、在线清洁度检测仪、漏油回收系统等构成。

　　油箱箱体板材采用厚度为 6mm 的 304 不锈钢钢板焊接制造，钢管、接头也采用不锈钢材质。油箱有效容积为 4000L。油箱分为吸油区和回油区，在吸油区设置 3 个吸油口，分别用于主泵、高压泵和先导泵，对应吸油口通径与泵流量相对应；在回油区设置循环液压泵的吸油口。在主油箱顶部设置空气过滤器，每个主油箱空气过滤器的额定流量大于 $1m^3/min$。油箱壁配置油位计，可实现油位显示和超限报警。

主泵品牌为林德，变频电动机品牌为 ABB。试验台主泵输出口均安装 HYDAC 品牌的高压管路过滤器。

循环温控过滤系统保证试验油温为（50±2）℃。在线清洁度测试仪可将检测参数上传至计算机并可写进测试报告。漏油回收系统可将测试过程产生的泄漏油从各接油盘回收到漏油回收油箱，并通过回收液压泵将回收的漏油经过滤除水处理后，泵回主油箱回油区。

（2）工位阀台　工位阀台包括加载模块和油口通断控制模块。加载模块共配置 4 套加载回路，每套加载回路由 4 只二通插装单向阀配置 1 台比例溢流阀构成（如图 4-6 中的阀块 5），4 套加载回路可同时运行，也可分别运行。工位液压装置的快换接头采用 Faster 品牌，能实现带压插拔功能。

（3）高压液压油源　高压液压油源由压力为 70MPa、流量为 6.1L/min 的超高压径向柱塞泵提供。泵品牌为哈威。

2. 试验台主要液压元件的型号规格

多路换向阀出厂试验台主要液压元件的型号规格见表 4-8。

表 4-8　多路换向阀出厂试验台主要液压元件的型号规格

元件名称	品牌	型号规格	性能参数	数量	配装部位
动力泵	林德	HPR-02-A2-210R-ETPO00-A2	压力 42MPa	2	液压油源装置
先导泵	力士乐	A2FO23/61-RPBB05	压力 40MPa	2	液压油源装置
比例溢流阀	力士乐	DBET-6X/420G24K4V+DBW30/3	压力 42MPa	6	液压油源装置
比例溢流阀	力士乐	DBEM30-7X/50	压力 5MPa	1	液压油源装置
手动溢流阀	力士乐	ZDB6VP2-42/315	压力 31.5MPa	3	液压油源装置
电磁换向阀	力士乐	4WE6HA6X/EG24N9Z5L	压力 35MPa	2	液压油源装置
电磁换向阀	力士乐	4WE6D6X/EG24N9Z5L	压力 35MPa	90	工位阀台
比例减压阀	川崎	KDRDE5K-31/30C50-10.7	最高压力 8MPa	24	工位阀台
单向阀	哈威	RC2	压力 70MPa	10	工位阀台
液控单向阀	哈威	HRP1	压力 70MPa	54	工位阀台
比例溢流阀	哈威	PMVPS4-44-24	压力 70MPa	1	高压液压油源
超高压泵	哈威	R6.1	压力 70MPa	1	高压液压油源
比例溢流阀	力士乐	DBET-6X/420G24K4V	压力 42MPa	1	液压油源装置
电磁球阀	埃美柯	DN20，24V	压力 6.3MPa	2	液压油源装置
高压过滤器	HYDAC	DF ON 660 TL 10C1.0	压力 42MPa	2	液压油源装置
高压过滤器	HYDAC	DF ON 60 TC 10C 1.0	压力 42MPa	3	液压油源装置
低压过滤器	HYDAC	LF ON 660 IE 20C1.X	压力 10MPa	1	液压油源装置
低压过滤器	HYDAC	LF ON 660 IE 10C1.X	压力 10MPa	1	液压油源装置
回油过滤器	黎明	SRFB-1000*10	过滤精度 10μm	2	液压油源装置
热交换器	赛唯	SW12-80	冷却当量 180kW	1	液压油源装置

4.4.5　多路换向阀出厂试验台电气控制系统

1. 试验台电气控制系统的组成

多路换向阀出厂试验台电气控制系统包括试验台强电动力控制系统、低压电气控制及数据采集系统和上位机系统。强电动力控制系统主要是安放在液压泵间的动力电控柜。低压电气控制及数据采集系统包括安放在试验台控制室的工业控制计算机柜和安放在各试验工位的操控显示台。

（1）动力电控柜　动力电控柜引入试验台总电源，用于对液压油源的各电动机供电并控制其启停运行；向工业控制计算机或上位机提供电动机运行状态信号；向液压油源动力单元、试验操作控制台架、工业控制计算机柜和其他用电点提供所需的动力电源。动力电控柜需满足以下要求：

1）各电动机启停运行，既能实现由在液压泵间的动力电控柜进行本地控制，又能在试验操作控制台实现远程控制，且在远程控制状态下，紧急停止功能在液压泵间也能实现。

2）具有防止过载、过压、过温等情况的安全保护措施，并在操纵控制台显示相应信息。

3）动力电控柜配置有电功率表，能测量并显示主电动机消耗的电功率。

（2）低压电气控制及数据采集系统　试验台低压电气控制及数据采集系统组成关系框图如图 4-24 所示。各工位的试验操作动作、状态显示、超限报警的控制均由该工位的 PLC 完成，PLC 选用西门子 S7 系列。各种试验数据的采集处理、比例控制信号的输出均由装配在工业控制计算机柜的 NI 采集模块和工业控制计算机完成。试验数据存储调用、试验报告生成查询均由上位计算机完成。安放在各工位操控显示台的工位 PLC 与安放在工控机柜的上位工业控制计算机之间采用工业以太网通信。工位 PLC 和工装流水输送线的 PLC 之间也采用工业以太网通信。两台多路换向阀出厂试验台各配置一套低压电气控制及数据采集系统，两套低压电气控制及数据采集系统的之间用局域网互联。

各工位操控显示台配置液晶触摸屏，即可显示被测量数据的在线检测值及电动机、液压泵、液压阀、过滤器等的运行状态，也可完成基本的试验操作控制。工业控制计算机柜除安放上位工业控制计算机、NI 采集模块外，还装有信号调理模块和相应开关、指示灯，配有不间断电源设备和有温控除湿作用的仪表箱空调器。进出工位操控显示台和工业控制计算机柜的电缆通过全封闭的工业航空插座引入，信号线和强电线分离。

（3）传感器配置　数据采集系统配置了用于采集压力、流量、行程、温度的传感器。

1）传感器的检测精度满足各被测量的精度要求。传感器的数量、量程和安

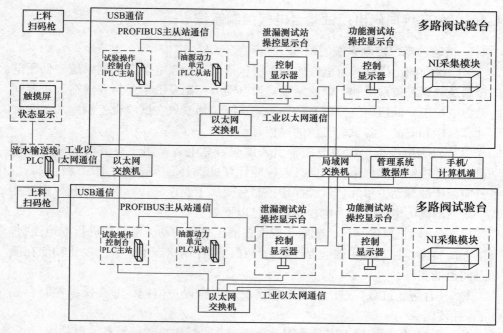

图 4-24 低压电气控制及数据采集系统组成关系框图

装位置除满足所有试验项目的检测需求外, 还要考虑液压油源、泵组、阀台安全运行、监控或报警的需求。

2) 压力传感器、流量传感器、油温传感器的输出信号均为 4 ~ 20mA 的电流。

3) 压力传感器精度为±0.3%FS, 流量传感器精度为±0.5%FS。试验台根据不同量程要求选择合适的测量方法及传感器。对于需要测试不同压力、流量级别的测点, 设置了多个不同量程的传感器, 并可通过切换油路方式选择所需传感器。

4) 测内泄漏的流量传感器能满足 31.5MPa 时多路换向阀内泄漏在 2 ~ 2000mL/min 之间的量程要求, 其中多路换向阀的待测通道在 2 ~ 16 路之间, 通常为 8 路。

5) 流量传感器品牌为 VSE 和 Hydrotechnik, 压力传感器品牌采用 Huba。

6) 依据 GB/T 7935—2005《液压元件通用技术条件》规定, 试验台测量精度按照 B 级标准设计。测量系统(含传感器)允许压力误差为±1.5%(所选传感器精度为±0.3%FS), 允许流量误差为±1.5%(所选传感器精度为±0.5%FS), 允许温度误差为±2.0%。

7) 每一模拟量都通过信号隔离器(或调理模块)输入, 各传感器和仪表的信号线必须采用带屏蔽的通信电缆，进出试验操作控制台和工业控制计算机柜的电缆必须通过全封闭的工业航空插座引入，信号线和强电线必须分离。

（4）上位机系统　上位机系统包括上位机、打印机、不间断电源设备和网络管理模块等。上位机系统用于和工业控制计算机通信，实现数据的存储、试验报告的生成，用于试验台网络系统的管理及远程网络信号传输。

试验台各控制单元及传感器间的电气信号流如图 4-25 所示。

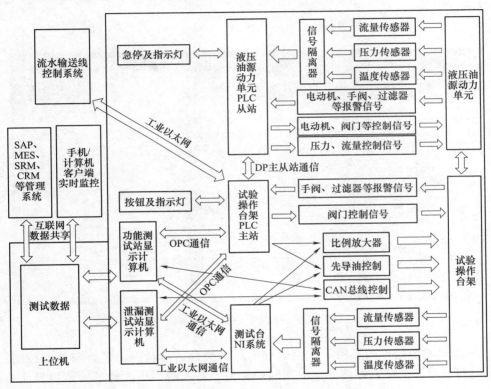

图 4-25　试验台各控制单元及传感器之间的电气信号流

2. 试验台的软件及人机界面

数据采集软件采用美国 NI 公司的软件开发平台 Lab VIEW 进行开发，PLC 的组态软件采用 WinCC 开发。人机界面包括试验模式选择界面和试验报告界面。测试数据可以采用 Excel、Text 等开放的标准格式存储。

（1）试验模式选择界面　手动测试模式下，试验人员可根据试验项目要求，手动操控按钮启动液压泵电动机组，通过按钮手动操控油路通断和加载模块的电磁换向阀接通，手动调节加载压力，进行试验项目试验。试验模式选择界面设有自动测试模式和自定义测试模式供试验人员选择。

1) 自动测试模式的人机界面。自动测试模式下，允许按不同产品选择测试项目，设定试验参数，但测试项目的试验流程已由计算机设定。试验监控界面有试验操作控制、试验数据及曲线动态显示、试验台状态系统在线显示和安全报警等功能。

① 主界面。选定产品型号规格、试验项目后，可在主界面设定试验参数。主界面会提示被测数据种类、对应的标准值等。自动测试模式的主界面如图 4-26 所示。

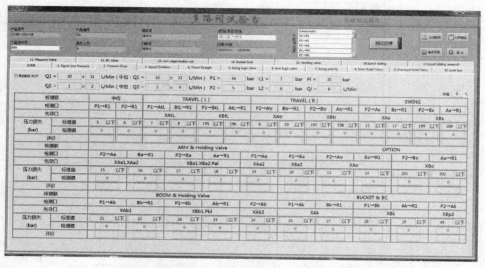

图 4-26　自动测试模式的主界面

② 试验监控界面。用于试验过程中对试验台运行状态的监测与基本控制，同时可显示该试验中各被测量的实时检测值。自动测试模式的试验监控界面如图 4-27 所示。

2) 自定义测试模式界面。自定义测试模式下，试验人员可根据实际需要自定义测试流程，自行编写试验流程控制程序，实现自己设定的试验油路控制及所需数据的采集，还可以定义需要在测试监控界面中显示的被测数据和曲线。自定义测试模式界面如图 4-28 所示。

（2）试验报告界面　无论选择何种试验模式，试验检测完成后，均可在试验报告界面上编辑生成试验报告。其中，试验报告中的测试值栏目，可由软件自动填入。在试验报告界面上生成的某多路换向阀的试验报告如图 4-29 所示。

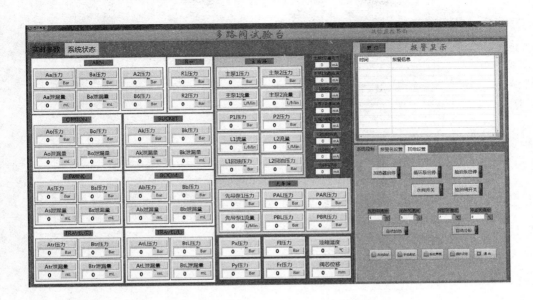

图 4-27　自动测试模式的试验监控界面

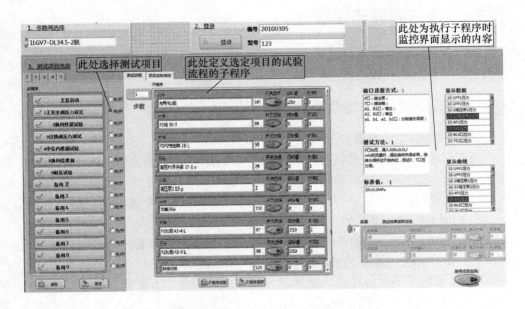

图 4-28　自定义测试模式界面

多路阀测试报告

产品信息	产品型号: ###-####-A*		试验员信息	姓名:	
产品编号: 20100305*				工号:	
试验台信息	试验油温: 44.2*			测试日期: 2019/6/18	
滤油精度: 3*				测试时间: 13:49*	

序号	项目	序号	项目
1	冲洗与排气	8	LS流量调节阀通流量测试
2	耐压测试	9	最大流量满阀芯换向位泄漏量
3	主溢流阀压力设定验证	10	流量分配测试
4	LS安全阀压力设定验证	11	补油阀压损测试
5	背压阀压力设定验证	12	补油阀泄漏测试
6	二次溢流阀压力设定验证	13	浮动位压损测试
7	阀芯中位内泄漏量测试	14	

序号	测试项目	试验条件 条件	单位	标准 标准值	单位	测试值	试验结论(合格/不合格)	评审结论
1	冲洗与排气	400		无外漏			合格	
2	保压测试	250	bar.	无外漏	/.	/.		
		230		无外漏	/.	/.		
3	主溢流阀压力设定	10±0.5	L/min	240(+8/-2)	bar.	244.7	合格	
4	LS安全阀压力设定	/	/.	205±3	bar	210.3	不合格	
5	背压阀压力设定	100±0.5	L/min	7±1	bar	5.7	不合格	
6	二次溢流阀压力设定 A1	11±0.5	L/min	250(+8/-2)	bar	250.4	合格	
	B1	10±0.5	L/min	250(+8/-2)	bar	254.3	合格	
	A2	12±0.5	L/min	250(+8/-2)	bar	247.8	合格	
	B2	10±0.5	L/min	250(+8/-2)	bar	248.7	合格	
	A3	14±0.5	L/min	250(+8/-2)	bar	254.6	合格	
7	中位内泄漏 A1	110±0.2	bar	≤40	nL/min	9.5	合格	
	B1	110±0.2	bar	≤40	nL/min	6.9	合格	
	A2	120±0.2	bar	≤40	nL/min	22.0	合格	
	B2	120±0.2	bar	≤40	nL/min	23.3	合格	
	A3	120±0.2	bar	≤40	nL/min	21.3	合格	
	B3	120±0.2	bar	≤40	nL/min	18.5	合格	
8	LS流量调节阀流量测试	100g		0.65~1			合格	
9	最大流量 A1	ΔP=20±0.2	bar	≥370	L/min	367.3	不合格	
	P/A1	ΔP=20±0.2	bar	≤3.8	L/min	0.1	合格	
	B1	ΔP=22±0.2	bar	≥370	L/min	341.4	不合格	
	P/B1	ΔP=20±0.2	bar	≤3.8	L/min	0.3	合格	
	A2	ΔP=20±0.2	bar	≥370	L/min	417.2	合格	
	P/A2	ΔP=20±0.2	bar	≤3.8	L/min	0.2	合格	
	B2	ΔP=20±0.2	bar	90~110	L/min	96.6	合格	
	P/B2	ΔP=20±0.2	bar	≤3.8	L/min	0.3	合格	
	A3	ΔP=20±0.2	bar	≥370	L/min	375.8	合格	
	P/A3	ΔP=20±0.2	bar	≤3.8	L/min	0.1	合格	
	换向位泄漏量 B3	ΔP=20±0.2	bar	≥370	L/min	335.8	不合格	
	P/B3	ΔP=20±0.2	bar	≤3.8	L/min	0.1	合格	
10	流量分配测试 A1	ΔP=20±0.2	bar	|QA1-QA2|≤50	L/min	36.4	合格	
	A1	ΔP=20±0.2	bar	|QA1-QA3|≤50	L/min	3.4	合格	
	B1					32.3	合格	
	B1	ΔP=20±0.2	bar	|QB1-QB3|≤50	L/min	26.9		
						36.1	合格	
11	补油阀压损测试 S1	310±0.5	L/min	≤15	bar.	15.7	不合格	
	S2	310±0.5	L/min	≤15	bar.	30.4	合格	
12	补油阀泄漏测试 S1	100±0.2	L/min	≤10	mL/min	4.9	合格	
	S2	110±0.2	L/min	≤10	mL/min	4.8	合格	
13	浮动位测试 L*	b2=21*	bar	≥90		95.6	合格	
	L*	b2=28*	bar	≤25		7.8	合格	
14	LS卸荷节流	QLS 110	bar	4.1~7.	L/min		不合格	
	总结:							
	批准:							

图 4-29　某多路换向阀的试验报告

4.5　液压阀通用试验台

液压阀通用试验台是针对某生产线检修时，需对生产线液压系统上的多种液压阀做出厂试验而设计的通用型试验台。

4.5.1　液压阀通用试验台概述

1. 试验台的功能与参数

液压阀通用试验台可进行出厂试验的液压阀有换向阀、溢流阀、调速阀、节流阀、单向阀、比例阀等。试验台采用计算机辅助测试、模块化结构、快装接头组合连接、比例控制等技术，具有自动化程度较高、用途较多、使用较方便的特点。

（1）试验台的主要功能

1）试验台可对常用的力士乐系列的换向阀、压力阀和流量阀进行符合液压元件出厂试验标准的性能测试。试验台有进行二通插装阀出厂试验的液压接口。

2）试验台有手动与自动两种测试方式。当采用自动方式时，试验员操纵计算机发出测试指令，控制相应的元件，自动完成测试及记录，并打印出试验报告和试验曲线。手动测试时由人工进行测试及记录。

3）压力比例控制采用手动调节和计算机控制调节两种形式。

4）试验台具有计算机在线显示测试数据和实时曲线的功能。

5）试验台具有稳压、加热、冷却、循环过滤、油箱油位高低限报警和油温高限报警等常规功能。

（2）通用试验台的主要技术参数　最高试验压力为 35MPa，最大试验流量为 250L/min，最大耗电功率约为 250kW。

2. 试验台的组成

试验台由液压泵站、液压管道、试验台架、计算机测试系统、电气系统组成。

（1）液压泵站　由液压油源装置、驱动装置、循环过滤和温度控制装置等组成。泵站负责向外提供试验液压油源，以保证试验条件；泵站还具备油温控制及污染控制等功能。

（2）试验台架　装有操作台座、集油盘、油口连接油路集成块、二通插装阀安装板、通用阀安装板、加载及传感器连接块、电气接线盒等。试验台架的作用是安装被试阀和传感器，进行阀出厂试验。不同通径的被试阀采用过渡板安装。

（3）计算机测试系统　由传感器、计算机虚拟测试柜、操作控制柜和计算机软件系统构成。计算机测试系统可进行试验控制、试验测试和数据处理。

（4）电气系统包含两台动力柜　其作用是为泵站提供动力电源，为电磁铁、传感器、二次仪表提供稳压电源。

4.5.2　液压阀通用试验台液压系统的原理

液压阀通用试验台液压系统的原理如图 4-30 所示。

试验台液压系统包括：供油回路、被试件油口连接回路与液压加载回路、流量检测回路、循环过滤冷却回路等。

（1）供油回路　供油回路由液压泵 B1（A7V0160HD1）、液压泵 B2（A7V055HD1）、高压过滤器 4 和 6、减压阀 1、溢流阀 2、电磁卸荷溢流阀 3、比例溢流阀 7 和蓄能器 13 等元件组成。液压泵 B1 的压力由电磁卸荷溢流阀 3 调定，液压泵 B2 的压力由比例溢流阀 7 调定，溢流阀 2 起安全作用。根据试验所需流量的不同，液压泵 B1 和液压泵 B2 可单台启动供油，也可同时运行合流供油，且每台泵还可通过改变排量来改变流量。液压泵 B1 和液压泵 B2 的供油既要满足被试阀试验流量的需求，还要经过减压阀 1 减压后用作试验台的先导控制液压油源。

（2）被试件油口连接回路　被试件油口连接由三块安装板实现。安装板 1 用于通径 5~12mm 液压阀的安装连接，安装板 2 用于通径 15~25mm 液压阀的安装连接，安装板 3 用于二通插装阀的安装连接。安装板 1、2 均组装在油口连接油路集成块上，油路集成块上还装有若干压力传感器和测泄漏接头 20、31、32、36。安装板 1、2 的油口布置均按力士乐系列对应通径换向阀的油口布置设计。做压力阀和流量阀试验时，需在安装板上再叠加一块转接油口用的过渡板。

（3）液压加载回路　液压加载回路分为被试件工作油口加载回路和被试件

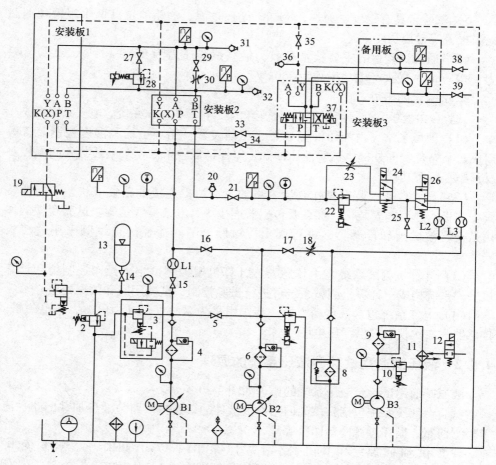

图 4-30　液压阀通用试验台液压系统原理

B1、B2、B3—液压泵　L1、L2、L3—流量计　1—减压阀　2、10、22—溢流阀　3—电磁卸荷溢流阀
4、6—高压过滤器　5、14~17、21、25、27、29、33~35、38、39—截止阀　7、22、28—比例溢流阀
8—带旁路单向阀的过滤器　9—带压力指示器的过滤器　11—板式冷却器　12、19—电磁阀
13—蓄能器　18、23、30—节流阀　20、31、32、36—测泄漏接头　24—换向阀
26—电液换向阀　37—三位四通方向控制阀

回油口加载回路。被试件工作油口加载可以由比例溢流阀28或节流阀30分别实现溢流加载或节流加载（通过截止阀27、29来选择）。被试件回油口加载可以由比例溢流阀22或节流阀23分别实现溢流加载或节流加载（通过电液换向阀24来选择）。

（4）流量检测回路　流量检测回路设置了三台流量计。在供油回路中，设置了一台高压齿轮流量计L1，用于检测进入被试阀的高压流量。在回油路中，设置了两台涡轮流量计 L2、L3，用于检测被试阀的回油流量，涡轮流量计 L2、L3 的量程不同，用电液换向阀 26 切换。

（5）循环过滤冷却回路　循环过滤冷却回路由蜗杆泵 B3（HSN80-43）、溢流阀 10、带压力指示器的过滤器 9、板式冷却器 11 组成。电磁阀 12 控制冷却水的通断，用以调节油温。

4.5.3　液压阀通用试验台的试验台架

试验台的试验台架既是被试阀试验的操作台，又是液压加载回路、流量检测回路、被试件油口连接回路集成块和计量显示仪表的安装平台。液压阀通用试验台的试验台架的正面视图如图 4-31 所示。

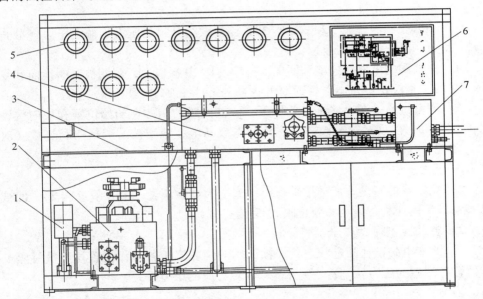

图 4-31　液压阀通用试验台的试验台架的正面视图

1—流量计模块　2—加载及传感器连接块　3—操作台座和集油盘　4—油口连接油路集成块
5—各种计量显示仪表　6—液晶显示屏　7—二通插装阀安装板

4.5.4　电磁换向阀出厂试验的试验台操作

以三位四通电磁阀为例，试验操作说明均参照图 4-30。

1. 试验准备

1）关闭截止阀 33、34、35，按被试阀通径大小选定试验台架的安装板或过渡板，配装适用的 O 形圈，安装被试阀。

2）关闭截止阀 16、17、25，打开截止阀 5、15，按被试阀的额定流量选择要启动的液压泵，调整泵的排量；选定流量计 L2 或 L3（电液换向阀 26 通电时使用流量计 L3，其量程为 0~80L/min；电液换向阀 26 断电时使用流量计 L2，其量程为 30~250L/min）。

3）将溢流阀 2、电磁卸荷溢流阀 3 调定压力按被试阀额定压力的 1.1 倍调整。

4）被试阀电磁铁达到规定的最高稳定温度后，将电磁铁的电压降至额定电压的 85%。

2. 换向性能试验

1）调整液压泵的排量，使通过被试阀的流量为试验流量。

2）调节比例溢流阀 22，使被试阀油口 T 的压力为规定背压（截止阀 21 完全打开）。

3）调节比例溢流阀 7 和节流阀 30，使被试阀 P 口的压力为额定压力（截止阀 27 关闭，截止阀 29 打开）。

4）被试阀的电磁铁通电和断电，连续动作 10 次以上，观测被试阀换向和复位（对中）情况；测量电磁铁通断电状态变化时各油口的压力 p_A、p_B、p_P、p_T。

5）停留试验。在上述试验条件下，使被试阀的阀芯在初始位置和换向位置各停留 5min，然后对被试阀的电磁铁通电或断电，观测被试阀换向和复位（对中）情况。

3. 压力损失试验

1）调整泵的排量，使通过被试阀的流量为试验流量，全开节流阀 23，使被试阀油口 T 的压力尽量小（截止阀 21 完全打开）。

2）打开截止阀 29，全开节流阀 30。

3）改变电磁铁通断电状态，将被试阀的阀芯置于各工作位置，测量对应工作位置各油口的压力 p_A、p_B、p_P、p_T，计算对应的压力损失。

当油流方向为 P→A、B→T 时，压力损失为 $\Delta p_{P\to A}=p_P-p_A$，$\Delta p_{B\to T}=p_B-p_T$；当油流方向为 P→B、A→T 时，压力损失为 $\Delta p_{P\to B}=p_P-p_B$，$\Delta p_{A\to T}=p_A-p_T$；当被试阀阀芯处于中位时，仅检测 K、H、M 型中位机能阀的压力损失：H、M 型中位机能四通阀的油流方向为 P→T，压力损失为 $\Delta p_{P\to T}=p_P-p_T$；K 型四通阀的油流方向为 P→A，压力损失为 $\Delta p_{P\to A}=p_P-p_A$。

4. 内泄漏试验

调节比例溢流阀 7 使被试阀油口 P 的压力为额定压力。

1）当被试阀阀芯处于左位或右位时，关闭截止阀 21、29，打开测泄漏接头 20，改变电磁铁通断电状态。当油流方向为 P→A、B→T 时，用量杯从测泄漏接头 20 处测量 B→T（B 口和 T 口）的内泄漏量；当油流方向为 P→B、A→T 时，用量杯从测泄漏接头 20 处测量 A→T（A 口和 T 口）的内泄漏量。

2）当被试阀阀芯处于中位时：

① 当被试阀为 O 型中位机能时，关闭截止阀 21、29，打开测泄漏接头 31、32、20，分别用量杯从测泄漏接头 31、32、20 处测量 A 口、B 口和 T 口的内泄漏量。

② 当被试阀为 H 型、M 型中位机能时，中位不做内泄漏试验。

③ 当被试阀为 P 型中位机能时，关闭截止阀 21、29，打开测泄漏接头 20，用量杯从测泄漏接头 20 处测量 T 口的内泄漏量。

④ 当被试阀为 Y 型中位机能时，关闭截止阀 21、29，用量杯从测泄漏接头 20 处测量 A 口、B 口、T 口的内泄漏量之和。

4.5.5　顺序阀出厂试验的试验台操作

试验准备与 4.5.4 节的试验准备相同。

1. 调压范围与压力稳定性试验

1）将试验泵站溢流阀 2、电磁卸荷溢流阀 3、比例溢流阀 7 的调定压力调至比被试阀的调压范围上限高 15% 左右，通过流量为试验流量。调节被试阀的调压手轮从全松到全紧，再从全紧到全松，观察进口压力上升与下降情况，并测量调压范围，记录进油口的压力。反复试验不少于 3 次。若是比例顺序阀，则应将调压手轮调压改为计算机给定调压信号调压，以下操作相同即可。对外控式被试阀进行试验时，须从外部引入控制油。先使外部控制油的压力为 0，将被试验从全松开逐渐旋紧，直至被试阀进出口关闭；再调高外部控制油的压力直至被试阀进出口接通，刚接通时的外部控制油压力即为调压范围下限。

2）压力振摆。调节被试阀调定压力至调压范围最高值，测量压力振摆。压力振摆值为此刻进油口压力曲线的振幅。

3）压力偏移。调节被试阀调定压力至调压范围最高值，测量 1min 内的进油口压力的偏移。压力偏移为此 1min 时间内，进油口压力曲线偏移中间值的最大差额。

4）对外控式被试阀进行试验时，须从外部引入控制液压油，并使控制液压油的压力符合被试阀的需求。

2. 内泄漏试验

1）将试验泵站溢流阀 2、电磁卸荷溢流阀 3、比例溢流阀 7 的调定压力调至比被试阀的调压范围上限高 15% 左右。将通过被试阀的流量调节为试验流量。

2）调节被试阀，使被试阀进口压力为调压范围最高值后，关闭截止阀 21，打开测泄漏接头 20。

3）调节比例溢流阀 7，使系统压力降至被试阀调压范围最高值的 50%，30s 后用量杯从测泄漏接头 20 处测量出口的泄漏量，即为被试阀内泄漏量。

4）对外控式被试阀进行试验时，须从外部引入控制油，并将控制油的压力调至比使被试顺序阀开启的调压范围上限高 15% 后，再完成上述操作。

3. 外泄漏试验

1）将截止阀 21 及节流阀 23 完全打开，使通过被试阀的流量为试验流量（根据试验流量大小合理选择流量计 L2 或流量计 L3）。

2）关闭截止阀 35，打开测泄漏接头 36，调节溢流阀 2、电磁卸荷溢流阀 3、比例溢流阀 7，使系统压力为被试阀调压范围的上限值，30s 后在测泄漏接头 36 出口处用量杯测量被试阀泄油口外泄漏量。

3）对外控式被试阀进行试验时，须从外部引入控制油，并将控制油的压力调为被试阀的调压范围上限时，30s 后测量被试阀泄油口外泄漏量（在测漏接头 36 出口用量杯测量泄漏量）。

4. 正向压力损失试验

1）将截止阀 21 及节流阀 23 完全打开，使通过被试阀的流量为试验流量（根据试验流量大小合理选择流量计 L2 或流量计 L3）。

2）调节被试阀的调压手轮至全松位置，测量进口（P 口）压力和出口（T 口）压力，其压差即为压力损失。

3）若被试阀 P 口和 T 口压力均较小，可使电液换向阀 24 电磁铁断电，加大溢流阀 22 的开启压力即可使 P 口和 T 口压力变大，以便测量。

5. 动作可靠性试验

1）将截止阀 21 及节流阀 23 完全打开，使通过被试阀的流量为试验流量（根据试验流量大小合理选择流量计 L2 或流量计 L3）。

2）调节被试阀调定压力至调压范围下限值（当调压范围下限值低于 1.5MPa 时调至 1.5MPa），再调节溢流阀 2、电磁卸荷溢流阀 3、比例溢流阀 7，使被试阀的进口压力为额定压力，保持 3min。然后再调节比例溢流阀 7，使被试阀的进口压力降至低于被试阀的调定压力，被试阀应能迅速关闭（是否关闭可由流量计 L2 或流量计 L3 数据是否为 0 来判定）。

6. 稳态压力-流量特性试验

调节溢流阀 2、电磁卸荷溢流阀 3、比例溢流阀 7，将试验泵站系统压力调至比被试阀的调压范围上限高 15% 左右。使电液换向阀 24 电磁铁断电，将截止阀 21 及节流阀 23 完全打开。

1）将被试阀的压力调为调压范围上限，使通过被试阀的流量为试验流量（合理选择流量计 L2 或流量计 L3）后，进行如下试验：

① 调节比例溢流阀 22，使被试阀进口压力升至调定压力且通过流量为试验流量；② 再调节比例溢流阀 22，使被试阀进口压力逐渐下降，同时测量通过被试阀的流量和被试阀进口压力；③ 当被试阀进口压力降至相应于被试阀的关闭

压力时（此时通过被试阀的流量刚好为 0），停止降压；④ 停止降压 5s 后，调节比例溢流阀 22，使被试阀进口压力又逐渐上升，同时测量通过被试阀的流量和被试阀进口压力；⑤ 当被试阀进口压力升至调定压力且通过流量为试验流量时，停止试验；⑥ 根据采集的记录流量计 L2（或流量计 L3）数据及被试阀进口压力数据，画出被试阀在关闭和开启状态下的压力-流量曲线（以压力数据为横坐标，以流量计 L2 或流量计 L3 数据为纵坐标）。

2）将被试阀的压力调为调压范围的下限，使通过被试阀的流量为试验流量（根据试验流量大小合理选择流量计 L2 或流量计 L3）。进行如上述 2）中①~⑥的试验。

3）将被试阀的压力调为调压范围的中间值，使通过被试阀的流量为试验流量（根据试验流量大小合理选择流量计 L2 或流量计 L3）。进行如上述 2）中①~⑥的试验。

4）对外控式被试阀进行试验时，将进油压力调为额定压力，从外部引入控制油。并将控制油的压力调被试阀调压范围上限后，完成上操作。

4.5.6　减压阀出厂试验的试验台操作

试验准备与 4.5.4 的试验准备相同，并将溢流阀 2、电磁卸荷溢流阀 3、比例溢流阀 7 的调定压力调至比被试阀的调压范围上限高 15% 左右。

1. 调压范围及压力稳定性试验

将试验泵站溢流阀 2、电磁卸荷溢流阀 3、比例溢流阀 7 的调定压力调至被试阀的调压范围上限。将节流阀 23、截止阀 21 完全打开，使电液换向阀 24 换向（电磁铁通电）。调节比例溢流阀 22 压力，使被试阀的进口压力（P 油口的压力）为额定压力，并使通过被试阀的流量为试验流量。

1）调节被试阀的调压手轮从全松到全紧，再从全紧到全松。观察进口压力上升与下降情况，并测量调压范围，记录被试阀 P 油口的压力数据。反复试验不少于 3 次。若被试阀是比例顺序阀，则应将调压手轮压力改为计算机给定调压信号压力，以下操作相同即可。

2）压力振摆。调节被试阀至调压范围最高值，测量压力振摆。压力振摆值为此刻进油口压力曲线的振幅。

3）压力偏移。调节被试阀压力至 1.5MPa，测量 1min 内的压力偏移。压力偏移为此 1min 的起点、终点时，进油口压力曲线距中间值的差额。

4）对外控式被试阀进行试验时，须从外部引入控制油，并对控制油的压力作适应被试阀的调节。

2. 减压稳定性试验

1）调节被试阀和节流阀 23，使被试阀的出口压力为调压范围下限值（当调压范围下限值低于 1.5MPa 时调至 1.5MPa），通过被试阀的流量为试验流量。

2）调节溢流阀 2、电磁卸荷溢流阀 3、比例溢流阀 7 的调定压力，使被试阀的进口压力在比出口调定压力高 2MPa 至额定压力的范围内变化，测量被试阀的进口压力和被试阀的出口压力变化量的数据。并计算相对出口调定压力变化率，计算公式为

$$\overline{\Delta p_{2D}} = \frac{\Delta p_{2D}}{p_{2D} \Delta p_1} \times 100\%$$

式中　Δp_{2D}——在给定的调定压力下，当进口压力变化时的相对出口压力。

第5章 液压缸性能试验台案例

5.1 转向液压缸出厂试验台

转向液压缸试验台为两工位配置，可同时进行两根液压缸试验，主要完成装载机转向液压缸的试运行、起动压力特性试验、耐压试验、泄漏试验、行程检测等。试验过程控制有手动、半自动和自动三种模式可供选择。试验数据由计算机采集处理并通过数字显示仪表显示。

5.1.1 转向液压缸出厂试验台技术参数与组成

1. 转向液压缸出厂试验台主要技术参数

试验台额定功率：35kW。

低压系统：试验压力 6MPa，输出流量 90L/min。

高压系统：试验压力 32MPa，输出流量 16L/min。

试验测试精度：C 级。

液压油清洁度：满足 GB/T 14039—2002《液压传动　油液固体颗粒污染等级代号》规定中等级代号 18/15 的要求。

油箱有效容积：800L。

2. 转向液压缸出厂试验台的组成

转向液压缸出厂试验台由液压系统、电控系统、试验台架和计算机测控系统组成。试验台架工作台长 2m、宽 1.2m、高 0.7m。被试液压缸放置于工作台上的 V 形块滑动支撑座上，V 形块滑动支撑座可沿导轨在工作台上横向移动，以适应各种规格液压缸的安装。V 形块滑动支撑座装有轴承，方便被试液压缸沿轴线转动，以调整油口方向。转向液压缸出厂试验完成后，采用压缩空气驱动活塞缩回的方式，将液压缸工作腔内的油液排出到试验台架内的集油槽中，并集中流回泄漏油回收油箱内。

5.1.2 转向液压缸出厂试验台液压系统

转向液压缸出厂试验台液压系统由辅助液压系统和主试验系统组成。

1. 辅助液压系统

转向液压缸出厂试验台辅助液压系统包括漏油回收系统、旁路循环过滤系统及气排油系统，其原理如图 5-1 所示。

1）漏油回收系统由回收油箱中液位计 4.2 自动控制液压泵电动机组（3.5 和 5.5）的起停，将被试元件拆装过程中的泄漏油液经过滤器 1.5 和 1.4 回收到主试验系统中去。

2）旁路循环过滤系统由一台低噪声齿轮泵电动机组（3.6 和 5.6）、吸油过滤器 1.6、两级回油过滤器（1.7 和 1.8）、板式换热器（7.1）和温控系统组成，用于对主试验系统油箱中的油液进行循环过滤和冷却，以保证试验油液油温和清洁度合格。

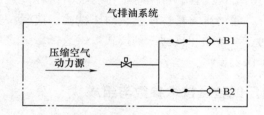

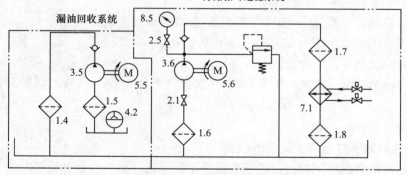

图 5-1 转向液压缸出厂试验台辅助液压系统原理

1.4~1.8—过滤器 2.1、2.5—截止阀 3.5—液压泵 3.6—齿轮泵 4.2—液位计
5.5、5.6—电动机 7.1—板式换热器 8.5—压力表

2. 主试验系统

转向液压缸出厂试验台主试验系统的液压原理图如图 5-2 所示。

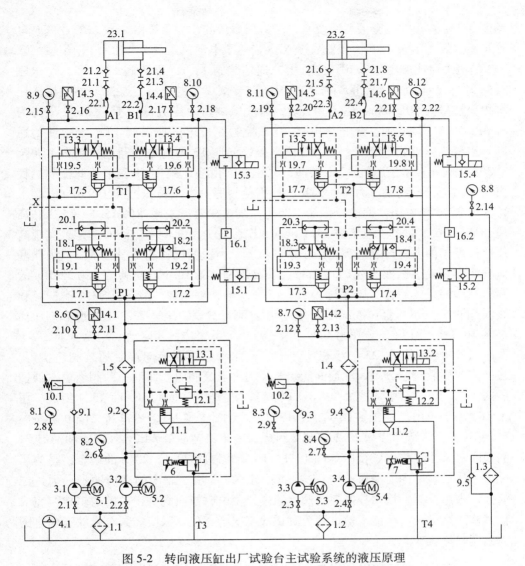

图 5-2 转向液压缸出厂试验台主试验系统的液压原理

1.1~1.5—过滤器 2.1~2.4、2.6~2.22—截止阀 3.1~3.4—泵 4.1—液位计 5.1~5.4—电动机

6、7—比例溢流阀 8.1~8.4、8.6~8.12—压力表 9.1~9.5—单向阀 10.1、10.2—压力继电器

11.1、11.2、17.1~17.8—二通插装阀 12.1、12.2—溢流阀 13.1~13.6—二位电磁换向阀

14.1~14.6—压力传感器 15.1~15.4—二通球阀 16.1、16.2—高压油储罐

18.1~18.4—二位电磁换向球阀 19.1~19.8—控制盖板 20.1~20.4—梭阀

21.1~21.8—带双单向阀的快换接头 22.1~22.4—软管总成 23.1、23.2—被试液压缸

　　主试验系统由配置完全相同的两套液压系统组成，每套液压系统都可单独完成一台被试液压缸的出厂试验，且两套液压系统相互独立，互不干扰。以下只介

绍图 5-2 中左边的一套液压系统。该套液压系统的动力泵源由一台 A2F 柱塞泵电动机组（3.2 和 5.2）、一台低噪声 NB3 齿轮泵电动机组（3.1 和 5.1）组成。泵 3.2 的压力由比例溢流阀 6 调定。由二通插装阀 11.1、溢流阀 12.1 和二位电磁换向阀 13.1 组成的大流量调压阀组用于调节泵 3.1 的压力。泵源可向被试液压缸提供流量为 90L/min、压力为 6MPa 的低压试验油或流量为 16L/min、压力为 32MPa 的高压试验油。压力继电器 10.1 控制二位电磁换向阀 13.1 电磁铁的通断。当试验压力低于 8MPa 时，二位电磁换向阀 13.1 电磁铁断电，泵 3.1 和泵 3.2 可共同向被试液压缸 23.1 供油，泵源压力由溢流阀 12.1 调节，此控制过程可用于试运行、起动压力特性试验、行程检测等。当试验压力高于 9MPa 时，二位换向阀 13.1 电磁铁通电，泵 3.1 卸荷，泵 3.2 通过二通球阀 15.1、15.3 和高压油储罐 16.1 向被试液压缸 23.1 供油，泵源压力由比例溢流阀 6 调定，实现高压小流量供油，此控制过程可用于耐压试验、内泄漏试验和外泄漏试验。内泄漏试验时，先使被试液压缸 23.1 有杆腔和高压油储罐 16.1 均充满压力为 32MPa 的高压试验油，然后将二通球阀 15.1、15.3 断电，封闭被试液压缸 23.1 有杆腔和高压油储罐 16.1，保压 5min 后，用差压计测量被试液压缸 23.1 有杆腔和高压油储罐 16.1 的压力差，该压力差即为液压缸内泄漏对应的压降。

试验被试液压缸 23.1 活塞的伸出、缩回和停止由换向控制插装阀组实现。换向控制插装阀组分为回油通断阀组和压力油通断阀组。回油通断阀组由二通插装阀 17.5、17.6，控制盖板 19.5、19.6 和二位电磁换向阀 13.3、13.4 组成。压力油通断阀组由二通插装阀 17.1、17.2，控制盖板 19.1、19.2，二位电磁换向球阀 18.1、18.2 和梭阀 20.1、20.2 组成，用于控制油口 A1、油口 B1 和油口 P1 的通断。采用二位电磁换向球阀 18.1、18.2 和梭阀 20.1、20.2 的组合，是为了保证耐压试验和内泄漏试验时，被试液压缸 23.1 承压腔内的高压油不会通过二通插装阀组泄漏。换向控制插装阀组通过二位电磁换向阀电磁铁的逻辑控制完成被试液压缸的换向功能。被试液压缸试验工况与二位电磁换向阀电磁铁通断电的控制逻辑见表 5-1。

表 5-1　被试液压缸试验工况与二位电磁换向阀电磁铁通断电的控制逻辑

被试液压缸试验工况	换向阀电磁铁					
	18.1	18.2	13.3	13.4	15.1	15.3
活塞伸出	+	−	−	+	−	−
活塞缩回	−	+	+	−	−	−
活塞停止	−	−	−	−	−	−
活塞腔内充高压	−	−	−	−	+	+
活塞腔内保压						

5.1.3 转向液压缸出厂试验台电控系统

1. 电控系统概述

电控系统安装在控制柜和操作台内，采用集中供电、集中控制方式。总装机容量为 35kW，包括三台三相电动机。控制回路分别采用 AC 220V 和 DC 24V 电源，其中，控制电动机及加热器的接触器和继电器线圈采用 AC 220V 电源，各种阀电源和报警指示灯采用 DC 24V 电源。操作台放置在试验台架右侧，操作台的电气操作面板上设有各种电气控制按钮、运行指示灯和报警指示灯，如图 5-3 所示。

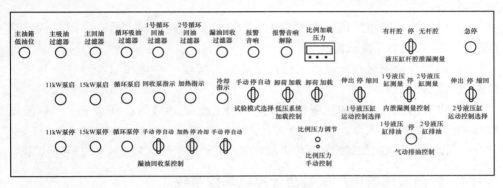

图 5-3 操作台的电气操作面板

2. 电控系统对液压泵站的控制

电控系统对液压泵站的控制涉及对液压泵电动机组的控制和对其他附件的控制。

1）对液压泵电动机组的控制项目包括：①一台 A2F12 型柱塞泵和一台 Y160M-4 型电动机的起、停控制与运行指示；②一台 NB3-C63F 型内啮合齿轮泵和一台 Y160L-4 型电动机的起、停控制与运行指示；③一台循环过滤泵和一台 Y112M-4 型电动机的起、停控制与运行指示；④一台漏油回收泵和一台 Y90L-4 型电动机（功率为 1.5kW），设有自动和手动控制的选择旋钮，自动控制时由浮球液位控制器实现对液压泵电动机组的控制，高液位时电动机起动，低液位时电动机停止；手动控制时需人工起动漏油回收电动机组，但低液位时电动机自动停止。

2）对其他附件的控制包括：

① 对油温控制设有自动和手动两位选择旋钮控制。在自动控制状态下，当 MSZ-6C 温控仪温度传感器检测值低于设定温度时，自动关闭冷却水电磁阀，同时打开蒸汽电磁阀；当温度传感器检测的油温值高于设定温度时，打开冷却水电磁阀，同时关闭蒸汽电磁阀；当温度传感器检测的油温在设定范围内时，关闭所有电磁阀。在手动控制状态下，人工操控冷却和加热控制选择旋钮，冷却时打开冷却水电磁阀，加热时打开蒸汽电磁阀。

② 报警。同时设置灯光和蜂鸣器警告，设置人工关闭蜂鸣器的按钮。设置 6 个过滤器堵塞报警，分别是主吸油过滤器、主回油过滤器、循环吸油过滤器、1#循环回油过滤器、2#循环回油过滤器、漏油回收过滤器。设置主油箱低液位报警。

3. 电控系统对试验台试验操作的控制

1）试验模式选择：设置三位选择旋钮，实现"手动/停/自动"三种试验模式的转换。

2）液压缸运动控制选择：设置 1#液压缸运动控制选择旋钮，2#液压缸运动控制选择旋钮，分别实现 1#液压缸和 2#液压缸活塞的"伸出/停/缩回"三种运动控制。

3）转向液压缸出厂试验台配置 VT-2000 比例电磁铁放大器，采用手调比例压力调节旋钮调节系统试验压力。

4）内泄漏检测选择：设置三位选择旋钮，实现"1#液压缸测量/停/2#液压缸测量"三种控制。

5）设有两组气动排油控制旋钮开关，用于控制 1#液压缸和 2#缸："1#液压缸排油/停/2#液压缸"。

6）设有低压系统加载控制两位手动旋钮开关，用于控制大流量泵的卸荷/加载。

5.1.4 转向液压缸出厂试验台计算机测控系统

转向液压缸出厂试验台计算机测控系统由 PLC、MSZ（数显仪表）、工业控制计算机、计算机数据采集卡、打印机等组成，可实现对试验过程的控制，完成试验数据的采集、显示和处理，并能完成试验报告的编写和打印输出工作。转向液压缸出厂试验台计算机测控系统组成框图如图 5-4 所示。

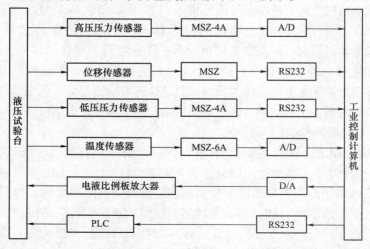

图 5-4 转向液压缸出厂试验台计算机测控系统组成框图

5.2 液压缸通用试验台

5.2.1 液压缸通用试验台概述

该试验台可测试的液压缸规格范围较广，且除了可做液压缸出厂试验外，还要能做其他特定的试验项目，故被称为液压缸通用试验台。

1. 被试液压缸技术参数

缸筒内径范围：$\phi 100 \sim \phi 400$mm。

活塞杆杆径范围：$\phi 110 \sim \phi 350$mm。

行程范围：$1000 \sim 4500$mm。

安装距：$1000 \sim 5000$mm。

质量：$\leqslant 3000$kg。

额定工作压力：$32 \sim 42$MPa。

2. 试验台技术参数

试验压力：$\leqslant 63$MPa。

被试液压缸无杆腔进油最大流量：$\geqslant 380$L/min，此时试验台可调节压力$\geqslant 15$MPa。

被试液压缸有杆腔进油最大流量：$\geqslant 200$L/min，此时试验台可调节压力$\geqslant 20$MPa。

试验用油：L-HM32、L-HM46 抗磨液压油。

试验台噪声：$\leqslant 85$dB。

试验台测量准确度：符合 JB/T 10205—2010《液压缸》中 7.1.2 条中 B 级测量准确度的要求。

3. 试验台环境条件

环境温度：室外$-20 \sim 45$℃，室内$-10 \sim 45$℃。

相对湿度：$\leqslant 85\%$。

动力压缩空气压力：$0.4 \sim 0.6$MPa。

外供电源：三相电源 $380(1 \pm 5\%)$V，$50(1 \pm 1\%)$Hz。

4. 试验台的试验项目

试验台可对被试液压缸进行 GB/T15622—2005《液压缸试验方法》和 JB/T 10205—2010《液压缸》要求规定的液压缸出厂试验项目，还可进行企业自行规定的若干液压缸项目试验，且这些试验项目要按规定的先后顺序进行。试验项目及其顺序如下：①第一次自重称重（必试）；②大流量冲洗（必试）；③试运行（必试）；④起动压力特性试验（必试）；⑤无杆腔耐压试验（必试）；⑥无杆腔保压试验（必试）；⑦有杆腔耐压试验（必试）；⑧有杆腔保压试验（必试）；⑨内泄漏试验；⑩低压下的泄漏试验（抽试）；⑪全行程检测（必试）；⑫行程中间位置耐压/保压试验（抽试）；⑬全行程运行摩擦力检测及负载效率试验（抽试）；⑭两腔高压脉冲试验（抽试）；⑮被试液压缸两腔气动排油（抽试）；⑯第二次自重称重（必试）。

5. 试验台试验功能要求

（1）试验工位设置　试验台设置两个独立的试验工位，每个工位可独立进行试验，试验可选择手动、半自动或自动程序方式运行，且每个工位的耐压试验最高试验压力不低于63MPa，其他试验压力及流量可在线调节。

（2）试验台检测的物理量　根据测试项目要求，试验台可采集检测数据的物理量包含：系统压力、系统流量、油液清洁度、油温、被试液压缸往复运动次数、运行时间、保压时间、最低起动压力、被试液压缸两腔压力、承压腔压力降、内泄漏量、被试液压缸行程、摩擦力、脉冲压力、脉冲频率（时间）、脉冲次数。

（3）试验节拍　试验节拍按每班7h工作时间，两工位同时测试，完成被试液压缸数量≥30根/班次。其中：每根被试液压缸的试验辅助时间（包括吊装时间、拆装快速接头时间、空油时间）约为20min。

5.2.2　液压缸通用试验台的试验设计

液压缸通用试验台试验方法的设计应根据GB/T 15622—2005《液压缸试验方法》和JB/T 10205—2010《液压缸》的要求，同时还要满足企业的特定需求。

被试液压缸在液压缸通用试验台架上安装就位后，进行试验初始化设置。在计算机上输入试验压力、试验流量和往复运行次数等试验参数，选择自动或手动控制方式。也可通过扫描被试件的二维码与企业MES（制造执行系统）链接，自动识别被试液压缸型号、名称、缸径、杆径、行程，自动生存试验压力、试验流量和往复运行次数等试验参数。

1. 大流量冲洗

将试验流量调节为300L/min或最大流量，先使被试液压缸无杆腔进油，有杆腔无背压回油，被试液压缸在无负载状态下，活塞快速全程伸出；再迅速切换进出油口，使活塞快速全程缩回。如此往复运行，活塞达到设定的往复运行次数，实现对被试液压缸充分清洗及排气。同时，自动控制方式可实现将运行次数值自动传输至测试报告中，与标准值（或输入值）对比，进行结果符合性自动评判。

2. 试运行

试验方法同上述"大流量冲洗"项目，区别在于流量不需要调至最大，驱动被试液压缸往复运行的速度控制为正常工作速度即可。检测往复运行时，被试液压缸两腔的压力及活塞位移、运行次数与标准值（或输入值）对比，进行结果符合性自动评判。

3. 起动压力特性试验

试运行试验完成活塞缩回动作，停止 10s 后，方可开始起动压力特性试验。本试验可采用手动或自动方式。试验流量以能实现 1m/min 的运动速度为宜。

（1）手动方式　被试液压缸无杆腔进油，先使无杆腔压力为零，然后手动微调系统压力，使无杆腔压力缓慢微升，直到被试液压缸起动。

（2）自动方式　在计算机上设定无杆腔压力上限及压力上升速率（单位时间内压力变化值）等参数，按下试验起动按钮，计算机将控制系统使被试液压缸无杆腔进油，并使无杆腔压力从零开始按设定速率上升，并会自动判定被试液压缸的起动压力。

测试被试液压缸两腔压力、活塞位移和时间的数据，并能生成压力-时间曲线和位移-时间曲线，并由此判定被试液压缸起动压力。与标准值对比，进行结果符合性自动评判。

4. 两腔耐压/保压试验

在计算机上设定耐压试验的压力值（通常为额定压力的 1.5 倍）、保压时间（2min 或 10s）。使被试液压缸活塞杆完全缩回或者全伸出（视液压缸结构决定），分别在有杆腔或无杆腔通高压油。起动高压液压泵电动机组，调节高压比例溢流阀使加压腔压力逐步升到试验压力，检查有无外渗漏和零部件损坏情况。如果检查一切正常，则关闭被试液压缸进油口，并按设定时间进行保压试验。检测耐压时间和加压腔压力值，检测保压时间内加压腔的压降。将试验结果与标准值对比，进行结果符合性自动评判；同步检查外渗漏和零部件损坏情况。测试完成后，控制加压腔卸压。

针对自身集成有单向或双向平衡阀、液压锁的被试液压缸，试验还需测试平衡阀（或液压锁）与液压缸油口之间容腔的压力值。

5. 内泄漏试验

（1）定性试验方法　采用耐压保压试验中检测到的高压腔的压降进行内泄漏量不合格判定。根据理论计算得出内泄漏量达到标准规定的临界值后将产生的压降（约 2min0.1MPa），将保压试验中检测到的高压腔的压降与计算得出的压降临界值比对，若检测压降大于临界值，则被试液压缸内泄漏量超标。由于内泄漏量合格时的压降非常小（2min 约 0.01MPa），不易检测准确，所以压降不能用作为合格时内泄漏量大小的度量，只能用于超标与否的定性判断。

（2）定量试验方法　耐压试验中使被试液压缸加载腔小流量进油，活塞缓慢运动到被试液压缸的两端，加载腔加压至额定压力，测定经活塞泄漏至未加压腔的泄漏量。因为被试液压缸的缸径范围在 $\phi125\text{mm} \sim \phi250\text{mm}$ 时，标准规定其合格内泄漏量应小于 $0.2 \sim 2.8\text{mL/min}$，所以内泄漏量测试装置应能准确地测试出对应的内泄漏量，并保证测试的快速性和稳定性（准确、快速检测液压缸内泄漏量的方法见 5.5 节内容）。试验完毕之后，将检测值与标准值对比，进行符合性评判。

6. 低压下的泄漏试验（也称无负载低速运动抖动试验）

将被试液压缸无杆腔的工作压力设定为略大于起动压力（或从 0.5MPa 开始，逐渐增大至被试液压缸能完成往复运动），进油流量从 5L/min 开始，逐渐增大，使被试液压缸无负载低速运行。人工观测被试液压缸的抖动情况，并自动检测驱动腔压力、流量、活塞位移。待进油流量增大到往复运动平稳、无抖动爬行现象后，再使被试液压缸全行程往复运动 3 次以上，每次在行程端部停留至少 10s。

在试验过程中需检测以下内容：①检查运动过程中被试液压缸是否振动或爬行。②振动或爬行消除时的压力和速度，发生振动或爬行时对应的活塞杆行程位置。③观察活塞杆密封处是否有油液泄漏；当试验结束时，出现在活塞杆上的油膜应不足以形成油滴或油环。④检查所有静密封处是否有油液泄漏。⑤检查被试液压缸安装的节流和（或）缓冲元件是否有油液泄漏。⑥如果被试液压缸是焊接结构，应检查焊缝处是否有油液泄漏。

7. 全行程检测

使被试液压缸活塞全行程伸出或缩回，自动检测活塞行程长度。此项检测可在"试运行"试验中同步进行。测试精度应达到 0.1mm。

8. 行程中间位置耐压/保压试验

行程中间位置是指非行程末端的任意位置。被试液压缸按照行程设定要求伸出或缩回到相应位置，通过机械装置固定被试液压缸活塞。

起动高压液压泵电动机组，先使有杆腔进油，无杆腔通油箱，调节高压比例溢流阀使有杆腔压力达到试验压力（额定压力的 1.5 倍），检查有无外渗漏和零部件损坏情况。若检查结果正常，则关闭被试液压缸进油口，并按设定时间进行保压试验。然后切换进出油口，使无杆腔进油，重复上述操作。试验中，检测耐压时间和加压腔压力值，检测保压时间内加压腔的压降。与标准值对比，进行结果符合性自动评判；同步检查外渗漏和零部件损坏情况。测试完成，最后控制加压腔卸压。

试验台架和固定被试液压缸活塞的机械装置应能稳定承受被试液压缸在试验压力下的推力和拉力。

9. 全行程运行摩擦力检测及负载效率试验

（1）运行摩擦力检测　进行运行摩擦力检测试验时，试验台两个试验工位的液压缸要活塞杆相对安装，两根活塞杆之间安装力传感器，两根液压缸互为被试液压缸和加载液压缸。使被试液压缸两腔均接通油箱，试验采用加载液压缸驱动被试液压缸活塞全行程伸出或缩回，采用两液压缸活塞杆之间的力传感器检测被试液压缸的运行摩擦力。控制加载液压缸使被试液压缸保持匀速运动，检测力传感器测量值和被试液压缸活塞位移值，并绘制摩擦力-位移曲线。

（2）负载效率试验　被试液压缸无杆腔进油，有杆腔回油，加载液压缸无杆腔内油液经加载溢流阀回油箱。在主泵驱动被试液压缸活塞伸出的过程中，逐渐升高加载溢流阀的压力，直至被试液压缸无杆腔压力达到额定压力。检测测力传感器值 F 和被试液压缸无杆腔压力 p，计算被试液压缸在不同压力下的负载效率，并绘制负载效率特性曲线（纵坐标为负载效率 η、横坐标为无杆腔压力 p）。计算负载效率的公式为

$$\eta = \frac{F}{pA} \times 100\%$$

式中　A——被试缸无杆腔的承压面积。

10. 两腔高压脉冲试验

两腔的高压脉冲试验应分别进行。脉冲压力峰值为被试液压缸额定压力，脉冲周期 $2\sim4s$（视被试液压缸承压腔容积而定，若容积大，则脉冲周期长）。

使被试液压缸活塞杆完全缩回或者全伸出（视被试液压缸结构决定），分别在有杆腔或无杆腔通高压油。一个腔做脉冲试验时，另一个腔则通油箱。通过高压油路电磁阀的通断组合，控制被试液压缸承压腔的压力作脉冲变化。检测脉冲压力、脉冲时间、脉冲次数等参数。

11. 第二次自动称重功能

试验台架上配置称重传感器，具有自动称重功能。待试验完毕，被试液压缸两腔油液排空后，对被试液压缸进行自动称重，称重精度达到 10N。

5.2.3　液压缸通用试验台液压系统的组成

液压系统在结构上，泵站及阀台为一体式。液压系统主要由主动力源、高压动力源、控制阀组、内泄漏测量装置、清洁度检测仪、过滤温控系统、被试液压缸两腔气动排油装置等组成。

（1）主动力源　两个试验工位各自独立且分别设置配套液压泵电动机组，流量从 5L/min 开始电控无级可调，压力电控无级可调。液压泵电动机组的配置（功率、数量、排量、变量控制方式）应满足每个工位试验时对流量和压力的要求：①活塞杆外伸时最大流量不低于 380L/min（此时，试验台可调节压力不低于 15MPa）；②活塞杆缩回时最大流量不低于 200L/min（此时，试验台可调节压力不低于 20MPa）。

（2）高压动力源　两个试验工位各自独立且分别设置配套超高压径向柱塞

泵，柱塞泵的流量为 12L/min，最高工作压力为 63MPa。压力由电比例溢流阀调节，达到额定试验压力后柱塞泵自动卸荷，各液压缸试验腔截止阀保压。柱塞泵的配套电动机功率为 15kW。

（3）控制阀组　控制阀组主要包含被试液压缸油口通断控制回路（由二通插装阀结构的截止阀组成）、液压先导控制油回路和试验台配套装置（行走台车和其他装置）的液压控制回路。两个试验工位，每工位被试液压缸的每一油口均设置两组截止阀，一组截止阀接入供油液压源，一组截止阀通回油箱。通过控制每组截止阀的开启关闭，实现主液压泵将新油供入被试液压缸，被试液压缸回油通过截止阀直接通回油箱。截止阀应尽量靠近被试液压缸进出油口，保证回油尽可能多地排出。

（4）内泄漏测量装置　被试液压缸做耐压试验的同时，还要对其承压腔和回油腔之间的内泄漏量进行测量，内泄漏由微小流量计测量，所得数据由计算机测控系统保存、显示，便于打印和查阅。微小流量计的量程范围为 0.28~28mL/min。当被试液压缸出现异常（密封破损、缸筒加工问题等）导致内泄漏量超标时，内泄漏量测试系统应能对内泄漏量超微小流量计量程范围的状态进行报警，提示试验人员终止内泄漏测试，以免损坏微小流量计。

（5）清洁度检测仪　试验台配置清洁度在线检测仪，可对试验回油的油液清洁度进行在线检测。

（6）过滤温控系统　过滤温控系统将主油箱分割为回油区、吸油区和缓冲区。回油区的油液经自然沉淀、析出气泡后，流入缓冲区。采用叶片泵将缓冲区内的油液泵出，进行二级过滤（过滤精度分别为 10μm 和 5μm），并通过热交换器进行加热或冷却以控制油温为（50±4）℃。经过过滤及控温后的油液被泵至吸油区。除上述循环过滤外，还在各液压泵吸油口安装过滤精度为 80~100μm 的吸油过滤器，在液压泵出油口安装过滤精度为 10μm 的高压过滤器，在主回油路上安装 20μm 的回油过滤器。此外，在油箱内部靠近吸油及回油口的底部位置，放置若干永磁铁，用于吸附进入油箱的铁粉。

采用以上过滤措施时，应确保进入被试液压缸的油液清洁度达到 NAS7（16/13）级。所有过滤器均附带压差发信器，当过滤器内部污染物堵塞过滤器时，压差发信器产生报警信号来控制液压系统停止执行程序，以便及时更换滤芯。

（7）被试液压缸两腔气动排油装置　试验台设置两路气动排油系回路，被试液压缸完成各项试验测试后，在无杆腔油口接入气动排油管路，即可完成活塞杆缩回，并排出被试液压缸大腔的油液。

5.2.4　液压缸通用试验台液压系统的原理

液压缸通用试验台液压系统原理（一个工位）如图 5-5 所示。图中包含了高压油路、主油路、控制油路、漏油回收油路和循环油路。试验台另一个工位只需多配置一套高压油路和主油路即可，切换控制油路、漏油回收油路和循环油路可共用。

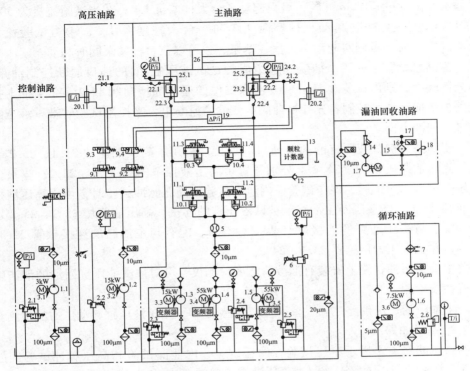

图 5-5　液压缸通用试验台液压系统原理（一个工位）

1.1~1.7—泵　2.1~2.6、6—溢流阀　3.1~3.6—电动机　4—节流阀　5—高压流量计　7—冷却器　8—电磁换向阀　9.1~9.4—电磁球阀　10.1~10.4—插装阀　11.1~11.4—二位四通先导换向阀　12—单向阀　13—颗粒计数器　14—除水器　15—回收油箱　16—过滤器　17—接油盘　18—液位控制器　19—压差传感器　20.1、20.2—微小流量计　21.1~21.2—截止阀　22.1~22.4—连接软管　23.1、23.2—液控单向阀　24.1、24.2—压力传感器　25.1、25.2—高压油路块　26—被试液压缸

1. 主油路

如图 5-5 所示，主油路有三台柱塞泵，可依据试验所需流量按不同组合提供液压源。一台小流量柱塞泵 1.3（型号为 A2FO32/61R，排量为 32mL/r）由功率为 15kW 的电动机 3.3 驱动，转速由变频器控制；另两台大流量柱塞泵 1.4 和 1.5（型号为 A2FO125/61R，排量为 125mL/r，流量范围为 25~190L/min）由功率为 55kW 的电动机 3.4 和 3.5 驱动，转速由变频器控制。三台柱塞泵各自的工作压力分别由卸荷溢流阀 2.3~2.5 调节，调节范围为 15~35MPa。三台柱塞泵的合流油路上设置了高压流量计 5，可对主油路的流量进行实时监测。合流油路的压力由比例溢流阀 6 调定。在自动控制时，系统根据设定流量值，合理选择柱塞

157

泵,并自动通过变频器控制柱塞泵转速,实现主油路流量的控制。试验时柱塞泵的选用规则如下:①当试验流量为 5~50L/min 时,可只起动小柱塞泵 1.3;②当试验流量为 30~170L/min 时,可只起动一台大柱塞泵 1.4;③当试验流量为 50~200L/min 时,可同时起动小柱塞泵 1.3 和一台大柱塞泵 1.5;④当试验流量 ≥200L/min 时,可同时起动两台大柱塞泵,也可以三台柱塞泵同时起动。

主油路设置了由四个插装阀组组成的被试液压缸 26 的油口通断控制油路。各插装阀组分别由插装阀 10.1~10.4 和二位四通先导换向阀 11.1~11.4 加上控制盖板组成。通过控制各先导换向阀电磁铁的通断电,来控制试验时被试液压缸的进、回油方向。

主油路与被试液压缸的两个油口的连接,采用了高压油路块 25.1、25.2 转接。高压油路块 25.1、25.2 上分别配置了高压液控单向阀 23.1、23.2;当被试液压缸进行耐压试验、保压试验、内泄漏试验或高压脉冲试验时,可用高压液控单向阀 23.1、23.2 隔断主油路与被试液压缸的连接。高压油路块 25.1、25.2 还分别配有与高压油路的连接软管 22.1、22.2,配有与主油路的连接软管 22.3、22.4,并装有压力传感器 24.1、24.2。

主油路回油管路上安装有油液清洁度检测仪,可对被试液压缸回油的清洁度进行在线检测。

主油路的进出油路之间设置了差压传感器 19,用于液压缸起动压力的检测。

2. 高压油路

高压油路主要用于耐压试验、保压试验、内泄漏试验和高压脉冲试验。如图 5-5 所示,高压油路工作时,高压液控单向阀 23.1 和 23.2 应处于封闭状态。

高压油路由一台高压径向柱塞泵 1.2(型号为 PR4-3X/8.00-700RA,排量为 8mL/r)提供油源,电动机 3.2 的功率为 15KW。柱塞泵 1.2 的压力由比例溢流阀 2.2 调节,最高工作压力为 63MPa。四只二位三通电磁球阀 9.1~9.4 用于控制试验时高压油路和被试液压缸两油口的通断以及高压脉冲试验的频率。当电磁球阀 9.1 和 9.3 通电,电磁球阀 9.2 和 9.4 断电时,高压油与被试液压缸无杆腔连通,被试液压缸有杆腔通过节流阀 4 与油箱连通。这是被试液压缸无杆腔承受高压的试验工况,此时若要在高压端用微小流量计 20.1 测被试液压缸的内泄漏量,可将电磁球阀 9.3 断电并打开截止阀 21.1;若要在回油端用微小流量计 20.2 测量被试液压缸的内泄漏量,可将电磁球阀 9.4 通电并打开截止阀 21.2。而当电磁球阀 9.1 和 9.4 断电,电磁球阀 9.2 和 9.3 通电时,高压油与被试液压缸有杆腔连通,被试液压缸无杆腔通过节流阀 4 与油箱连通。这是被试液压缸有杆腔承受高压的试验工况,此时若要在高压端用微小流量计 20.2 测量被试液压缸的内泄漏量,可将电磁球阀 9.4 通电并打开截止阀 21.2;若要在回油端用微小流量计 20.1 测量被试液压缸的内泄漏量,可将电磁球阀 9.3 断电并打开截止阀 21.2。

高压油路的微小流量计 20.1、20.2 是计量液压缸微小内泄漏量的常用仪表，关于计量液压缸的原理及应用详见 5.5 节。

3. 控制油路

控制油路主要用于主油路和高压油路中液控单向阀的控制。如图 5-5 所示，控制油路由液压泵 1.1（流量为 4.5L/min）提供液压源，工作压力由卸荷溢流阀 2.1 调节。液压泵驱动电动机 3.1 的功率为 3kW。

电磁换向阀 8 断电时，液控单向阀 23.1、23.2 封闭了高压油路向主油路的通道，被试液压缸处于高压工况，可进行耐压试验、保压试验、内泄漏试验和高压脉冲试验。电磁换向阀 8 通电时，液控单向阀允许油液在被试液压缸油口和主油路间双向流动，被试液压缸处于额定压力的试验工况。

4. 漏油回收油路

漏油回收油路用于试验台外泄漏油液的回收。试验（包括管路拆装）过程中的漏油经接油盘 17 和过滤器（精度为 100μm）16 汇集到回收油箱 15 中。回收油箱上设置了液位控制器 18，可以根据回收油箱 15 液位的上限、下限自动起动、停止液压泵电动机组 1.7（液压泵的型号为 GDB-25YZW，电动机的功率为 1.1kW）。液压泵电动机组 1.7 起动时可将回收油箱的油液吸出，经过除水器 14 和回油过滤器精度为（10μm）排入主油箱的回油区。

5. 循环油路

循环油路属于油液过滤温控系统，其作用是保证试验台工作油液的清洁度并实现油温的自动控制。循环油路的叶片泵 1.6（型号为 45VQ-75A-1CR-10，流量为 360L/min）由功率为 7.5kW 的电动机 3.6 驱动。循环液压泵的工作压力由溢流阀 2.6 调定为 0.6MPa。循环油路还配置有：一台冷却器 7、一台吸油过滤器（精度为 100μm）、一台管路过滤器和回油过滤器（精度为 5μm）。

5.2.5　液压缸通用试验台的试验节拍

液压缸试验节拍是：每班次 7h 工作时间，产出 ≥30 根/班次。因此，试验台若按两工位同时测试安排，每工位 7h 工作时间完成必试项目试验的液压缸数量 ≥15 根，则单根试验总耗时间 ≤28min。因为每根被试液压缸的辅助时间约为 20min，所以单根液压缸完成必试项目试验时间 ≤8min。必试项目的试验时间见表 5-2。

表 5-2　必试项目的试验时间

序号	试验项目	试验时间/s	备注
1	第一次自重称重	3	
2	大流量冲洗	30×2＝60	≤2 次往返
3	试运行	60×3＝180	≤3 次往返，活塞杆停中间位置

（续）

序号	试验项目	试验时间/s	备注
4	起动压力特性试验	10	从无杆腔进油测试
5	活塞杆完全伸出	20	无杆腔进油
6	无杆腔耐压试验	40	调压10s，耐压30s
7	无杆腔保压试验	40	调压10s，保压30s
8	活塞杆完全收回	20	有杆腔进油
9	有杆腔耐压试验	40	调压10s，耐压30s
10	有杆腔保压试验	40	调压10s，保压30s
11	全行程检测	3	在试验过程中已自动检测行程
12	第二次称重	3	
	总计	459	必试项目试验时间小于8min

5.3 集中液压油源式液压缸出厂试验台

对于产量较高、产品规格较多的液压缸制造车间，往往需要配置多套液压缸出厂试验台，集中液压油源式液压缸出厂试验台就可以满足这些需求。集中液压油源式液压缸出厂试验台配有4~8台可同时运行的试验台架，这些台架可布置在车间不同生产线的试验工位上，但它们都共用一套液压油源，故称集中液压油源式液压缸出厂试验台。

5.3.1 集中液压油源式试验台的布局形式

集中液压油源式试验台的布局有两种形式。

（1）布局形式（一） 这种布局形式的每套试验台架就近配置单独的液压泵电动机组（包括用于液压缸往复运动试验的大流量泵和用于耐压、泄漏试验的高压小流量泵），所有试验台架的液压泵电动机组均共用一套油箱装置（包括循环过滤冷却系统、漏油回收处理系统）。集中液压油源式试验台布局形式（一）如图5-6所示。这种布局形式适合需同时运行多套试验台架，且每套试验台架被试液压缸的型号规格相似的液压缸制造车间。实际上，绝大多数有一定批量的液压缸制造车间都适合这种布局。

（2）布局形式（二） 这种布局形式的每套试验台架不配置单独的液压泵电动机组（个别较远的台架也只配置用于耐压、泄漏试验的高压小流量泵），所有试验台架共用公共的液压泵电动机组和油箱装置（包括循环过滤冷却系统、漏油回收处理系统）。集中液压油源式试验台布局形式（二）如图5-7所示。

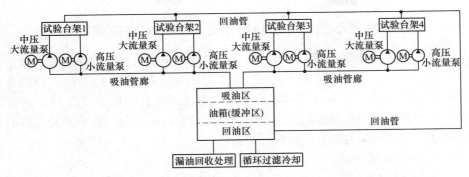

图 5-6　集中液压油源式试验台布局形式（一）

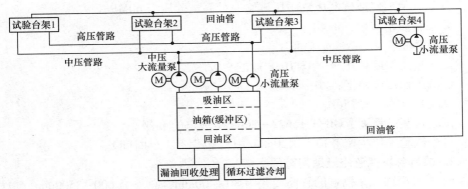

图 5-7　集中液压油源式试验台布局形式（二）

（3）电气配置　无论集中液压油源式试验台的布局采取以上哪种形式，试验台的计算机数据采集处理系统和电气控制系统均配装在中心控制台中，各试验台架的试验操控台通过工业以太网和中心控制台通信，可共用配置于中心控制台上位机中的计算机软件。集中液压油源式试验台的电气配置如图 5-8 所示。

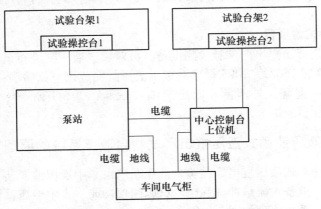

图 5-8　集中液压油源式试验台的电气配置

5.3.2 某型集中液压油源式液压缸出厂试验台的性能参数

某型集中液压油源式液压缸出厂试验台包括：集中式液压油源装置、每个试验工位的试验台架及液压装置（含液压泵电动机组、控制阀组）、电气控制及数据采集处理系统等。试验台采用集中液压油源式试验台布局形式（一）的供油方式，配置现有四个试验检测工位，预留四个试验检测工位。各个试验工位的试验可根据生产需要同时进行或部分同时进行。

1. 试验台技术参数

各个试验工位被试液压缸往复运动试验：流量≥200L/min，最大压力 16MPa。

各个试验工位被试液压缸耐压试验：最高试验压力 60MPa。

总泵站油箱容积：6600L。

工作介质：46#抗磨液压油。

油液过滤精度：优于 NAS 1638 标准 9 级。

油液工作温度范围：20～60℃。

试验台噪声：≤75dB。

试验台测试精度：GB/T 15622—2005 中规定的 B 级。

每个试验工位生产节拍：≤20min/根（包含上下件时间）。

2. 试验台被试液压缸适用范围

（1）车辆缸　车辆缸的缸筒内径为 80～400mm，总长为 600～3500mm，单根质量为 100～1500kg。此类液压缸配置两个试验台架，每个台架可放置两根液压缸，一根液压缸试验时，同时装夹另一根液压缸，试验台台面工作区长度不得小于 7m。

（2）工程缸　工程缸的缸筒内径为 $\phi120$～$\phi500$mm，总长为 2000～5500mm，单缸质量为 500～2500kg。此类液压缸配置两个试验台架，每个台架可放置两台液压缸，一台液压缸试验时，同时装夹另一台液压缸，试验台台面工作区长度不得小于 11m。

3. 试验台试验项目

本试验台是液压缸出厂试验检测设备，可对被试液压缸进行试验前的大流量冲洗，可按 GB/T 15622—2005 标准对被试液压缸完成以下试验项目：①试运行；②泄漏（包括内泄漏、外泄漏、低压泄漏）试验；③耐压试验；④行程检测；⑤起动压力特性试验。

5.3.3 集中液压油源式液压缸出厂试验台液压系统的原理

集中液压油源式液压缸出厂试验台液压系统由集中液压油源装置和试验工位液压装置组成，具备大流量冲洗和出厂试验两项功能。集中液压油源式液压缸出厂试验台的液压系统原理如图 5-9 所示。

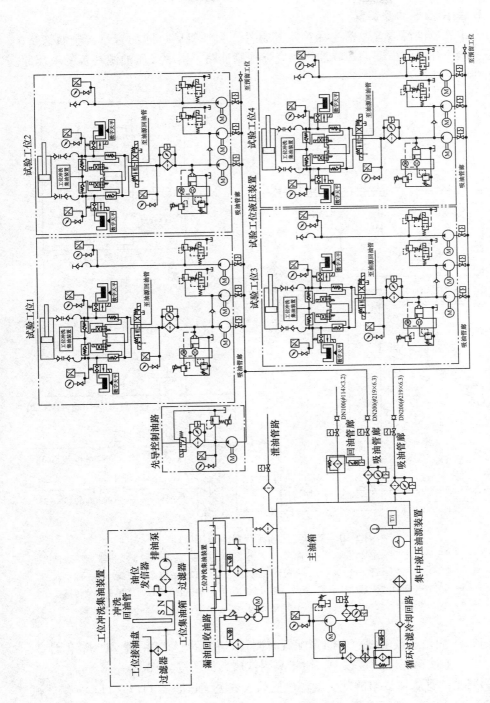

图 5-9　集中液压油源式液压缸出厂试验台的液压系统原理

1. 集中液压油源装置

集中液压油源装置包括主油箱及其附件、吸油管廊、回油管路、泄油管路、循环过滤冷却回路、漏油回收油路和先导控制油路。集中液压油源装置的液压原理如图5-10所示。

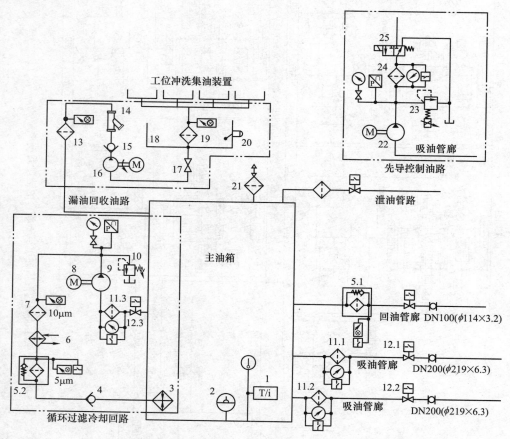

图 5-10　集中液压油源装置的液压原理

1—液温计　2—液位计　3—电加热器　4—单向阀　5.1、5.2、7、13—过滤器　6—热交换器　8—电动机
9—循环液压泵　10—溢流阀　11.1～11.3—吸油过滤器　12.1～12.3—蝶式截止阀　14—除水器
15—单向阀　16—回收液压泵　17—截止阀　18—回收油箱　19—吸油过滤器　20—油位传感器
21—空气滤清器　22—液压泵　23—比例溢流阀　24—出油过滤器　25—二通电磁阀

（1）主油箱及其附件　主油箱配置有附件，包括空气滤清器21、液位计2、液温计1。主油箱底部安置磁铁，用于吸附铁屑、铁粉等异物。

两路吸油管廊从油箱侧壁引出，包括插入式吸油过滤器11.1、11.2、蝶式截止阀12.1、12.2，管廊钢管的通径为200mm。每路吸油管廊可向四个工位（现有两个工位，预留两个工位）的液压泵电动机组供油。各试验工位的回油和泄油（清洗的回油需经漏油回收油路处理）分别汇流到总的回油管路和泄油管路中，经回油过滤器 5.1 流回主油箱。回油过滤器 5.1 为双筒旁通式回油过滤器，设有过压报警指示，当出现滤芯堵塞的现象时，可以在不停机状态下进行滤芯更换和维修。

（2）循环过滤冷却回路　循环过滤冷却回路的作用是通过将主油箱内油液抽吸到箱外，进行连续的过滤和冷却（或加热），再循环送入主油箱，达到保证试验油液清洁且油温符合标准的目标。

开启蝶式截止阀 12.3，循环液压泵 9 和电动机 8 将油箱内的油液经吸油过滤器 11.3 粗滤后，送入箱外循环油路。经第一级过滤器 7（精度为 10μm），冷却用热交换器 6，再经第二级过滤器 5.2（精度为 5μm）、单向阀 4、电加热器 3 后，返回油箱。热交换器 6 或电加热器 3 的冷却及加热功能的开启（或停止）受计算机系统控制，以保证油温与设定值的误差小于 4℃。循环液压泵 9 的压力由溢流阀 10 调定。

（3）漏油回收油路　漏油回收油路用于回收各试验工位被试液压缸冲洗时的回油和试验中的漏油。各试验工位的冲洗回油和试验漏油经工位冲洗集油装置收集处理后，又经吸油过滤器 19 汇入回收油箱 18，当油位传感器 20 发出高位信号时，回收液压泵 16 起动，使回收油箱 18 中的油经过除水器 14、过滤器 13 处理后，送入主油箱。

（4）先导控制油路　先导控制油路用于为各试验工位控制被试液压缸往复运动的电液换向阀提供先导控制油。先导控制油路由液压泵 22、比例溢流阀 23、出油过滤器 24 和二通电磁阀 25 组成。

2. 试验工位液压装置

试验工位液压装置为现有四个试验工位提供高压和中压的动力液压油，并完成被试液压缸试验过程所需的各种受控动作。现有四个试验工位的液压装置配置完全相同，以下只介绍试验工位 1 的液压装置。单工位液压装置的液压原理如图 5-11 所示。

被试液压缸两腔的压力由压力传感器 14.1、14.2 检测。工位液压装置配有两台内啮合齿轮泵 3.1、3.2（排量分别为 128mL/r 和 68mL/r），一台高压径向柱塞泵 3.3（型号为 PR4-3X/8.00，排量为 8mL/r）。三台驱动电动机 2.1、2.2、2.3 的功率分别为 63kW、37kW、15kW。齿轮泵 3.2 和柱塞泵 3.3 的压力分别由卸荷溢流阀 4.2、4.3 调节。齿轮泵 3.1 的压力或齿轮泵 3.1、3.2 合流后的压力由比例溢流阀 4.1 调节并由传感器 7 检测。三台液压泵分别经蝶阀 1.1、1.2、1.3 从吸油管廊中吸油。

对被试液压缸 16 进行大流量冲洗以及做试运行试验、低压泄漏试验、行程检测和起动压力特性试验时，用中压快换接头 15.1、15.2 连接被试液压缸 16 两腔的油口。由内啮合齿轮泵 3.1、3.2 供油（两台泵可单独运行其中一台，也可同时合流运行）。液压油经出油过滤器 6、电液换向阀 8 后，顶开液控单向阀 9.1（或 9.2），进入被试液压缸 16 驱动腔，被试液压缸 16 的往复运动由电液换向阀 8 控制。

试验工位液压装置中，大流量冲洗时的回油及正常试验时的回油分别流经不同的油路。进行大流量冲洗时，二位四通电磁阀 10.2（或 10.1）通电，被试液压缸 16 的回油经液控单向阀 9.4（或 9.3）进入工位冲洗集油装置。进行正常试验时，二位四通电磁阀 10.1、10.2 均不通电，被试液压缸 16 试验回油经液控单向阀 9.2（或 9.1）、电液换向阀 8 到回油管道。被试液压缸 16 做耐压试验、内泄漏试验时，将承压腔的中压快换接头 15.1、15.2 换成高压快换接头 15.3，由柱塞泵 3.3 提供液压油源。此时换向阀 8 处于中位，当承压腔压力升至试验规定压力时，被试液压缸 16 回油腔的泄漏油可经二通球阀 13.1（或 13.2）流到接油盘 12.1（或 12.2）中。泄漏油的质量可用数字天平检测。

3. 回油分路控制模块及工位冲洗集油装置的作用

（1）回油分路控制模块的作用　如图 5-11 所示，试验工位液压装置中，二位四通电磁阀 10.1 和 10.2，液控单向阀 9.1、9.2、9.3、9.4 构成被试液压缸 16 回油分路控制模块。该模块既保证试验时的回油经换向阀 8 回主油箱，又保证大流量冲洗时，被试液压缸 16 出口处杂质的回油不经过换向阀 8 进主系统，而是只通过回油分路控制模块的液控单向阀 9.4（或 9.3）后直接流入工位冲洗集油装置的工位冲洗集油装置。

（2）工位冲洗集油装置的作用　如图 5-12 所示，工位冲洗集油装置在试验台架上配置了工位接油盘，用于盛放试验过程中的漏油，该漏油经过滤后进入工位集油箱。工位集油箱配置电磁铁和滤网，以便除去液压油中的铁屑、污物。当工位集油箱液位达到设定高度后，起动排油液压泵将液压油送至漏油回收油路的回收油箱。

回油分路控制模块和工位冲洗集油装置的优点如下：

1）被试液压缸上台架后，先进行大流量的快速往复运行，大流量液压油对被试液压缸内腔和油道起到冲洗作用，总装中残留在被试液压缸内的铁屑、污物被冲洗到工位集油箱中，为后续做分离处理创造了条件。

2）保证了被试液压缸中的杂物不会流入试验台主换向阀及主系统，也保证了试验台油液的清洁度。既避免了油液污染对被试液压缸的损伤，又可延长试验台液压元件的寿命。

3）回油分路控制模块还可确保耐压和泄漏试验时，被试液压缸非承压腔油口的完全封闭。

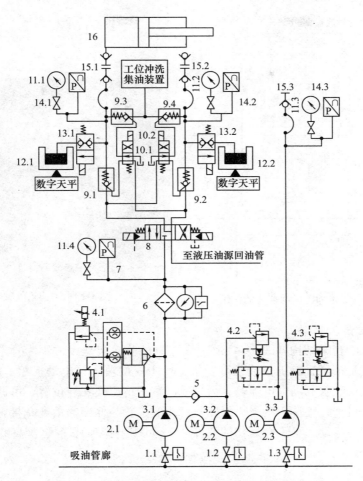

图 5-11　单工位液压装置的液压原理

1.1~1.3—蝶阀　2.1~2.3—电动机　3.1、3.2—内啮合齿轮泵　3.3—柱塞泵　4.1—比例溢流阀
4.2、4.3—卸荷溢流阀　5—单向阀　6—出油过滤器　7—传感器　8—换向阀　9.1~9.4—液控单向阀
10.1、10.2—二位四通电磁阀　11.1~11.4—压力表　12.1、12.2—接油盘　13.1、13.2—二通球阀
14.1、14.2—压力传感器　15.1、15.2—中压快换接头　15.3—高压快换接头　16—被试液压缸

5.3.4　集中液压油源式液压缸出厂试验台的结构特点

1. 主油箱

　　主油箱为开式油箱，采用厚度为 6mm 的不锈钢板加筋制作，容积为 6600L，有效容积为 5800L，外形尺寸（长×宽×高）为 2500mm×1900mm×1400mm。主油箱放置在高度为 1000mm 的型钢框架上。主油箱高架安放既便于各工位液压泵从吸油管廊吸油，又便于油箱附件在油箱下方的安装。主油箱外观如图 5-13 所示。

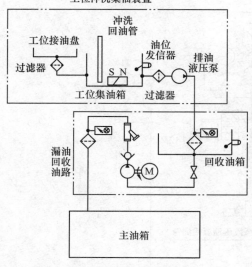

图 5-12　工位冲洗集油装置的作用

图 5-13　主油箱外观

2. 工位试验台架

工位试验台架结构如图 5-14 所示 。工位试验台架是以方钢为骨架的整体框架结构，其一端配置有工位液压装置柜，用于安放液压泵电动机组、液压阀组、工位冲洗集油装置和动力电器箱；另一端配置了可更换安装位置、可调整高度的活塞杆支撑机构，支撑机构采用聚四氟材质的滚轮与伸出的活塞杆接触，既不影响活塞杆伸缩运动，又不会划伤活塞杆。工位试验台架的试验区配置有两列 V 形

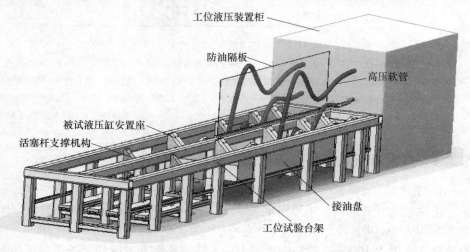

图 5-14　工位试验台架结构

被试液压缸安置座，可并排安放两台被试液压缸，被试液压缸通过高压软管接入工位液压装置。两列 V 形被试液压缸安置座之间设置防油隔板，下方配有接油盘。工位试验台架配置了气体增压器，可满足活塞杆缩回时的动力需求；设置了操作按钮控制盒，用于实现被试缸换向、停止和系统急停的操控。在每个工位试验台架的末端还设置了带开关阀的气动接口，可满足试验完成后，活塞杆缩回的动力需求。

3. 管路变径

集中液压油源式液压缸出厂试验台的布局决定了工位的液压泵要从吸油管廊吸油。但吸油管廊的通径很大（外径为 219mm），而液压泵吸油口的通径很小（内径为 50mm）。不但要实现差距如此大的变径还要保证流动平稳、无湍流、无气穴，只能采用圆弧过渡接管的变径焊接技术。圆弧过渡接管如图 5-15 所示。

图 5-15　圆弧过渡接管

5.3.5　集中液压油源式液压缸出厂试验台电气数据采集系统

试验台电气数据采集系统主要由 PLC 测控系统、温度控制模块、上位机系统、电缆等组成。试验台电气数据采集系统的组成框图如图 5-16 所示。电气控制和数据采集系统全部采用西门子 S7-300 系列 PLC 进行，PLC 测控系统由 PLC 控制器（CPU 模块）、AI 模块、AO 模块、DI/DO 模块以及通信模块等组成。其功能是实现对试验操控动作的控制，对压力、温度、位移等数据的采集，对液压系统压力进行控制（主要是对比例溢流阀的控制），对油温控制器的控制和数据采集，并完成与上位机系统间的信号传输。具体内容包括：

1）油温检测、水冷系统和加热器的起停控制。

2）根据主油箱液压油的清洁度情况，起停循环过滤系统并发出滤芯堵塞报警。

3）工位液压泵电动机的起停，试验压力的控制。

4）工位液压装置各检测点的压力检测、油温检测、过滤器堵塞检测、被试液压缸内泄漏量及线位移检测。

5）试验台各种操控动作及报警输出。

PLC 通过工业以太网总线与上位计算机进行通信，上位计算机对 PLC 采集的数据进行处理、存储并形成试验报表。上位计算机还能够为各工位的试验操控台提供控制信号，以便在试验操控台上完成试验动作控制；上位计算机还能够将 PLC 采集的实时数据（或实时曲线）送到各试验操控台的显示界面上，方便试验员及时查看。试验操控台的显示界面可显示各试验压力、最低起动压力、油液

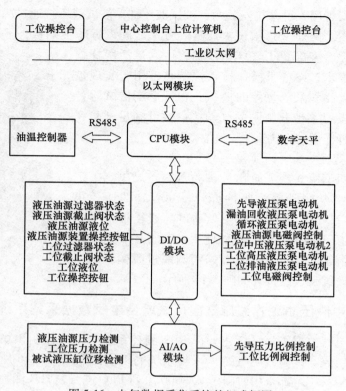

图 5-16 电气数据采集系统的组成框图

温度、被试液压缸往复换向次数、保压时间等数据。试验操控台的面板上还安装有远程调压阀、操控按钮及各种数显仪表。

上位计算机为研华工业控制计算机。PLC 系统包括：西门子 PLC S300 CPU（带 LAN）、PLC 64 路 DI/DO 模块、PLC 24 路 4~20mA 电流量输入模块、PLC 8 路电压量输入模块、PLC 8 路电压量输出模块、64KB 程序存储器、RS485 模块、PLC 用 5A 电源。

5.4 采用加载液压缸的大型液压缸性能试验台

本书 3.3 节介绍了液压缸性能试验的加载方式，在 3.3.3 节中，以图 3-9 为例说明了一种液压缸对顶加载的试验原理，其特点是被试液压缸所受的加载力是由加载液压缸主动施加的。本节将介绍另一种液压缸对顶加载的试验原理。该原理试验回路中，加载液压缸未配置单独高压供油系统，而是在加载液压缸的回油路上设置了加载溢流阀；当被试液压缸驱动加载液压缸时，加载溢流阀在加载液压缸的回油腔内产生高压，对被试液压缸施加作用力加载。这种液压缸对顶加载的回路，可称为加载液压缸被动加载回路。

5.4.1　采用加载液压缸的大型液压缸性能试验台概述

采用加载液压缸的大型液压缸性能试验台主要用于大型液压缸的型式试验和出厂试验，同时也可用于液压缸维修时的性能检测。

1. 试验台技术参数

试验压力调节范围：0~35MPa（可调）。

耐压试验最大压力：52.5MPa。

试验流量调节范围：10~450L/min。

被试液压缸内径范围：ϕ125~ϕ320mm。

被试液压缸最大行程：6000mm。

测量精度等级：B 级。

试验油液清洁度：固体颗粒污染等级代号不高于 GB/T 14039—2002 标准中规定等级代号 19/16。

试验油液温度控制：（50±2）℃。

2. 试验台测试项目

采用加载液压缸的大型液压缸性能试验台的测试项目包括：①试运行；②起动压力特性试验；③耐压试验；④耐久性试验；⑤泄漏试验；⑥缓冲试验；⑦负载效率试验；⑧行程检测。

5.4.2　采用加载液压缸的大型液压缸性能试验台液压系统的原理

采用加载液压缸的大型液压缸性能试验台的液压原理如图 5-17 所示。液压系统由主试验回路、加载回路、高压回路、漏油回收油路、循环过滤冷却回路组成。

1. 主试验回路

主试验回路为被试液压缸 13 的试验（除耐压试验外）提供压力可控、流量可调的液压油源，并实现被试液压缸的运动控制及换向。压力油由液压泵 2.1、2.2 提供。液压泵 2.1 为 A4VSO180DR 型轴向变量柱塞泵，由功率为 175kW 的电动机 1.1 驱动；液压泵 2.2 为 A4VSO125DR 型轴向变量柱塞泵，由功率为 125kW 的电动机 1.2 驱动。两台液压泵可分别单独运行，也可同时运行。每台液压泵的排量均可调节，以满足试验要求，液压泵 2.1、2.2 的流量调节范围为 10~450L/min。液压泵 2.1、2.2 输出的压力油经过滤精度为 10μm 的高压过滤器 7.1 后，压力由压力传感器 3.1 检测，部分油液经溢流阀 8.1 减压为 5MPa（由压力传感器 3.2 检测）的先导控制油，蓄能器 5 起稳定压力及储能作用。试验流量由流量计 4 检测、压力由比例溢流阀 9.1 调节。当被试液压缸 13 所需流量较小时，电液换向阀 12

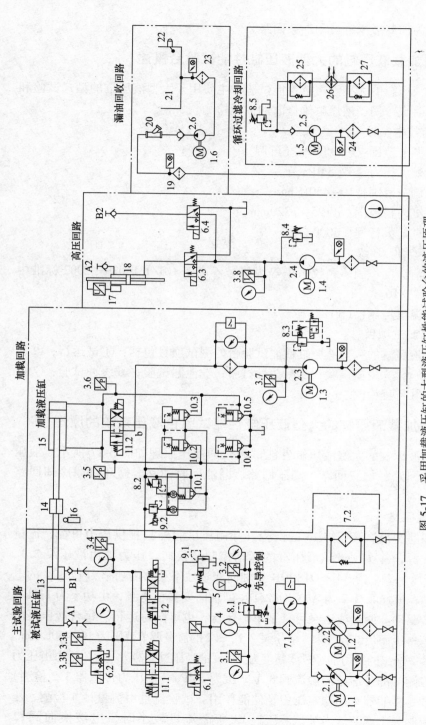

图 5-17 采用加载液压缸的大型液压缸性能试验台的液压原理

1.1~1.6—电动机 2.1~2.6—液压泵 3.1~3.8—压力传感器 4—流量计 5—蓄能器 6.1~6.4—电磁球阀 7.1—高压过滤器 7.2—回油过滤器 8.1—减压阀 8.2~8.5—溢流阀 9.1、9.2—比例溢流阀 10.1~10.5—二通插装阀 11.1、11.2—电磁换向阀 12—电液换向阀 13—被试液压缸 14—力传感器 15—加载液压缸 16—位移传感器 17—精密位移传感器 18—计量缸 19—过滤器 20—除水器 21—回收油箱 22—油位发信器 23、24—吸油过滤器 25、27—回油过滤器 26—冷却器处于中位，电磁球阀 6.1 通电，液压油经电磁换向阀 11.1 进入被试液压缸 13；当被试液压缸 13 所需流量较大时，电液换向阀 12 处于中位，电磁球阀 6.1 断电，液压油经电液换向阀 12 进入被试液压缸 13。被试液压缸 13 无杆腔压力由压力传感器 3.3a 检测，当无杆腔压力小于 3MPa 时，电磁球阀 6.2 通电，切换为采用小量程传感器 3.3b 检测。主试验回路的回油经精度为 20μm 的回油过滤器 7.2 回油箱。

2. 加载回路

加载回路的作用是在加载液压缸 15 的加载腔形成高压，通过对顶的活塞杆施加负载力给被试液压缸 13，使被试液压缸 13 的承压腔产生试验所需的压力。本试验台的加载回路为被动加载回路。

辅助液压泵 2.3 由电动机 1.3 驱动，输出压力由溢流阀 8.3 调节。在试验准备阶段，当需要调节加载液压缸 15 的活塞杆伸出位移，以便和被试液压缸 13 连接并安装力传感器 14 时，起动液压泵 2.3，由电磁换向阀 11.2 控制加载液压缸 15 活塞位移。正常试验时，电磁换向阀 11.2 处于中位，辅助液压泵 2.3 不起动，加载液压缸 15 活塞杆靠被试液压缸 13 推动缩回或拉动伸出。以被试液压缸 13 活塞杆伸出为例，被试液压缸 13 无杆腔进压力油、有杆腔回油，加载液压缸 15 活塞杆被推动缩回。加载液压缸 15 无杆腔的回油经二通插装阀 10.3，打开二通插装阀 10.1 后回油箱；加载液压缸 15 有杆腔的补油由高位油箱的油通过二通插装阀 10.4 后进行。加载液压缸 15 无杆腔的回油压力由比例溢流阀 9.2 调节，溢流阀 8.2 起安全阀作用。即被试液压缸 13 无杆腔进压力油、活塞杆伸出时，加载液压缸 15 活塞杆缩回、加载液压缸 15 无杆腔为加载腔。被试液压缸 13 无杆腔的工作压力由加载液压缸 15 无杆腔的背压决定，由比例溢流阀 9.2 调节。被试液压缸 13 活塞杆缩回时，工作原理与被试液压缸 13 活塞杆伸出时的相同。只是加载液压缸 15 有杆腔为加载腔，有杆腔的回油经二通插装阀 10.2，打开二通插装阀 10.1 后回油箱，加载压力仍由比例溢流阀 9.2 调节。

3. 高压回路

高压回路用于为耐压试验提供最高压力为 60MPa 的液压油，并可同时完成内泄漏测试。

回路采用一台小流量液压泵 2.4（型号为 R11.65 的径向柱塞泵）和一台功率为 15kW 的电动机 1.4 做动力源，输出高压油的压力由溢流阀 8.4 调节，最大输出压力为 60MPa。试验时，将高压管接头 A2、B2 分别与被试液压缸 13 两腔的油口连接，用耐高压电磁球阀 6.3、6.4 分别控制被试液压缸 13 的两腔接通高压或接通油箱，以进行被试液压缸 13 的耐压试验。在耐压试验进行的同时，可用由计量缸 18 及与其活塞杆配接的精密位移传感器 17 来检测被试液压缸 13 的内泄漏。

4. 漏油回收油路

漏油回收路由回收油箱 21、油位发信器 22、回收液压泵电动机组（1.6 和 2.6）、吸油过滤器 23、过滤器 19（精度为 10μm）和除水器 20 组成。液压缸试验时，管路拆装过程泄漏的油液通过接油盘流到回收油箱 21，当回收油箱 21 中油液达到一定高度时，油位发信器 22 控制回收液压泵电动机组（1.6 和 2.6）自动开启，将泄漏油通过吸油过滤器 23、除水器 20 和过滤器 19 过滤后输至主油箱，避免浪费和污染环境。

5. 循环过滤冷却回路

循环过滤冷却回路由一台低噪声螺杆泵电动机组（1.5 和 2.5）、吸油过滤器 24、两级回油过滤器（25 和 27）、冷却器 26、溢流阀 8.5 和温控系统组成，用于对主油箱中的油液进行循环过滤和冷却，以保证试验油液油温和清洁度的合格。

5.4.3 采用加载液压缸的大型液压缸性能试验台架

采用加载液压缸的大型液压缸性能试验台架是试验台的主体结构，用于加载液压缸、被试液压缸以及辅助装置的安装固定。采用加载液压缸的大型液压缸性能试验台架如图 5-18 所示。

图 5-18　采用加载液压缸的大型液压缸性能试验台架

1、10—反力支座　2—被试液压缸　3.1、3.2—滑动小车　4—中支座　5—传力杆　6—基础底座
7—圆柱横梁　8—直线滑动导轨　9—加载液压缸　11—大螺母　12—油路集成块阀台

采用加载液压缸的大型液压缸性能试验台架由基础底座 6、反力支座（1 和 10）、中支座 4、传力杆 5、圆柱横梁 7、大螺母 11、直线滑动导轨 8、滑动小车（3.1 和 3.2）等部分组成。油路集成块阀台 12 是用于试验操作和控制的液压回路的。台架整体采用框架式结构，反力支座（1 和 10）用高强螺栓与基础底座刚性连接，基础底座和通过两根圆柱横梁 7 传递加载力的反力支座（1 和 10）构成受力闭合的框架。在反力支座（1 和 10）的两端，圆柱横梁用矩形螺纹的大螺母 11 限位连接，加载时，圆柱横梁 7 主要承受拉力。中支座 4 对圆柱横梁 7 的中部起支撑作用。被试液压缸 2 的缸筒端安装在反力支座 1 中心的环形座上，被试缸的活塞杆端安装在滑动小车 3.1 的中心座上。加载液压缸 9 的活塞杆端安装在滑动小车 3.2 的中心座上，加载液压缸 9 的缸筒安装在反力支座 10 中心的环形座上。滑动小车（3.1 和 3.2）可沿安装在基础底座 6 上的直线滑动导轨 8 滑移，以调节加载液压缸 9 和被试液压缸 2 活塞杆端的安装位置。滑动小车（3.1 和 3.2）之间装有传力杆 5，传力杆 5 的长度可变，以适应不同型号被试液压缸

的行程变化，其作用是将加载液压缸 9 的加载力传递给被试液压缸 2。该试验台架最大可承受 2000kN 的加载力。

5.4.4　采用加载液压缸的大型液压缸性能试验台计算机测控系统

采用加载液压缸的大型液压缸性能试验台计算机测控系统主要实现液压系统控制、试验操作控制、数据采集检测、试验结果显示输出、系统故障监测报警与安全保护等功能。

1. 计算机测控系统硬件

计算机测控系统硬件主要有：工控机、NI 数据采集处理板卡、模拟信号调理箱、数字信号调理箱、PLC、传感器和电器元件、操作面板、计算机操作柜、线性电源、不间断电源设备（UPS）、控制柜柜体及相关电缆等附件组成。除了各种传感器、某些电气开关元件接插件安装在液压泵站、阀台和试验台架上以外，计算机控制系统硬件的主要元件都集成装配在电气控制柜的柜体中。

电气控制柜内部布置如图 5-19 所示。触摸显示屏用于显示测控软件人机界

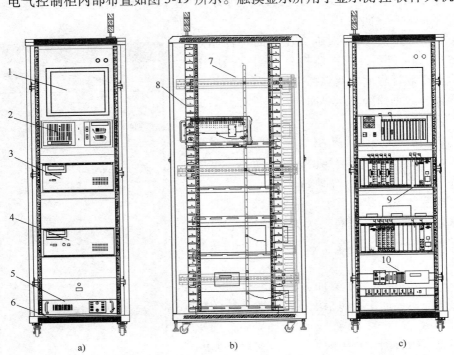

图 5-19　电气控制柜内部布置

a）正面　b）侧面　c）后面

1—触摸显示屏　2—工业控制计算机　3—模拟信号调理箱　4—数字信号调理箱　5—UPS

6—控制柜柜体　7—接线端子排　8—线槽　9—PLC　10—低压电器元件

面、检测数据和实时曲线，还可进行试验操作控制和系统参数设置。工业控制计算机内装 NI 数据采集处理板卡。模拟信号调理箱 3 可将各传感器输送来的不同量程的电压或电流信号均转换为 NI 数据采集处理板卡所需输入的 0～5V 直流电压信号。数字信号调理箱用于数字信号和脉冲信号的 I/O 隔离，以防干扰。UPS 用于系统突然断电时，保证计算机测控系统能够维持 15min。

2. 计算机测试软件

（1）测试软件功能 测试软件具有良好的人机交互界面，能够实时显示各种检测数据、测试曲线和测试结果。测试软件可对试验系统的试验类型、采集通道设置、端口设置、显示参数等进行设置和调整，可对传感器进行软件校准。测试软件能够按照测试标准对被试液压缸进行所有规定的试验测试，还可选择其中某一项或几项进行单独测试。测试软件具有数据存储、输出、处理、打印、查询、数据库管理、测试数据格式转换、历史曲线查询等功能。数据库管理功能可对数据库进行备份、清除、恢复操作；测试数据格式转换功能可以在 txt，dat，xls 等格式之间相互转换；历史曲线查询功能用于浏览查询被保存的已经试验过的液压缸的测试曲线。

（2）测试软件的人机交互界面 控制系统软件的人机交互界面在监控单元的触摸屏上运行。监控软件界面主要包括初始化界面、操作面板界面、数据曲线显示界面、数据保存和数据处理界面等部分。

1）初始化界面。初始化界面如图 5-20 所示。

2）操作面板界面。如图 5-21 所示，操作面板界面主要完成液压缸项目选择、试验参数设置、检测数据与状态显示。界面顶部为试验项目选择，主界面自左至右依次为调节阀调节指令、电磁阀开关指令、试验台模拟量和开关状态的在线显示。

3）数据曲线显示界面。如图 5-22 所示，数据曲线显示界面主要包括液压缸试验系统的数据实时显示。用户可以通过显示选择界面，选择所需要显示的数据，相关数据便可以实时波形方式显示，且显示区域可缩放调整。

4）数据处理保存界面。如图 5-23 所示，数据处理保存界面主要作用为试验数据处理、生成试验报告、保存及查询试验数据。在界面顶部可

图 5-20 初始化界面

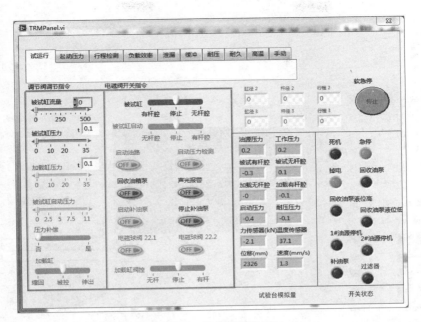

图 5-21　操作面板界面

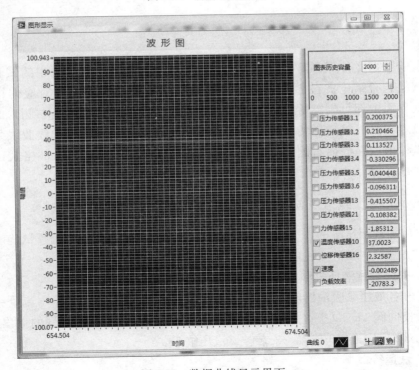

图 5-22　数据曲线显示界面

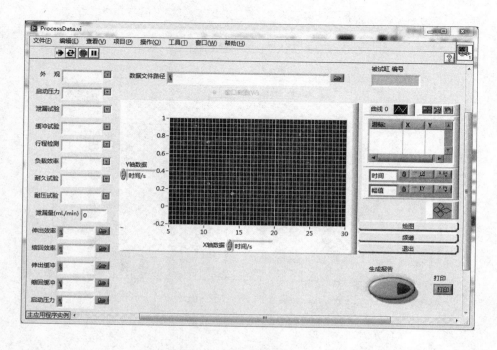

图 5-23　数据处理保存界面

选择试验数据文件保存路径及文件名；在界面左侧上部可对所选中的试验项目填写试验检验结论；在界面左侧下部可选择选中的试验项目所对应的检测数据；在界面中部可浏览所选择检测数据对应的试验曲线；在界面右侧为曲线的图形设置工具，可选择曲线的纵横坐标比例，可设置用游标线选读曲线某点的纵横坐标值；在界面右侧下部有生成报告按钮，可直接生成 Excel 格式试验报告并输出保存。

5.4.5　采用加载液压缸的大型液压缸性能试验台测试方法

采用加载液压缸的大型液压缸性能试验台对被试液压缸进行出厂试验时，试验操作流程及各试验项目的试验方法如下（参照图 5-17）。

1. 安装被试液压缸和加载液压缸

打开各液压泵吸油口球阀，起动电动机 1.3，使液压泵 2.3 输出流量。分别使电磁换向阀 11.2 左、右电磁铁通电，调整加载液压缸 15 活塞杆的伸出位置，以便和被试液压缸 13 连接。安装被试液压缸 13。

2. 试运行

1）将被试液压缸 13 进、出油口分别与 A1、B1 管路连接。被试液压缸 13

与加载液压缸 15 脱开。

2）根据试验流量大小，调节液压泵 2.1 和液压泵 2.2 的排量，选择起动其中一台液压泵或两台液压泵。

3）调节比例溢流阀 9.1，将系统压力调至使被试液压缸 13 正常起动。

4）控制电液换向阀 12 左右电磁铁分别通电，使被试液压缸 13 活塞杆全部伸出与收回。

5）控制被试液压缸 13 全程往复运动 3~5 次，试验完毕，电液换向阀 12 电磁铁全部断电。

3. 行程检测试验

试运行过程中，用位移传感器 16 检测被试液压缸 13 的行程。

4. 起动压力特性试验

1）被试液压缸 13 与加载液压缸 15 脱开。

2）调节液压泵 2.1 排量为较小，起动电动机 1.1，使系统输出较小流量。电磁球阀 6.1 得电，通过电磁换向阀 11.1 控制被试液压缸 13 活塞运动。电磁球阀 6.2 得电，切换为小量程压力传感器 3.3b。

3）电磁换向阀 11.1 左端得电（压力油进无杆腔，活塞杆伸出）。

4）调节比例溢流阀 9.1 控制电流，使系统压力由 0 逐渐缓慢升高，当位移传感器 16 监测到液压缸开始有位移输出时，采集压力传感器 3.3b 的压力值。此压力值为被试液压缸 13 的最小起动压力。

5. 泄漏试验

1）将被试液压缸 13 与加载液压缸 15 连接。电磁换向阀 11.2 左、右电磁铁均断电。

2）调节液压泵 2.1 排量，起动电动机 1.1，使液压泵 2.1 输出试验流量。电磁球阀 6.1 得电，通过电磁换向阀 11.1 控制被试液压缸 13 活塞运动。使被试液压缸 13 活塞停止在需测内泄漏的位置。

3）调整比例溢流阀 9.2 至较大压力，被试液压缸 13 无杆腔供油，逐渐调高比例溢流阀 9.1，通过压力传感器 3.3 和温度传感器测量，直至被试液压缸 13 达到额定压力。

4）电液换向阀 12 一端得电，使被试液压缸 13 一端进高压油，同时调节相应的加载液压缸 15 回路比例溢流阀 9.2，使其能够运动。

5）当加载液压缸 15 活塞运动至某一位置时，调节比例溢流阀 9.2，使运动停止。保持此状态，打开被试液压缸 13 有杆腔油口。用量杯放在接头处，测一定的时间内的内泄漏量。

6）外泄漏可在液压缸试验过程中观测，按 JB/T 10205—2010 规定，不得有油液渗出。试验完成后，活塞杆上的油膜不足以形成油滴或油环。

7）试验完毕，关闭各电磁阀。

6. 缓冲试验

1）根据被试液压缸 13 的规格与设计速度，计算被试液压缸 13 的最大流量，然后估算流量阀 5 的给定信号，给定流量阀 5 电信号，使液压缸运行速度满足被试液压缸 13 速度要求。

2）调节加载回路比例溢流阀 9.1 为被试液压缸 13 额定压力的 65%，调节加载回路比例溢流阀 9.2 使被试液压缸 13 工作压力升高至额定压力的 50%。

3）使被试液压缸 13 在设计最高速度，50% 额定压力下运行。

4）调节液压缸缓冲装置，液压缸满行程运行几次，计算机绘制被试液压缸 13 速度与时间的曲线，对比试验时计算机绘制的曲线。

7. 负载效率试验

1）加载液压缸 15 和力传感器 14 与被试液压缸 13 连接在一起。

2）调节流量阀 5 至试验需要的流量。

3）调节比例溢流阀 9.1，使主系统压力升至液压缸额定压力。

4）电液换向阀 12 左侧得电，控制比例溢流阀 9.2，使加载液压缸 15 压力为一定值。被试液压缸 13 与加载液压缸 15 匀速运动。

5）计算机时刻采集力传感器 14、压力传感器 3.3 和 3.4 的数值，并计算被试缸出力的大小。出力大小 F 为被试液压缸的有效面积和对应的压力的乘积与另一腔的压力与有效面积的乘积之差。

6）计算力传感器 14 数值与出力大小 F 计算数值之比。且以负载效率作为纵坐标，再以主系统压力 p 为横坐标绘作负载效率特性曲线。

7）电液换向阀 12 右得电，同样的方法测得拉力效率。

8. 耐久性试验

1）调节流量阀 5 至试验需要的流量，设定主系统压力为被试液压缸 13 额定压力。

2）调节比例溢流阀 9.2，使加载液压缸 15 提供负载满足被试液压缸 13 压力要求，使被试液压缸 13 以最高速度连续运行，计算机控制电液换向阀 12 换向进行与位移传感器配合使用，使被试液压缸 13 连续运行 8h 以上。

3）试验期间，被试液压缸 13 零件均不得进行调整，记录被试液压缸 13 累计行程和换向次数。

①对于双作用液压缸和活塞式单作用缸，活塞行程 $L \leqslant 500\text{mm}$，累计行程 $\geqslant 100\text{km}$；活塞行程 $L > 500\text{mm}$，允许行程按 500mm 换向，累计换向次数 $N \geqslant 20$ 万次。

②对于柱塞单作用液压缸，柱塞行程 $L \leqslant 500\text{mm}$，累计行程 $\geqslant 75\text{km}$；柱塞行程 $L > 500\text{mm}$，允许行程按 500mm 换向，累计换向次数 $N \geqslant 15$ 万次。

③多级套筒式单、双作用液压缸，当套筒行程 $L \leqslant 500\text{mm}$，累计行程 ≥ 50km；当套筒行程 $L > 500\text{mm}$，允许行程按 500mm 换向，累计换向次数 $N \geqslant 10$ 万次。

4）试验完毕，恢复电磁铁掉电状态。

9. 耐压试验

使被试液压缸活塞分别停留在行程两端，将液压缸进、出油口分别与超高压油口 A2、B2 管路连接。

1）接通超高压油源，打开球阀。

2）缓慢调节高压打压油源压力，直到压力传感器的数值为被试液压缸 13 额定压力的 1.5 倍为止，压力上升期间，如果出现泄漏等异常现象，应暂停试验，仔细查看判明原因后方可继续试验。

3）分别使电磁球阀 6.1、6.2 电磁铁通电，测试被试液压缸 13 有杆腔和无杆腔耐压状况，保压 2min，观察、记录试验结果。

10. 试验完毕

关闭球阀，各电磁阀断电。

11. 被试液压缸内油液回收

当试验结束时，需拆下被试液压缸 13，缸内油液按以下步骤操作回收：

1）打开电磁球阀 6.1，调整溢流阀 8.1，电磁换向阀 11.1 左测得电，使其为被试液压缸 13 无杆腔供油，通过高压油使被试液压缸 13 活塞完全伸出，电磁换向阀 11.1 断电。

2）拆掉被试液压缸 13 有杆腔软管，电液换向阀 12 右侧得电、电磁换向阀 11.2 右侧得电，被试液压缸 13 无杆腔的油液通过电液换向阀 12 回油箱，待其完全收回，关闭供油，拆下被试液压缸 13，试验结束。

12. 漏油回收与被试液压缸拆卸更换

试验过程中的泄漏油液及更换被试液压缸 13 拆卸管路过程中泄漏油液，统一回收于台架下方的小油箱中，当油液达到报警液位，油位发信器 22 发信报警，液压泵 2.6 自动开启，当油液低于最低下限位时，液压泵自动停止。

5.5　液压缸试验中的微小内泄漏量检测技术

5.5.1　液压缸试验的相关标准

有关液压缸性能试验的标准包括：GB/T 15622—2005《液压缸试验方法》和 JB/T 10205—2010《液压缸》。

1. GB/T 15622—2005 中的规定

液压缸试验方法适用于以液压油（液）为工作介质的液压缸（包括双作用液压缸和单作用液压缸）的型式试验和出厂试验。液压缸出厂试验的液压系统原理如图 5-24 所示。液压缸内泄漏的试验方法：使被试液压缸工作腔进油，加压至额定压力或用户指定压力，测定经活塞泄漏至未加压腔的泄漏量。由图 5-24 可见，流量计 10 是采用串联方式安装在被试液压缸未加压腔回油路上的，泄漏量可直接通过流量计 10 检测。

2. JB/T 10205—2010 中的规定

液压缸内泄漏量检测合格的标准。双活塞杆液压缸的内泄漏量不得大于表 5-3 的规定，活塞式单杆液压缸的内泄漏量不得大于表 5-4 的规定。

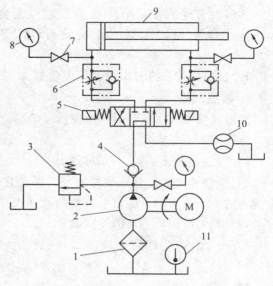

图 5-24　液压缸出厂试验的液压系统原理
1—过滤器　2—液压泵　3—溢流阀　4—单向阀
5—电磁换向阀　6—单向节流阀　7—高压截止阀
（压力表开关）　8—压力表　9—被试液压缸
10—流量计　11—油温计

表 5-3　双活塞杆液压缸的内泄漏量

液压缸内径 D/mm	内泄漏量 q_V/(mL/min)	液压缸内径 D/mm	内泄漏量 q_V/(mL/min)
40	0.03	180	0.63
50	0.05	200	0.70
63	0.08	220	1.00
80	0.13	250	1.10
90	0.15	280	1.40
100	0.20	320	1.80
110	0.22	360	2.36
125	0.28	400	2.80
140	0.30	500	4.20
160	0.50		

表 5-4   活塞式单杆液压缸的内泄漏量

液压缸内径 D/mm	内泄漏量 q_V/（mL/min）	液压缸内径 D/mm	内泄漏量 q_V/（mL/min）
40	0.06	110	0.50
50	0.10	125	0.64
63	0.18	140	0.84
80	0.26	160	1.20
90	0.32	180	1.40
100	0.40	200	1.80

5.5.2   现有内泄漏检测技术的缺陷

所谓检测技术既包含检测设备（含仪表）又涉及检测方法。因为合格液压缸的内泄漏量非常微小，所以在液压缸试验中内泄漏的检测历来是液压试验检测的难点。现在通用的内泄漏检测方法有：①直接流量检测法，试验的液压原理如图 5-24 所示；②活塞杆位移折算法，通过检测泄漏量产生的活塞杆位移进行折算；③压降折算法，通过检测密闭容腔因泄漏流量而产生的压降进行折算。

直接流量检测法就是 GB/T 15622—2005 中规定的试验方法。采用对顶或死挡铁方式将液压缸活塞杆固定在某位置，通过液压泵给液压缸无杆腔加压，在有杆腔出口用量杯或精密涡轮流量计或精密齿轮流量计检测泄漏量。JB/T 10205—2010 中规定的液压缸内泄漏指标的合格值很小，内径为 100mm 的液压缸内泄漏指标仅为 0.4mL/min，内径为 160mm 的液压缸内泄漏指标仅为 1.2mL/min。现有的各种流量传感器和流量计均不能实现 1mL/min 流量的检测且检测精度达到 2.5%。例如，表 5-5 列出的国际上最精密齿轮流量计的最小检测流量为 2mL/min，这显然不能实现 1mL/min 流量的检测。

表 5-5   精密齿轮流量计的参数

型号	测量范围/（L/min）	K 系数/（脉冲/升）	最高压力/bar	误差
ZHM 01/3KL	0.002~0.5	40.000	315	0.5%

现有流量计无法实现 1mL/min 流量检测的原因如下：

（1）微小流量不能使现有流量计的传感元件产生转动   液压试验中，目前常用的流量计有：椭圆齿轮流量计、涡轮流量计和齿轮流量计。这些流量计的传感元件分别为：椭圆齿轮、涡轮和齿轮。被测流量进入流量计，使传感元件产生转动，转动的角位移和通过流量成正比；计量传感元件单位时间的角位移大小，即可实现流量检测。

1）椭圆齿轮流量计（图 2-3）和齿轮流量计（图 2-5），椭圆齿轮和齿轮是容积式传感元件，齿轮转动的角位移直接与被测流量的体积相关。

由于一对啮合的椭圆齿轮或齿轮并不能将流量计的进出腔完全隔绝，所以在椭圆齿轮流量计和齿轮流量计的进出腔间存在一定的内泄漏，这个内泄漏未能参与传感元件的转动，因而不会被计量。这个内泄漏与流量计的精度和量程有关，但是最小量程最精细制造的齿轮流量计的内泄漏也大于相同精细制造等级的液压缸的内泄漏。所以即使用最精细制造的齿轮流量计也无法准确测量相同精细制造等级的液压缸内泄漏量。

2）对于涡轮流量计，涡轮是液动力式传感元件，其靠液动力将流速转变为对应的涡轮角速度。但是涡轮存在阻尼，当流量过小、流速过低时，液动力不足以驱动涡轮产生角速度，所以也测不出微小流量。

（2）现有流量计的发信计数器不能识别微小的角位移　涡轮流量计和齿轮流量计靠脉冲计数进行传感元件角位移的度量。流量计壳体上设置有 n 只检测轮齿转过次数的非接触式的脉冲检测器。旋转一周，每个齿产生 n 个脉冲，最终产生与流量成比例的脉冲频率信号，进而得出流量值。受结构尺寸和避免出现发信相位重复（两个脉冲同时出现）的限制，圆周上脉冲检测器的数量不可能超过10。对于齿数为 9 的齿轮流量计，若圆周上装 8 只脉冲检测器，则小于 5° 的角位移无法被测出，导致与小于 5° 的角位移对应的油液体积也无法被测出。

因为没有可用的精密流量计，所以目前采用直接流量检测法测液压缸内泄漏时，只好采用量杯计量 10～30min 内的泄漏量。由于量杯测量持续的时间很长，无法满足出厂试验对试验节拍的要求，所以许多厂家对内泄漏试验只能采取"抽测"模式。此外，量杯测量的是某较长时间段内泄漏量的累积值，无法获得瞬时在线值。

本书中试验工位液压装置里介绍的用数字天平检测内泄漏量的方法，也存在许多实际问题。虽然数字天平的计量非常精密，但仍旧无法测量内泄漏油液这种间断地滴入液体盒，且每两滴之间的间隔时间不均匀的内泄漏量，间隔时间不光与泄漏量有关，还与管壁的材质、粗糙度有关。所以这种方法既不能得到泄漏量的瞬时在线值，同时检测数据也存在失真。

采用活塞杆位移折算法测内泄漏时，先将液压缸运行至某位置后，将液压缸两腔的油口均封死，在液压缸活塞杆端施加确定的拉力或推力，使液压缸两腔的压差等于额定压力。两腔间产生的内泄漏将使活塞杆缩回或伸出，通过检测液压缸活塞杆的位移即可计算泄漏量。由于合格液压缸的泄漏流量微小，所以产生明显位移的时间也较长（约 1h）。

至于压降折算法则是使用液压泵给液压缸无杆腔加压，将液压缸活塞杆全部伸出，运行至终端位置，将无杆腔压力升至额定压力后封闭无杆腔油口，用精密压力表检测确定时间段（例如 60min、200min 等）内无杆腔压力的降低值。再用此压降值依据油液的弹性模量去计算泄漏量。显然，该方法所需的检测时间也较长。

5.5.3　用于微小流量检测的计量缸

计量缸是一种用于微小流量检测的精密装备，它可承受高压，能实现瞬时微小流量的在线检测。计量缸主要由泄漏量为零的精密双作用活塞液压缸和可在线检测液压缸活塞位移的精密位移传感器组成。

1. 精密双作用活塞液压缸

在计量缸中，精密双作用活塞液压缸的作用是作为微小流量传感器。它可输入微小流量信号，输出与流量信号成比例的位移信号。

（1）性能特点　要保证输入的微小流量信号与输出的位移信号成比例且没有死区，就必须使作为微小流量传感器的活塞液压缸没有内泄漏（零泄漏）。同时，还要使被测流量进出该精密活塞液压缸时，产生的压降近似为0，以免影响被试液压缸内泄漏的流动参数，造成测量误差。所以，精密活塞液压缸应是零泄漏且基本无阻尼的。为此，必须在设计和制造上，精益求精，确保精密活塞液压缸的配合公差、同轴度、直线度；还需选用性能优良、耐高压、耐磨损的密封件。

考虑到同样内径，同样制造精度的双活塞杆液压缸的内泄漏指标要比单作用活塞缸的内泄漏指标小 50% 以上，所以应选择精密度高的双活塞杆液压缸（双作用活塞液压缸）作流量传感元件。采用精密双作用活塞液压缸检测内泄漏时，若安装在被试液压缸的高压腔进油路上，若能保证精密双作用活塞液压缸活塞两边的压力相等，这就更可靠的保证了精密双作用活塞液压缸的零泄漏特性。

（2）组成及结构参数　双作用活塞液压缸由耐高压的缸体、前端盖、后端盖、导向、活塞、活塞杆及若干密封件组成。双作用活塞液压缸的结构如图 5-25 所示。

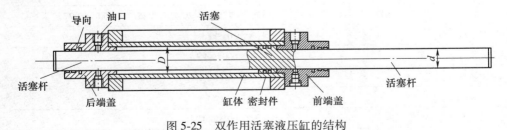

图 5-25　双作用活塞液压缸的结构

双活塞杆液压缸的缸径 $D(\text{mm})$ 和杆径 $d(\text{mm})$ 要适当选取，以保证双活塞杆液压缸承压面积 $A(\text{mm}^2)$ 的大小能兼顾检测精度和量程范围的需求，通常计量双活塞杆液压缸的缸径不大于 80mm，杆径为 20~30mm。若液压缸环形面积 $A = \pi(D^2 - d^2)/4$，测得某时间段泄漏量引起的液压缸位移 L(mm)，则该时间段的泄漏量 $\Delta V = LA \times 10^{-3} = \pi(D^2 - d^2)L/4$，单位为 mL。若该时间段为 Δt，则泄漏流量 $q = \Delta V/\Delta t$。可见，泄漏量 ΔV（或泄漏流量 q）与双活塞杆液压缸的位移 L 成正比。

2. 精密位移传感器

采用双作用活塞液压缸作为微小流量传感元件后，流量传感信号表现为单位时间的线位移。目前线位移计量元件的精度和可靠性要比角位移计量元件高得多，可供选择的线位移计量元件的种类也多，这也是选择计量缸作流量传感元件的优势。可采用增量式光栅或磁致伸缩式位移传感器作为线位移计量元件。增量式光栅或磁致伸缩式位移传感器的线位移检测精度均可达到 3μm 以上，分辨率均可达到 1μm。表 5-6、表 5-7 分别是某型增量式光栅和磁致伸缩位移传感器的性能参数。

表 5-6 某型增量式光栅的性能参数

测量长度	精度	增量信号周期	分辨率
没有加强板：70~1240mm 有加强板：70~2040mm	±5μm, ±3μm	⊓ 差动 TTL[1], 4μm ⊓ 差动 TTL, 2μm ⊓ 差动 TTL, 0.4μm ∼ 1Vpp[2], 20μm ∼ 1Vpp, 20μm	1μm 0.5μm 0.1μm — 0.1μm

① TTL 为晶体管-晶体管逻辑电平；

② Vpp 为峰峰值电压。

表 5-7 某型磁致伸缩位移传感器性能参数

性能参数	最大量程/mm										
	80	100	110	125	150	175	200	225	250	275	300
线性度	≤0.05%FS										
重复性	≤0.0005%FS										
分辨率	≤0.001%FS										
迟滞	≤0.001%FS										
温漂	≤0.001%/℃										
工作电压	DC 15~24V										

设双作用活塞液压缸的行程为 200mm、内径为 50mm、杆径为 30mm，计算出液压缸环形面积 $A = 1256mm^2$。若选用增量式光栅的精度为 3μm、分辨率为

1μm，则该计量缸可检测的最大流体体积为 250mL，可检测分辨的最小流体体积为 0.001mL，全量程范围的误差只有 0.003mL。或选用 200mm 行程的磁致伸缩位移传感器，则全量程范围的误差只有 0.0025mL。可见，采用增量式光栅或磁致伸缩式位移传感器作为双作用活塞液压缸位移的计量传感元件后，计量缸可检测的微小流量分辨率足够小，量程范围足够大，完全能满足液压缸内泄漏的检测需求。

3. 流量传感元件与检测计量单元的连接组装机构设计

增量式光栅或磁致伸缩式位移传感器分辨率为 1μm。磁致伸缩式位移传感器和双作用活塞液压缸的连接组装需非常精密，既不能有丝毫间隙和松动，又不能使磁致伸缩式位移传感器的移动副有任何卡滞和偏斜。同时，连接组装机构既要保证双作用活塞液压缸的移动副（缸筒和活塞）及磁致伸缩式位移传感器的移动副（定尺和滑块），这四个部件配合面的平行度小于 1μm；又要保证双作用活塞液压缸的缸筒和磁致伸缩式位移传感器定尺安装面的平面度小于 1μm。双作用活塞液压缸和磁致伸缩式位移传感器连接组装的结构如图 5-26。

磁致伸缩式位移传感器贴装在双作用活塞液压缸的侧表面上，双作用活塞液压缸的活塞杆上装有用锁紧螺母固定的连接板，连接板另一端与磁致伸缩式位移传感器的导杆紧固。液压缸的活塞杆的位移将无误差的传递给位移传感器的导杆，这就组装成了用于微小流量检测的计量缸。

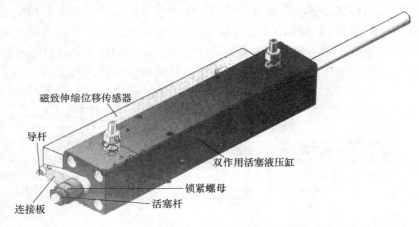

图 5-26　双作用活塞液压缸和磁致伸缩式位移传感器连接组装的结构

5.5.4　液压缸内泄漏计量缸检测的液压试验系统与方法

1. 液压试验系统

在 GB／T 15622—2005 中，规定要按照图 5-24 将流量计安装在被试液压缸未加压腔的出口。液压缸内泄漏试验时，使被试液压缸承压腔进油，加压至额定压力或用户指定压力，测定经活塞泄漏至未加压腔的泄漏量。然而，采用计量缸检测微小泄漏量时，再采用图 5-24 所示的液压回路就不合理了。

首先把计量缸安装在被试液压缸未加压腔的出口不合适。活塞计量液压缸出于自身绝不能有内泄漏的要求，活塞（活塞杆）和缸筒的配合及密封非常严密，驱动计量液压缸活塞移动需要足够的液压力。将计量液压缸装在未加压腔的出口后，会使未加压腔的背压升高，改变了标准中规定的被试液压缸两腔的压力差，破坏了标准中规定的试验条件。其次，计量缸的直线位移受到行程的限制，而不能和涡轮（齿轮）的转动一样，只要有流量通过就可持续转下去。计量缸走完行程后，不但失去了流量计量功能，还会使系统压力憋高，出现危险。因此，用计量缸检测内泄漏必须采用新的试验回路，以保证配装在回路中的计量缸，既能按标准要求完成内泄漏的检测，又不影响其他试验（例如，排气及往复运动试验）的进行。

用计量缸检测内泄漏的液压试验回路如图 5-27 所示。计量缸串联高压截止阀组成检测通道；另一台高压截止阀与检测通道并联，构成充液补偿通道；在检测通道和充液补偿通道的上游及下游分别设置了与液压油源连接的高压油源引入接头及被试液压缸承压油口接头。此试验回路的特点是：①试验回路中，计量缸串联安装在被试液压缸承压腔的进油路；②计量缸与两台高压截止阀组合成可分别流通高压油的检测通道和充液补偿通道；③充液补偿通道开通时，检测通道关闭，液压油源的高压油不经计量缸直接进入被试液压缸承压腔，实现充液和升压；④检测通道开通时，充液补偿通道关闭，液压油源的高压油经计量缸进入被试液压缸承压腔，承压腔的内泄漏量将被计量缸的位移传感器检测。

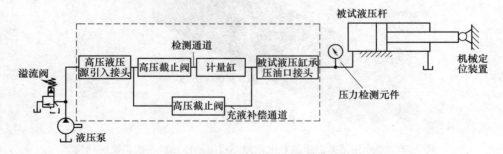

图 5-27　用计量缸检测内泄漏的液压试验系统

2. 充液补偿通道的作用

计量缸行程有限，不能像涡轮（齿轮）流量计那样，可以持续不断地通过流量。因此，配置充液补偿通道就是为了弥补计量缸的这一缺陷。

按 GB/T 15622—2005 进行内泄漏检测时，活塞位置需要调整，此时，驱动活塞移动的流量应从充液补偿通道流通。当活塞位置确定并由机械定位机构固定后，使被试缸承压腔升压至试验所需压力是需要改变流量的，改变后的流量也应通过充液补偿通道。另外，当内泄漏检测完成，被试液压缸活塞返回时，也应通过充液补偿通道排出承压腔的回油。

3. 进行内泄漏检测的操作流程

下面结合图 5-27 说明采用计量缸对液压缸内泄漏进行检测的流程方法。

在进行被试缸内泄漏检测前，首先应先按 GB/T 15622—2005 完成试运行、行程检测、起动压力特性试验，然后按以下顺序进行内泄漏试验。

1）将被试液压缸活塞杆用机械定位机构固定在准备检测内泄漏的行程位置。

2）将计量缸活塞调节到计量行程的起始位置。

3）按图 5-27 所示将计量缸内泄漏量检测装置接入试验台液压系统，关闭检测通道和充液补偿通道的高压截止阀。

4）将液压泵的压力调定为试验压力并保持不变，打开充液补偿通道的高压截止阀，使计量缸出油腔和被试液压缸承压腔充满高压油，并使被试液压缸承压腔压力升至试验压力。

5）待被试液压缸承压腔稳定为试验压力 5～10s 后，先打开检测通道的高压截止阀，再关闭充液补偿通道的高压截止阀。

6）启动计算机测试系统的内泄漏量检测功能，通过检测计量缸活塞的位移增量，计算被试液压缸的内泄漏量：若计量缸环形面积为 A

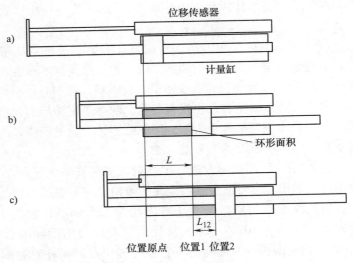

图 5-28 计量缸位移 L 的检测方法

（mm^2）、检测得到的当前某时间段被试液压缸泄漏量引起的计量缸位移为 L（mm），则泄漏量 $\Delta V = LA \times 10^{-3}$，单位为 mL，计算结果四舍五入到小数点后两位。

被试液压缸泄漏量引起的计量缸位移 L 的检测方法有两种，如图 5-28 所示。

方法一：检测前先使计量缸退回原点（位移传感器显示为 0），再开始检测，此时位移传感器的读数值就是被试液压缸泄漏量引起的计量缸位移，如图 5-28a、b

所示。

方法二：液压缸不退回原点，就从计量缸当前位置开始检测，如从图 5-28b 所示的位置 1 开始检测，检测到图 5-28c 所示的位置 2 停止；计算位置 1 到位置 2 之间位移传感器的读数值增量 L_{12}，L_{12} 即为被试液压缸泄漏量引起的计量缸位移 L。

5.5.5 承压变形对液压缸内泄漏检测精度的影响

封闭于承压腔中的一定质量的油液，当压力升高时，油液自身的体积会减小，这是油液承受压力后产生压缩变形的结果；同时由于容器壳体的弹性变形，承压腔的容积会增大。以上两种变形的叠加，将使承压腔中油液的体积出现减少的现象，这种因承压变形引起的油液体积减小，不同于泄漏引起的承压腔油液体积减小。在液压缸内泄漏检测时，必须将油液承压变形体积减小对应的流量与由于内泄漏引起的流量区别开来。

若压力升高值为 Δp、升压前承压腔中油液的初始体积为 V_0、升压前后承压腔中油液体积的减少量为 ΔV（变形体积），设考虑了容器壳体变形因素影响后的油液的弹性模量（也称油液综合弹性模量）为 E，则有：$\Delta V = \Delta p V_0 / E$。显然，油液承压后的变形体积与压力升高值 Δp 成正比，与承压腔中液体的初始体积 V_0 成正比。

当采用图 5-24 所示方法，将流量计安装在被试液压缸未加压腔的出口，测定经活塞泄漏至未加压腔的泄漏量时，被试液压缸承压腔压力变化产生的油液体积变形只对进入承压腔的油液体积造成影响，并不会影响到进入未加压腔的泄漏量。而未加压腔的压力几乎没有变化，约等于回油压力，所以未加压腔压力变化产生的油液体积变形几乎为零，可忽略不计，通过流量计的流量就是从被试液压缸承压腔到未加压腔的泄漏量。

当采用图 5-27 所示方法，把计量缸安装在被试液压缸承压腔入口来检测内泄漏时，承压变形对液压缸内泄漏检测精度的影响就不能忽略了。以常用的某型工程机械液压缸为例，该液压缸内径为 125mm、行程为 1200mm、额定压力为 35MPa。按 JB/T 10205—2010 规定，该液压缸内泄漏的合格指标为小于 28mL/min。若内泄漏检测时活塞的位置在行程中点，无杆腔为承压腔，可算得升压前承压腔中油液的初始体积（忽略管路中的体积）$V_0 = 7362\text{mL}$。设内泄漏检测时，无杆腔压力由 0 升至额定压力 35MPa 的时间为 5s。取油液综合弹性模量 $E = 1200\text{MPa}$，则液体承压变形体积为

$$\Delta V = \Delta p V_0 / E = 35 \times 7362 / 1200 \text{mL} = 215 \text{mL}$$

液体承压变形对应的流量为

$$q_x = 215 \times 60 / 5 \text{mL/min} = 2580 \text{mL/min}$$

由上述计算数据可知：①油液承压变形的体积为 215mL，已经接近如 5.5.3 节所述的计量缸的满量程（250mL）；②油液承压变形对应的流量是内泄漏合格指标（28mL/min）的近百倍。所以，若只将计量缸直接串联在被试液压缸承压腔入口，不但检测数据错误，而且还可能无法完成检测试验。这也是图 5-28 所示内泄漏计量缸检测液压回路中，要设置充液补偿通道，而且要按 5.5.4 节所述的操作流程来进行内泄漏检测的原因。

图 5-29 是一台正在液压缸试验台旁对被试的起重机变幅液压缸进行内泄漏检测的计量缸检测仪。该检测仪按图 5-27 所示的回路进行设置，选用的磁致伸缩位移传感器分辨率为 1μm，计量缸检测仪可检测分辨的最小流体体积为 0.001mL。该检测仪现场实测得到的变幅液压缸内泄漏值为 0.159mL/min。

图 5-29　内泄漏计量缸检测仪

第6章 液压泵和液压马达性能试验

6.1 液压泵和液压马达性能试验概述

6.1.1 液压泵和液压马达性能试验标准

1. 主要标准

常用的与液压泵和液压马达性能试验相关的国家和行业标准如下：

1）GB/T 7936—2012《液压泵和马达 空载排量测定方法》。

2）GB/T 23253—2009《液压传动 电控液压泵 性能试验方法》。

3）JB/T 9090—2014《容积泵零部件液压与渗漏试验》。

4）JB/T 7043—2006《液压轴向柱塞泵》。

5）JB/T 7041.2—2020《液压泵 第2部分：齿轮泵》。

6）JB/T 7039—2006《液压叶片泵》。

7）GB/T 3766—2015《液压传动 系统及其元件的通用规则和安全要求》。

8）GB/T 17491—2011《液压泵、马达和整体传动装置 稳态性能的试验及表达方法》。

9）GB/T 20421.1—2006《液压马达特性的测定 第1部分：在恒低速和恒压力下》。

10）GB/T 20421.2—2006《液压马达特性的测定 第2部分：起动性》。

11）GB/T 20421.3—2006《液压马达特性的测定 第3部分：在恒流量和恒转矩下》。

12）JB/T 10829—2008《液压马达》。

13）JB/T 10206—2010《摆线液压马达》。

14）JB/T 8728—2010《低速大转矩液压马达》。

15）GB/T 3766—2015《液压传动　系统及其元件的通用规则和安全要求》。

2. 标准规定的液压泵和液压马达的性能试验项目

液压泵和液压马达的性能试验区分为出厂试验和型式试验两种。其中，型式试验的某些项目属于耐久性试验项目，可以不列入性能试验。

上述各项标准中，涉及液压泵性能试验的试验项目主要有：排量验证试验、效率试验、自吸试验、变量特性试验、噪声检测、高温试验、超速试验和密封性能检查等。液压泵的超载试验、冲击试验、满载试验属于耐久性试验项目。涉及液压马达性能试验（包括出厂试验和型式试验）的试验项目主要有：排量验证试验、效率试验、变量特性试验、起动效率试验、低速性能试验、噪声检测、高温试验、超速试验、密封性能检查。液压马达的超载试验、冲击试验、满载试验属于耐久性试验项目。

6.1.2　液压泵型式试验主要项目及方法

标准规定了泵型式试验主要项目及方法，以下所列项目不包括耐久性试验项目。

1. 排量验证试验

1）试验转速选择：根据 GB/T 7936—2012 规定，当测试精度为 B 级时，应设置 5 个以上的试验转速档，各档转速值应在最小许用转速和额定转速间均匀分布且必须包含最小许用转速和额定转速。当测试精度为 C 级时，允许只在额定转速档进行检测。

2）试验工况：试验时，保持转速稳定，尽量保持被试液压泵出口压力接近零，测量各档转速下对应的输出流量、泄漏流量和实际转速，同一档转速下的输出流量、泄漏流量和实际转速需测量 3 次，并取算术平均值。

3）计算被试液压泵的排量。

4）对于变量泵，应在最大排量的 100%、75%、50%、25%的工况下，分别进行检测；对于双向泵应在两个流动方向上进行试验。

2. 效率试验

1）在最大排量、额定转速下，使被试液压泵的出口压力逐渐增加至额定压力的 25%，待测试状态稳定后，测量与效率有关的数据（包括被试液压泵的输入压力、输入转矩、空载压力时的输出流量、试验压力时的输出流量、试验压力、空载压力时的转速、试验压力时的转速等）。

2）按上述方法，使被试液压泵的出口压力为额定压力的 40%、55%、70%、80%、100%时，分别测量与效率有关的数据。

3）转速约为额定转速的 100%、85%、70%、55%、40%、30%、20% 和 10%时，在上述各试验压力点，分别测量与效率有关的数据。

4）绘出性能曲线。

5）额定转速下，进口油温为 20~35℃ 和 70~80℃ 时，分别测量被试液压泵在空载压力至额定压力范围内至少 6 个等分压力点的容积效率。

6）绘出效率、功率、流量随压力变化的曲线

3. 变量特性试验

（1）恒功率变量泵

1）最低压力转换点的测定：调节变量机构使被试液压泵处于最低压力转换状态测量被试液压泵出口压力。

2）最高压力转换点的测定：调节变量机构使被试液压泵处于最高压力转换状态测量被试液压泵出口压力。

3）恒功率特性的测定：根据设计要求调节变量机构，测量压力、流量相对应的数据，绘制恒功率特性曲线（压力-流量特性曲线）。

4）其他特性按设计要求进行试验。

（2）恒压变量泵　恒压静特性试验：在最大排量、额定转速下加载，绘制不同调定压力（分别取为额定压力的 100%、66% 和 33%）下的流量-压力特性曲线。

4. 自吸试验

在最大排量、额定转速、空载压力工况下，测量被试液压泵吸入口真空度为零时的流量；以此为标准，逐渐增加吸油口阻力，直至流量下降 1% 时，测量被试液压泵吸入口真空度。

5. 噪声检测

在最大排量、设定转速及进油口压力为 0.1MPa 压力时，分别测量被试液压泵空载压力至额定压力范围内至少 6 个等分压力点的噪声值。当额定转速 ≥1500r/min 时，设定转速为 1500r/min；当 1000r/min≤额定转速<1500r/min 时，设定转速为 1000r/min；当额定转速<1000r/min 时，设定转速为额定转速。

6. 超速试验

在转速为 115% 额定转速（变量泵在最大排量）下，分别在空载压力和额定压力下，连续运转 15min 以上。试验时，被试液压泵的进口油温为 30~60℃。

6.1.3　液压马达型式试验主要项目及方法

标准规定了马达型式试验主要项目及方法，以下所列项目不包括耐久性试验项目。

1. 排量验证试验

1）试验转速选择：根据 GB/T 7936—2012 规定，当测试精度为 B 级时，应设置 5 个以上的试验转速档，各档转速值应在最小许用转速和额定转速间均匀分

布且必须包含最小许用转速和额定转速。当测试精度为 C 级时，允许只在额定转速档进行检测。

2）试验工况：试验时，保持转速稳定，尽量保持被试液压马达进口压力接近零，测量各档转速下对应的输出流量、泄漏流量和实际转速，同一档转速下的输出流量、泄漏流量和实际转速需测量 3 次，并取算术平均值。

3）计算被试液压马达的排量。

4）对于变量马达，应在最大排量的 100%、75%、50%、25% 的工况下，分别进行检测；对于双向马达应在两个流动方向上进行试验。

2. 效率试验

1）在额定转速、空载压力下运转稳定后，测量被试液压马达的转速、输出转矩、输入压力、输出压力、输入流量、输出流量、泄漏流量等一组数据。然后逐级加载，按上述方法测量从额定压力的 25% 至额定压力范围内至少 6 个以上等分试验压力点的各组数据并计算效率值。

2）分别测量约为额定转速的 85%、70%、55%、40%、25% 时上述各试验压力点的各组数据并计算效率值。

3）对双向马达按相同方式做反方向试验。

3. 变量特性试验

根据变量控制方式，在设计规定的条件下，测量控制量的不同值与被试液压马达排量（或空载流量）之间的对应数据，绘制变量特性曲线。

4. 起动效率试验

在额定压力、零转速及液压马达要求的背压条件下，分别测量被试液压马达输出轴处于不同的相位角（12 个点）起动时的输出转矩，以所测得的最小输出转矩计算起动效率。具体试验操作可查阅 GB/T 20421.2—2006《液压马达特性的测定 第 2 部分：起动性》。

5. 低速性能试验

在额定压力下，改变被试液压马达的转速，目测被试液压马达运转稳定性，以不出现肉眼可见的爬行的最低转速为被试液压马达的最低稳定转速。试验至少进行 3 次，以转速最高者为准。双向马达应进行双向试验。

6. 超速试验

以 110% 的额定转速或设计规定的最高转速（选择其中高者），分别在空载压力和额定压力下连续运转 15min。试验时被试液压马达的进口油温应为 30~60℃。

6.1.4　基本型液压泵出厂试验台

1. 基本型液压泵出厂试验台液压系统原理

基本型液压泵出厂试验台液压系统原理如图 6-1 所示。

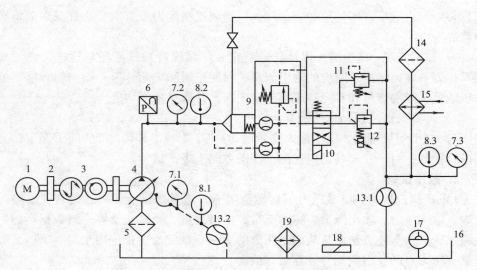

图 6-1　基本型液压泵出厂试验台液压系统原理

1—调频变速电动机　2—联轴器　3—转矩仪、转速仪　4—被试液压泵　5—吸油过滤器　6—压力传感器
7.1~7.3—压力表　8.1~8.3—温度计　9—液压泵出口调压插装锥阀块　10—二位四通电磁阀（6 通径）
11—溢流阀（6 通径）　12—比例溢流阀（6 通径）　13.1、13.2—蜗轮流量计　14—双筒回油精过滤器
15—冷却器　16—油箱　17—液位计（带上下限报警）　18—永磁铁　19—加热器

2. 试验台出厂试验项目与方法

（1）耐压试验　将被试液压泵 4 的排量调为最大值的 30%，使被试液压泵 4 出口压力为实际工作压力的 1.1 倍，连续运行被试液压泵 3~5min，测量被试液压泵出口压力和泄漏流量，检查振动、噪声和外泄漏。

（2）容积效率试验　将被试液压泵 4 的排量分别调为最大值及最大值的 30%、50%，使被试液压泵 4 出口压力为接近 0 及实际工作压力的 60%、100%，测量对应的被试液压泵 4 出口流量、出口压力、泄漏压力和泄漏流量，并据此计算被试液压泵 4 的容积效率和泄漏系数。

（3）起动转矩和总效率试验　将被试液压泵 4 的排量调为最大值，使被试液压泵 4 出口压力为接近 0，测量对应的被试液压泵 4 电动机的输出轴转矩，即为起动转矩。将被试液压泵 4 的排量调为最大值的 30%，使被试液压泵 4 出口压力为额定压力，测量对应的被试液压泵 4 电动机的输出轴转矩和转速、被试液压泵 4 出口流量、被试液压泵 4 出口压力，据此可计算出被试液压泵 4 的总效率。

（4）变量特性试验（对变量泵）　将被试液压泵 4 出口压力调节为接近 0，使被试液压泵 4 变量机构全行程往复动作 3 次，测被试液压泵 4 出口流量的变化值。

6.1.5　基本型液压马达出厂试验台

1. 基本型液压马达出厂试验台液压系统原理

基本型液压马达出厂试验台液压系统原理如图 6-2 所示。

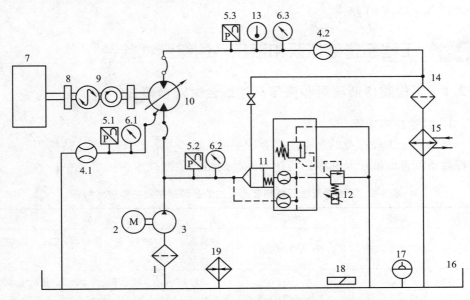

图 6-2　基本型液压马达出厂试验台液压系统原理

1—吸油过滤器　2—调频变速电动机　3—液压泵　4.1、4.2—蜗轮流量计　5.1～5.3—压力传感器
6.1～6.3—压力表　7—液压马达加载装置　8—联轴器　9—转矩仪、转速仪　10—被试液压马达
11—液压泵出口调压插装锥阀块　12—比例溢流阀（6 通径）　13—温度计　14—双筒回油精过滤器
15—冷却器　16—油箱　17—液位计（带上下限报警）　18—永磁铁　19—加热器

2. 试验台出厂试验项目与方法

（1）容积效率试验　将被试液压马达 10 排量调为最大值。调节被试液压马达 10 的加载装置使被试液压马达 10 进口压力分别近似为 0 和为马达额定压力，调节液压泵 3 的转速和出口压力使被试液压马达 10 的转速约为额定转速，测量不同被试液压马达 10 进口压力下的转速、回油流量和泄漏流量，计算容积效率。

（2）总效率试验　将被试液压马达 10 的排量调为最大值。调节被试液压马达 10 的加载装置，使被试液压马达 10 进口压力为额定压力，测量被试液压马达 10 的出口流量、泄漏流量、进口压力、出口压力、泄漏压力、电动机的输出轴转速和转矩，并据此计算被试液压马达 10 的总效率。

（3）跑合　按（2）调节被试液压马达 10 和试验台参数，连续运行 5min，测量被试液压马达 10 的泄漏流量、输出转矩和转速，检查振动、噪声和外泄漏。

（4）变量特性试验（对变量马达） 在空载条件下，调节被试液压马达 10 的变量机构，使被试液压马达 10 排量在最大和最小之间往复变化 3 次，测量被试液压马达 10 出口流量、泄漏流量、电动机输出轴转速，计算变量控制信号和被试液压马达 10 排量间的关系。试验中，应注意调节液压泵 3 的输出流量，避免被试液压马达 10 超速。

6.2 工程装备液压泵和液压马达综合试验台

6.2.1 工程装备液压泵和液压马达综合试验台概述

1. 试验台的功能

某部用于工程作业的装备主要有挖掘机、装载机、绞车、旋挖钻机等。这些工程装备配置的液压泵和液压马达的品种规格及主要技术指标见表 6-1。

表 6-1 工程装备液压泵和液压马达的品种规格及主要技术指标

序号	名称	规格型号	主要技术指标
1	斜轴式变量泵	GY-A8V107ER	最高压力为 32MPa，最大排量为 107mL/r，变量起调压力为 18MPa
2	斜盘式变量泵	V30D-140RDN-2-0	排量为 140mL/r，额定压力为 25MPa，最高压力为 30MPa，最高转速为 2500r/min，最低连续转速为 500r/min
3	闭式变量泵	A4VSG	最大排量为 71mL/r，额定压力为 35MPa
4	变量柱塞泵	K5V140DT	单泵排量为 130mL/r，工作压力为 30MPa
5	斜盘式变量泵	A11VLO190LRDS/11R	最大排量为 190mL/r，最大工作压力为 35MPa
6	定量柱塞泵	K60N-064RSCN-A90	排量为 63.5mL/r，最高压力为 40MPa，最高转速为 1900r/min，容积效率为 95%
7	斜盘式恒压变量泵	A11VO75DRS/10L-NZD12N00	额定压力为 30MPa，最大输出压力为 35MPa，最大排量为 74mL/r，额定转速为 2550r/min
8	斜盘式变量泵	V30D-095RDN-1-0-03	排量为 96mL/r，额定压力为 35MPa，最高压力为 42MPa，最高转速为 2900r/min
9	双联齿轮泵	CBGj3140	额定压力为 16MPa，排量为 140mL/r，额定转速为 2000r/min
10	双联齿轮泵	CBGj3100/1010	额定压力为 16MPa，排量为 10mL/r，额定转速为 2000r/min
11	工作液压泵	CB160	理论排量为 162mL/r，额定压力为 13.7MPa，最高转速为 2000r/min

（续）

序号	名称	规格型号	主要技术指标
12	双联齿轮泵	CBG2080-BFXR	排量为80mL/r，额定压力为20MPa，最高压力为25MPa，额定转速为2000r/min，最高转速为2500r/min，容积效率为92%
13	齿轮泵	PGP350AP315A	排量为120L/min，工作压力为21MPa
14	转向液压泵	V20F-1P9P-38C5K-22R	工作压力为17MPa，排量为16mL/r
15	轴向柱塞马达	MF151KF1	最大工作压力为24MPa，排量为151mL/r，带回转减速器内装常闭式制动器
16	斜轴式变量马达	L6V160HA2FZ10750	最高工作压力为32MPa，最大排量为160mL/r，输出转矩680N·m
17	径向球塞轴转式液压马达	1QJM32-2.0S	排量为2.03L/r，额定压力为16MPa，最高压力为25MPa，转速范围为2~200r/min，额定输出转矩4807N·m
18	斜轴式轴向液压马达	A2F23W3P1	排量为22.7mL/r，最高转速为5600r/min，机械效率大于90%
19	曲轴径向柱塞马达	GM1-3007GPVD47+R13/F10	排量为290mL/r，额定压力为25MPa，最大压力为30MPa，额定转速为350r/min
20	轴向柱塞马达	M4V290CGM60VA	额定压力为34MPa

工程装备液压泵和液压马达综合试验台主要用于见表6-1所列的液压泵和液压马达的技术性能检测和液压元件匹配性试验，完成液压泵和液压马达的技术状态评定、故障诊断和维修质量检验；还可为液压泵和液压马达的损伤故障机理研究提供相关基础数据。该试验台兼具性能检测和故障机理研究两项功能，既要满足多功能、综合性的要求，又要保证一定的可靠性和精度。

工程装备液压泵和液压马达综合试验台具备以下功能：

1）具备对被试液压泵和液压马达进行满负荷运转工况下的性能测试能力，并可以获得测试数据和曲线图像。

2）具备对被试液压泵和液压马达进行模拟实装工况加载的能力。

3）具备对测试数据和曲线图像进行储存、检索和分析处理的功能，可以对被试液压泵和液压马达的技术状态进行合格判定。

4）具备对试验台自身状态进行监控和故障诊断的能力。

2. 试验台的主要技术指标

最大功率：300kW。

试验压力：额定试验压力为31MPa，高压试验压力为50MPa。

流量测试范围：0~400L/min。

温度控制范围：20~80℃。

先导控制压力范围：0~10MPa；

转速测试范围：1000~3000r/min。

油液过滤精度：10μm。

油箱有效容积：2200L（油箱为不锈钢材质）。

3. 试验台测量精度设计

依据 GB/T 7935—2005《液压元件　通用技术条件》规定，试验台测量精度按照 C 级标准设计。

测量系统（含传感器）的允许误差变化范围如下：压力允许误差为±2.5%（所选传感器精度为±0.3%FS），流量允许误差为±2.5%（所选传感器精度为±0.5%FS），温度、转矩、转速允许误差为±2.0%（所选传感器精度为±0.5%FS），压差传感器（量程小于0.2MPa）允许误差为±10%，位移允许误差为±2.5%（传感器分辨率为0.1mm，精度为±0.25%FS）。

依据 GB/T 20421.1—2006《液压马达特性的测定　第1部分：在恒低速和恒压下》的规定，液压马达试验时的允许误差变化范围如下：流量允许误差为±6%，转矩允许误差为±5%，压力允许误差为±3%。

当被测量稳定不变时，测量系统被测量平均显示值的允许变化范围：压力、流量、位移平均显示值的允许变化范围为±2.5%，转矩、转速平均显示值的允许变化范围为±2.0%，温度平均显示值的允许变化范围为±4.0%。

6.2.2　工程装备液压泵和液压马达综合试验台试验项目与试验方法设计

1. 液压泵试验项目与方法

（1）液压泵的最大排量验证试验　液压泵的最大排量在空载状态下测定。将液压泵的排量调为最大值（定量泵无此项调节），电动机转速分别调为1000r/mim、1500r/mim 和液压泵的额定最大转速（最大不超过2500r/mim），使液压泵的出口压力不超过0.5MPa，测量液压泵出口压力 p_B、出口流量 q_B、转速 n_B 和泄漏量 q_L，计算液压泵在各转速下的最大排量 V_{Bmax}。对于双向液压泵应在两个方向上均做试验。各转速下的最大排量理论计算公式为

$$V_{Bmax} = (q_B + q_L)/n_B$$

（2）耐压及超载试验　将液压泵的排量调为最大值的30%（定量液压泵无此项调节），电动机转速为液压泵的额定转速或1000r/mim，依次使液压泵出口压力为0以及额定工作压力的20%、50%、80%、100%，每个压力值连续运行1~2min，测量出口压力和泄漏量，检查振动、噪声和外泄漏；无问题后再将压力缓慢升至额定工作压力的1.2倍，连续运行1min，测量出口压力和泄漏量，检查振动、噪声和外泄漏。

（3）容积效率试验、机械效率试验　将液压泵的排量调为最大值或最大值

200

的 50%（定量泵无此项调节），使液压泵出口压力分别为额定压力的 60%、100%，测量对应的转速 n_B、转矩 M_B、出口压力 p_B、出口流量 q_B 和泄漏量 q_L，并据此计算液压泵的容积效率、机械效率和总效率。此项测量应在液压泵额定转速下（或 1000r/mim）进行。

不同压力时的容积效率理论计算公式为

$$\eta_V(p_B) = q_B(p_B)/(n_B V_{Bmax})$$

或

$$\eta_V(p_B) = q_B(p_B)/[q_B(p_B) + q_L(p_B)]$$

不同压力时的总效率理论计算公式为

$$\eta(p_B) = q_B(p_B)p_B/(n_B M_B)$$

不同压力时的机械效率理论计算公式为

$$\eta_m(p_B) = \eta(p_B)/\eta_V(p_B)$$

（4）空载起动力矩　将液压泵的排量调为最大值，使液压泵出口压力为接近 0，测量起动时转速稳定后的转矩 M_B；该项试验也可和液压泵的最大排量试验合并同时进行。

（5）变量特性试验　试验系统为液控变量泵提供两路压力及流量可调的先导控制油，为电控变量泵预留电流、电压控制接口各一个，接口有效电功率为 200W。

将液压泵的转速调为 1000r/min，液压泵出口压力为额定压力的 60%，缓慢由小到大调节液压泵变量机构的先导控制信号，调至最大后保持 10s，再反向调节液压泵变量机构的先导控制信号至 0，测量对应的转速 n_B、出口流量 q_B、出口压力 p_B 和泄漏量 q_L，计算并绘制先导控制信号和流量（排量）的关系曲线。

对恒功率变量泵及恒压变量泵，先将液压泵的排量调为最大值，再将液压泵的压力缓慢由小到大调节至额定压力，测量对应的转速 n_B、转矩 M_B、出口流量 q_B、出口压力 p_B 和泄漏量 q_L，计算并绘制压力和流量（排量）的关系曲线。

2. 液压马达的试验项目与方法

（1）液压马达的最大排量验证试验　液压马达的最大排量在空载下测定。将液压马达的排量调为最大值（定量马达无此项调节），调节液压泵的供油流量使液压马达转速分别为 1000r/min 和液压马达的额定最大转速（最大不超过 2000r/min），使液压马达的进油压力不超过 1MPa，测量液压马达的出口流量 q_M、转速 n_M 和泄漏量 q_L，计算液压马达在各转速下的最大排量。对于双向马达应在两个方向上均做试验。

各转速下的最大排量理论计算公式为

$$V_{Mmax} = (q_M + q_L)/n_M$$

（2）容积效率、机械效率和总效率试验　将液压马达的排量调为最大值或最大值的 50%（定量马达无此项调节），调节液压泵的供油流量使液压马达转速为 1000r/min。调节液压马达加载装置，使液压马达进口压力分别为接近 0 及额定压力的 60%、100%，连续运行 1min 后，测量对应的液压马达出口流量 q_M、进口压力 p_B、出口压力 p_M、泄漏量 q_L、转速 n_M 和转矩 M_M，并据此计算液压马达的容积效率、机械效率和总效率。

不同压力时液压马达的容积效率理论计算公式为

$$\eta_{MV}(p_B) = n_M V_{Mmax} / [q_M(p_B) + q_L(p_B)]$$

或

$$\eta_{MV}(p_B) = q_M(p_B) / [q_M(p_B) + q_L(p_B)]$$

不同压力时液压马达的总效率理论计算公式为

$$\eta_M(p_B) = (n_M M_M) / \{[(q_M(p_B) + q_L(p_B)](p_B - p_M)\}$$

不同压力时液压马达的机械效率理论计算公式为

$$\eta_{Mm}(p_B) = \eta_M(p_B) / \eta_{MV}(p_B)$$

（3）跑合　将液压马达排量调为中间值（定量马达无此项调节），调节液压马达加载装置给液压马达加载，使液压马达进口压力为额定压力，调节液压泵的排量使液压马达转速为 1000r/min，连续运行 5min，测量液压马达进口压力 p_B、出口压力 p_M、出口流量 q_M、泄漏量 q_L、输出转矩 M_M 和转速 n_M，检查振动、噪声和外泄漏。

（4）超载试验（此项试验应在上述三项试验完成并无问题后选做）　将液压马达的排量调为最大值的 50%（定量马达无此项调节），调节液压泵的供油流量使液压马达转速为 1000r/min。调节液压马达加载装置，使液压马达进口压力为额定压力的 1.2 倍，连续运行 1min 后，检查振动、噪声和外泄漏。

（5）变量特性试验（定量马达无此试验）　用变量控制方式将液压马达排量调为中间值，调节液压马达加载装置，使液压马达进口压力为额定压力的 20%（或 4MPa），调节液压泵的供油流量使液压马达转速为 1000r/min，并保持此供油流量不变。缓慢调节液压马达变量控制方式，使液压马达排量逐渐（或逐级）变为最大，到最大后保持 10s，再使液压马达排量逐渐（或逐级）变小，直至液压马达排量变为最小允许排量、转速升至液压马达或加载液压泵的最大转速（不超过 2000r/min）为止。测量此过程中液压马达进口压力 p_B、出口压力 p_M、出口流量 q_M、泄漏流量 q_L、输出转矩 M_M 和转速 n_M，计算液压马达排量、绘制变量控制参数-流量（排量）曲线。

6.2.3　工程装备液压泵和液压马达综合试验台液压系统的原理

图 6-3 所示为工程装备液压泵和液压马达综合试验台液压系统原理图。

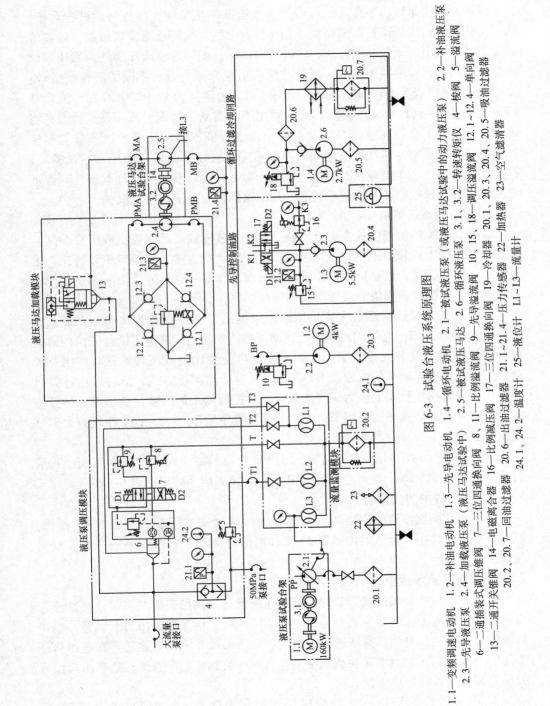

图 6-3　试验台液压系统原理图

1.1—变频调速电动机　1.2—补油电动机　1.3—先导电动机　1.4—循环电动机　2.1—被试液压泵（或液压马达试验中的动力液压泵）　2.2—补油液压泵
2.3—先导液压泵　2.4—加载液压泵（液压马达试验中）　2.5—被试液压马达　2.6—循环液压泵　3.1、3.2—被试液压泵　4—梭阀　5—溢流阀
6—二通插装式调压锥阀　7—二位四通换向阀　8、11—先导溢流阀　9—先导溢流阀　10、15、18—调压溢流阀　12.1～12.4—吸油过滤器
13—二通开关锥阀　14—电磁离合器　16—比例减压阀　17—三位四通换向阀　19—冷却器　20.1、20.3、20.4、20.5—回油过滤器　23—空气滤清器
21.1～21.4—压力传感器　22—加热器
24.1、24.2—温度计　25—液位计　L1～L3—流量计
20.2、20.7—回油过滤器　20.6—出油过滤器

203

试验台液压系统由液压泵试验台架、液压泵调压模块、液压马达试验台架、液压马达加载模块、流量监测模块、先导控制油路、循环过滤冷却回路、油箱等部分组成。其中，流量监测模块、先导控制油路、循环过滤冷却回路为液压泵试验及液压马达试验的共用部分。流量监测模块包含三台量程不同的涡轮流量计：流量计 L1 的量程为 66~660L/min；流量计 L2 的量程为 10~100L/min；流量计 L3 的量程为 1~16L/min。流量计 L3 主要用于泄漏量的检测。液压泵试验时，将被试液压泵 2.1 安装在液压泵试验台架上，运行液压泵调压模块、流量监测模块、先导控制油路、循环过滤冷却回路即可完成液压泵试验。液压马达试验时，将被试液压马达 2.5 安装在液压马达试验台架上，运行液压马达加载模块、流量监测模块、先导控制油路、循环过滤冷却回路即可完成液压马达试验。

1. 液压泵调压模块

液压泵试验的加载模式为溢流加载。溢流加载模式可保证被试液压泵在试验时的工况和在工程装备主机中运行时的工况一致：均为输入机械转矩和转速，输出液压压力和流量，进油口吸油，出油口输出高压油。溢流加载由液压泵调压模块实现。液压泵调压模块共设置了两套调压回路，如图 6-3 所示。

（1）大流量调压回路 大流量调压回路的最大调节压力为 32MPa，最大流量为 400L/min。该回路采用二通插装式调压锥阀 6 为主阀芯，可通过三位四通换向阀 7 选择手动调节先导溢流阀 9 调压，也可通过比例溢流阀 8 自动调压及卸荷。三位四通换向阀 7 的电磁铁 D1 通电时，为自动调压方式，此时可由计算机控制比例溢流阀按预定的压力曲线加载，也可按现场采集的载荷谱加载，达到拟实加载的效果。该调压回路用于表 6-1 中所列除序号 3、6、8 的元件外的大部分液压泵试验。

（2）50MPa 调压回路 选用德国 HAWE 公司的溢流阀 5 作为调压阀，其最大调节压力为 50MPa，最大流量为 160L/min。该调压回路用于表 6-1 中所列序号 3、6、8 的元件的耐压试验。

上述两套调压回路分别由两个不同的油口与被试液压泵 2.1 出口 PP 连接，但通过梭阀 4 共用一套压力传感器 21.1 和温度计 24.2，以保证数据采集、显示和处理的对应性。

2. 液压马达加载模块

被试液压马达加载模式为双向加载液压泵加载。该加载模式可保证被试液压马达在试验时的工况和在主机中运行时的工况一致：均为输入压力和流量，输出机械转矩和转速，进油口高压进油，出油口低压回油。液压马达转子在进出口压差作用下转动，转轴上承受加载液压泵提供的外负载转矩，液压马达进出口油液的压差和外负载转矩成正比。

如图 6-3 所示，液压马达加载模块由比例溢流阀 11 和四只单向阀 12.1、

12.2、12.3、12.4 组成的加载桥式回路和 Rexroth A2F125 双向泵 2.4 组成。不需换接油管即可对被试液压马达 2.5 的正转、反转工况实现自动加载。

6.2.4　工程装备液压泵和液压马达综合试验台的结构组成

工程装备液压泵和液压马达综合试验台由七部分组成：液压油源、液压泵测试台架、液压马达测试台架、液压马达加载调压阀台、变频控制及配电柜、计算机控制台和管路及附属系统（含流量监测模块）。工程装备液压泵和液压马达综合试验台的三维布局如图 6-4 所示。

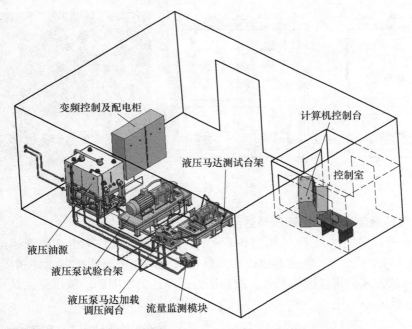

图 6-4　工程装备液压泵和液压马达综合试验台的三维布局

1. 液压油源

如图 6-3 所示，液压油源包括油箱总成、被试液压泵-变频调速电动机组（2.1、1.1）先导液压泵-电动机组（2.3、1.3）、循环液压泵-电动机组（2.6、1.4）、补油液压泵-电动机组（2.2、1.2）。其中被试液压泵变频调速电动机 1.1 功率为 200kW，先导电动机 1.3 功率为 5.5kW，循环电动机 1.4 功率为 4kW。油箱有效容积为 2200L，采用 8mm 厚的不锈钢板焊接而成。油箱配置加热器 22 和冷却器 19 及循环液压泵-电动机组（2.6、1.4），油温低于设定温度时，加热器 22 自动加热，油温高于设定温度时，冷却器 19 与循环液压泵电动机组起动进行冷却，油温控制范围为 20~80℃，温度控制精度为±4℃。循环过滤冷却回路配置两级过滤，第一级油液过滤精度为 $20\mu m$，第二级油液过滤精度为 $10\mu m$，第二级过滤器配备发信装置。油箱中安装有液位计 25，当液面位置超出设定值时，设备报警，试验停止运行。先导液压泵-电动机组（2.3、1.3）可为试验提供两路先导液压油源：一路先导压力由三位四通换向阀 17 的 K1 或 K2 口输出，压力由调压溢流阀 15 调定，压力调节范围为 $8\sim16MPa$；另一路先导压力由三位四通换向阀 17 的 K3 口输出，压力由比例减压阀 16 调定，压力调节范围为 $1\sim8MPa$。补油液压泵 2.2 用于闭式液压泵试验时起补油作用，此时补油液压泵 2.2 的 BP 油口应接入闭式液压泵的补油口。液压油源如图 6-5 所示。

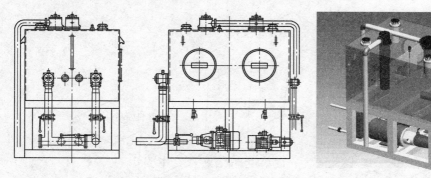

图 6-5　液压油源

2. 液压泵测试台架和液压马达测试台架

（1）液压泵测试台架　如图 6-3 所示，液压泵测试台架由变频调速电动机 1.1、转速转矩仪 3.1、联轴器组成动力驱动系统，底座安装减振元件和接油盘；液压泵加载方式采用溢流阀加载，加载压力最高达到 50MPa。液压泵测试台架如图 6-6 所示。

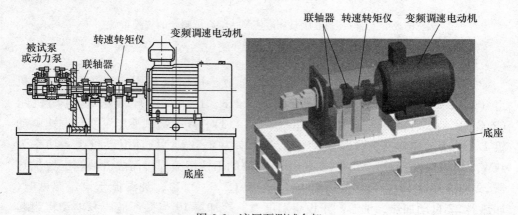

图 6-6　液压泵测试台架

（2）液压马达测试台架　如图6-3所示，液压马达测试台架由加载液压泵2.4、转速转矩仪3.2、联轴器、电磁离合器组成加载传动系统，测试台底座安装减振元件和接油盘；加载液压泵进出油口连接桥式比例溢流阀加载回路，可实现双向加载，由比例溢流阀11调节加载压力。液压马达测试台架如图6-7所示。

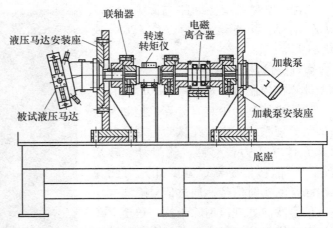

图6-7　液压马达测试台架

（3）可换安装板和联轴器轴套　为了适应被试液压泵和被试液压马达品种规格多、传动轴外形多样的特点，当被试液压泵和被试液压马达需要更换时，可在安装座上换装对应的安装板，以适应被试液压泵和被试液压马达安装止口及安装螺栓的尺寸。当被试液压泵和被试液压马达的传动轴外形改变时，试验台在装被试液压泵和被试液压马达的联轴器

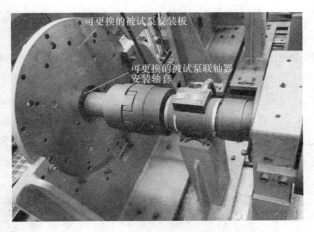

图6-8　可换安装板和联轴器轴套的设计

内，装配了可变内径和键连接尺寸的轴套，可以适应不同直径和外形的传动轴。更换被试液压泵和被试液压马达时，只要更换轴套即可。如图6-8所示。

3. 变频控制及配电柜

变频控制及配电柜包括160kW电动机的变频调速控制柜，为先导电动机1.3、循环电动机1.4、补油电动机1.2及加热器2.2供电的动力配电柜和动力电缆桥架。变频控制柜和动力配电柜外观如图6-9所示。配电柜、变频控制柜外壳防护等级高于IP30。电气控制系统具备基本自诊断和故障报警提示功能（如过滤器堵塞、高低液位报警、阀门开启状态异常报警、电动机过载保护、急停保护等）。电气控制系统主回路电源为 380V/50Hz，控制回路电源为 AC 220V 或 DC 24V。

4. 计算机控制台

计算机控制台外观如图 6-10a 所示。

计算机控制台中装有计算机控制及数据采集处理系统。安装在试验台现场的各测试元件（压力传感器、流量计、转矩转速仪、位移传感器、温度计）可测量各被测量的实时信号，通过信号隔离模块进行信号滤波处理以消除干扰，送至 PLC 模块进行模数处理，再将各被测量的数字值送上位机的软件开发平台 WinCC 进行数据处理，并在计算机显示屏和计算机控制

图 6-9　变频控制柜和动力配电柜外观

制台数显仪上显示。上位机还可对检测数据进行存储，并生成相应试验曲线及试验报告。试验台的控制及数据采集处理系统可以同时处理 32 路模拟量输入信号和 16 路模拟量输出信号。数据采集处理系统的软件和硬件配置如下：

1）硬件配置包含：西门子 S7-300 PLC 模块（图 6-10b）、控制柜（含开关按钮、继电器、信号隔离器等）、传感变送器、数字显示仪、上位机、信号电缆等。

2）软件配置包含：西门子 WinCC 软件包、自编的 PLC 控制软件、数据采集处理软件、上位机通信软件、试验报告生成软件和交互式人机界面。人机界面及系统管理程序可实现试验工况模拟显示、试验参数实时显示、试验测控参数的设定及修正等功能。

a)　　　　　　　　　　　　　　　　b)

图 6-10　计算机控制台

a）控制台外观　b）西门子 S7-300PLC 模块

5. 管路及附属系统

管路及附属系统包含高压钢管及球阀、高压软管及快速接头、流量监测模块的管路和截止阀、低压管路以及悬臂吊、废油回收小车等。

6. 传感器配置

每一模拟量输入信道都由传感器、放大器、信号隔离器组成，模拟输入信道均连入模拟量输入模块，编程时，直接读取模拟量连接输入模块地址，即可实现模拟量的数据采集。

如图 6-3 所示，试验台中使用多种测试元件对试验过程中的模拟量数据进行采集，包括压力传感器 21.1~21.4、流量计 L1~L3、转速转矩仪 3.1、3.2，输出用户需要的压力-时间曲线、流量-时间曲线和转速-转矩-时间曲线，并实时显示油液温度。用户可选择是否保存试验数据，具备试验数据自动填写、自动生成试验报告、打印输出等功能。各种测试元件的型号及精度见表 6-2。

表 6-2 各种测试元件的型号及精度

序号	名称	型号	精度
1	压力传感器	511.9556（测量范围 0~60MPa）	±0.3%FS
2	压力传感器	511.9546（测量范围 0~40MPa）	±0.3%FS
3	压力传感器	511.9420（测量范围 0~16MPa）	±0.3%FS
4	压力传感器	511.9400（测量范围 0~6MPa）	±0.3%FS
5	涡轮流量计	LWGY-6/C/0.5/S/S（测量范围 1~10L/min）	±0.5%R
6	涡轮流量计	LWGY-15/C/0.5/S/S（测量范围 10~100L/min）	±0.5%R
7	涡轮流量计	LWGY-50/C/0.5/S/S（测量范围 66~660L/min）	±0.5%R
8	智能数字式转速转矩仪	JN338	≤0.5% FS
9	温度计	STYC2-B6-C100	

6.2.5 工程装备液压泵和液压马达综合试验台可用于对液压泵和液压马达损伤机理的研究

为了支持对液压泵和液压马达损伤机理的研究，试验台优化了软件和硬件的配置。

1）在试验方法设计和加载控制程序设计中，专门配置了计算机自动加载方式。在自动加载方式下，压力变化的曲线可在计算机界面上选择为三角波或梯形波，压力变化的幅值 A、上升时间 t_s、周期时间 T、加载次数 n 也均可在软件界面上设定，设定后操作人员只要按下加载起动按钮，计算机即控制比例阀按软件编程设定的曲线加载。采用该方式加载时，加载时间、加载速率（加载曲线斜率）、加载区间均由计算机预先设定，避免了由于人员每次操作不同带来的试验结果误差，便于从同一元件的两次不同时间间隔的试验结果中发现损伤规律。

2）检测软件具备按试验时间和元件种类型号查询历史试验资料的功能。单击"试验资料查询"按钮，系统弹出试验资料查询界面，分别为按试验日期查询、按被试件种类型号查询、按试验编号查询三个对话框。

在按试验日期查询对话框中，人工填写试验日期（年或年月或年月日），则显示对应日期所有的试验编号，单击选择的试验编号，则打开该试验报告的文档。

在按被试件种类型号查询对话框中，人工填写被试件种类代码（B 或 M），则显示液压泵或液压马达所有被试件的试验编号；人工填写被试件型号-种类，则显示对应型号-种类所有被试件的试验编号。

在按试验编号查询对话框中，可打开该试验报告的文档。这种历史试验数据查询功能有利于工程师对元件做损伤规律的研究。

6.3 盾构机液压泵和液压马达试验台

盾构机在高速铁路、高速公路建设中承担着隧道施工的重要任务，而在城市轨道交通和地下管廊建设中，盾构机更是必不可少的工程机械。盾构机的主要传动形式是电动机-液压泵-液压马达或电动机-液压泵-液压缸，液压泵和液压马达是盾构机的关键部件，其液压性能直接关系到盾构机能否正常工作。对盾构机液压泵和液压马达的性能检测试验是盾构机制造、组装调试工作的重要环节，也是盾构机维修的先导工序。目前我国各种盾构机的保有量约 3000 台，存在对盾构机液压泵和液压马达进行试验的大量需求。

6.3.1 盾构机液压泵和液压马达试验台的功能

1. 盾构机液压系统配置的液压泵和液压马达

盾构机液压系统配置的液压泵和液压马达具有排量大、工作压力高、转速范围大、变量方式多，既有开式系统又有闭式系统等特点。表 6-3 为德国海瑞克 S217 盾构机部分液压泵和液压马达的型号列表。

表 6-3　德国海瑞克 S217 盾构机部分液压泵和液压马达型号列表

序号	名称	型号	数量
1	刀盘驱动主泵	A4VSG750HD/22 R-PPH10N009N	2
2	刀盘驱动马达	A6VM500HD3/63W2-PZH150B	8
3	螺旋输送机	A4VG250EP2D1/32R-NZD10F071DH	1
4	螺旋输送机马达	LA6VM500HA1/63W2-VZH027DA	1

（续）

序号	名称	型号	数量
5	主推进泵	A4VSO71DRG/22R-PPB13K07-SO91	1
6	注浆泵	A10VO71DFLR/31R-PSC62K04-SO108	1
7	辅助泵	A10VO45DFLR/31R-PSC62K02-SO108	1
8	管片安装机泵	A10VO140DFLR/31R-PSD62K02-SO294	1
9	管片安装机泵	A10VO28DFLR/31R-PSC62K02-SO108	1
10	管片安装机马达	AM110B-37.64WVZ	2
11	先导控制泵	A10VO28DFLR/31R-PSC62K02-SO108	1
12	补油泵	SN660ER46U121-W2	1
13	滤油泵	SNS660ER46U121-W1-PN16116	1

2. 试验台的功能定位

试验台的功能定位：检验盾构机液压传动系统中液压泵和液压马达的性能能否满足施工现场运行的需求，为盾构机液压泵和液压马达的维修提供判定故障的依据及维修效果的评判标准。所以该试验台既不是用于液压泵和液压马达制造的型式试验台和出厂试验台，也不是为液压泵和液压马达提供设计研究服务的性能试验台，而是为盾构机液压泵和液压马达提供维修服务的性能试验台。考虑到试验时的驱动功率较大，加载试验时，试验台应具备能量回收功能。

3. 试验台的性能参数

试验台动力按盾构机液压泵的最大驱动电动机的实际功率配置，即主电动机功率为 315kW，变频调速范围为 500~2000r/min；试验台最大压力按盾构机中液压泵的最大实际压力 32MPa 设计，最大流量按 1500L/min 设计；液压马达试验装置按排量 500mL/r 的液压马达设置，最大试验压力为 30MPa。

6.3.2 盾构机液压泵和液压马达试验台试验项目和试验方法设计

确定该试验台的试验项目和试验方法时，既要参考国家标准或行业标准的试验项目和试验方法，又要以盾构机施工现场的实际需求为主要依据。

1. 液压泵试验项目与方法

（1）耐压试验　将液压泵的排量调为最大值的 30%，使液压泵出口压力为实际工作压力的 1.1 倍，连续运行 3~5min，测量液压泵出口压力和泄漏量，检查振动、噪声和外泄漏。

（2）容积效率试验　将液压泵的排量分别调为最大值、最大值的 50% 或 30%，对应的使液压泵出口压力为接近 0 及实际工作压力的 60% 或 100%，测量对应的液压泵出口流量、出口压力、泄漏压力和泄漏量，并据此计算液压泵的容积效率和泄漏系数。

（3）机械效率试验

1）方法一：将液压泵的排量调为最大值，使液压泵出口压力为接近 0，测量液压泵电动机输出轴转矩，据此可计算液压泵的机械效率。

2）方法二：将液压泵的排量调为最大值，使液压泵出口压力为接近 0，测量对应的液压泵电动机功率和输出轴转速，据此可计算液压泵的机械效率。

（4）变量特性试验　将试验台先导控制压力按盾构机实际运行中所对应的实际值调节，测量液压泵出口流量、出口压力的变化值。

2. 液压马达的试验项目与方法

（1）机械效率试验　在空载状态下，将被试液压马达排量调为在盾构机中运行的最大值，液压泵的排量调为 50%，液压泵的输出压力从 0 逐渐升高，测量液压马达稳定转动时液压泵最小输出压力和液压马达回油腔压力，据此可计算液压马达的机械效率。

（2）容积效率试验　将被试液压马达的排量分别调为最大值、最大值的 50% 或 30%，调节液压马达输出轴上的加载装置，使液压马达进出口压差接近 0 及额定工作压差的 60% 或 100%，测量液压马达出口流量、进出口压力、泄漏压力和泄漏量，并据此计算液压马达的容积效率和泄漏系数。

（3）跑合　将被试液压马达排量调为在盾构机中运行的中间值，调节液压马达加载装置，给液压马达加载，使液压马达进出口压差为盾构机中运行时的正常值，调节液压泵的排量使液压马达转速为盾构机中运行时的正常值，连续运行 5min，测量液压马达进出口压力、出口流量、泄漏量、输出转矩和转速，检查振动、噪声和外泄漏。

6.3.3　盾构机液压泵和液压马达试验台液压系统的原理

盾构机液压泵和液压马达试验台液压系统的原理如图 6-11 所示。图中被试液压泵 2.3 的油口原理如图 6-12 所示，被试液压泵为盾构机主泵（A4VSG750HD）。

试验台液压系统包括试验主回路、辅助补油回路和先导控制回路。

（1）先导控制回路　先导控制回路由先导泵 2.1、比例溢流阀 4.1 和二位四通电磁换向阀 5.1 组成。先导控制回路的 X1 和 X2 油路对接被试液压泵 2.3 的控制油口 X1 和 X2，用于调节被试液压泵 2.3 的排量和进出油流向。

（2）辅助补油回路　辅助补油回路由辅助泵 2.2 和溢流阀 4.2 组成，回路的 U 油路对接被试液压泵 2.3 的冲洗油口 U，回路的 E 油路对接被试液压泵的补油口 E，液压泵闭式连接时，起补油作用。

（3）试验主回路　试验主回路包括液压泵-液压马达的双出轴电动机驱动台架，由开关二通插装锥阀块 11 构成的高压通断控制模块，由调压插装锥阀块 12、

试验主回路

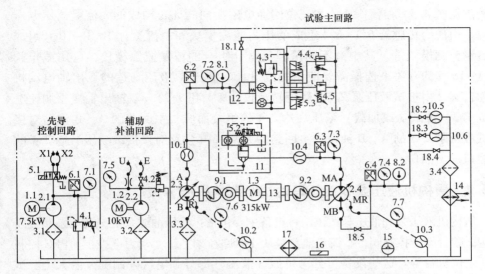

图 6-11　盾构机液压泵和液压马达试验台液压系统的原理

1. 1—三相四极异步电动机　1. 2—变频调速电动机　1. 3—双输出轴变频调速电动机　2. 1—齿轮泵（先导泵）

2. 2—叶片泵（辅助泵）　2. 3—被试液压泵（主泵）　2. 4—被试（或加载）液压马达　3. 1~3. 3—吸油过

滤器　3. 4—回油过滤器　4. 1、4. 5—比例溢流阀　4. 2~4. 4—溢流阀　5. 1、5. 2—二位四通电磁换向阀

5. 3—三位四通电磁换向阀　6. 1~6. 4—压力传感器　7. 1~7. 7—压力表　8. 1、8. 2—温度计

9. 1、9. 2—转矩转速仪　10. 1~10. 6—流量计　11—开关二通插装锥阀块　12—调压插装锥阀块

13—电磁离合器　14—冷却器　15—液位计　16—永磁铁　17—加热器　18. 1~18. 5—截止阀

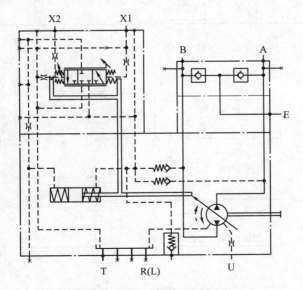

图 6-12　被试液压泵的油口原理

比例溢流阀4.5、溢流阀4.4和三位四通电磁换向阀5.3构成的大流量高压调压模块,由压力传感器6.1~6.4组成的压力监测模块和由流量计10.1~10.6组成的流量监测模块等。其中对不同量程流量计组合的流量监测模块,可用截止阀18.1~18.5的开关来选择需要使用的流量计。液压泵-液压马达的双出轴电动机驱动台架,由被试液压泵2.3、转矩转速仪(9.1和9.2)、双输出轴变频调速电动机1.3、被试(或加载)液压马达2.4等组装而成。主回路的A、B油路对接被试液压泵2.3的A、B油口,主回路的MA、MB油路对接被试液压马达2.4的进油口、出油口。

6.3.4 盾构机液压泵和液压马达试验台的机械(液压)设备

盾构机液压泵和液压马达试验台设备主要包括:液压油源系统、液压泵和液压马达试验台架、控制阀台、流量监测模块、管路桥架系统、动力电控柜、PLC控制柜、上位机台等。这些设备可分为机械(液压)部分和电气控制部分两大类。试验台机械(液压)部分采用模块化组合型式,各模块块间采用软管或法兰连接。

盾构机液压泵和液压马达试验台模块化组合型式的平面布置如图6-13所示。

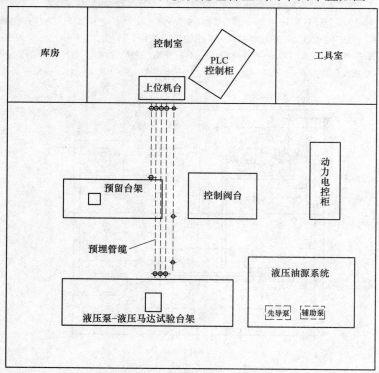

图6-13 盾构机液压泵和液压马达试验台模块化组合型式的平面布置

1. 液压泵-液压马达试验台架

盾构机液压泵和液压马达试验台台架的结构如图 6-14 所示。双出轴形式变频电动机的功率为 315kW。电动机左端通过联轴器、转矩转速仪、液压泵安装座串接被试液压泵（如 A4VSG750 液压泵），电动机右端通过电磁离合器、转矩转速仪、液压马达安装座串接液压马达（如 A6VM500 液压马达）。做液压泵试验时，液压马达起加载及能量回收作用；做液压马达试验时，液压泵起加载作用。该台架还可进行盾构机液压泵和液压马达闭式系统调速性能试验。试验台架的底座组焊退火完成后，由大型龙门铣床在一次装夹工况下，在各部件的安装板上加工出轴向定位槽。该定位槽用于保证试验泵、转矩转速仪和液压马达的同轴度（各部件转轴的高度，采用加垫块或垫片的方法调整）。试验台架中液压泵和液压马达的安装座设计成可随轴径不同而更换轴套的结构形式，以便换装不同规格的液压泵和液压马达。

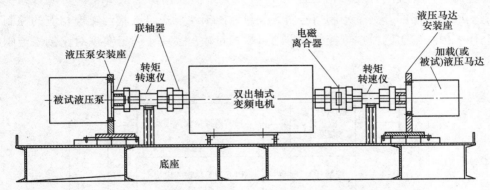

图 6-14 盾构机液压泵和液压马达试验台台架的结构

2. 控制阀台

试验台液压系统的高压通断控制模块和大流量高压调压模块的所有液压阀均集成安装在控制阀台的油路集成块上。控制阀台的油路集成块外观如图 6-15 所示。

6.3.5 盾构机液压泵和液压马达试验台电气控制系统

盾构机液压泵和液压马达试验台电气控制系统由电气动力柜、PLC 操作控制柜（含传感器和开关电器）和上位机组成。电气动

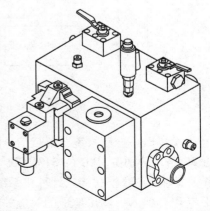

图 6-15 控制阀台的油路集成块外观

力柜和 PLC 操作控制柜的面板采用 2mm 厚的冷连轧板喷塑。

1. 电气动力柜

电气动力柜可控制各液压泵电动机的起停、过滤器堵塞报警和油温调节，在动力柜前面板上，设置相应的控制按钮和运行状态指示灯。其中被试液压泵和辅助液压泵电动机的控制还包括变频调速控制，调速范围为 500～2000r/min。电气动力柜配置助液压功率表，用于测量各液压泵电动机消耗的电功率。

2. PLC 操作控制柜

（1）PLC 控制系统的组成　PLC 控制系统的组成框图如图 6-16 所示，试验台各元件送入 PLC 的信号有开关量和模拟量两种。每一模拟量输入信道都由压力传感器、流量计、温度计、放大器（变送器）、信号隔离器组成，模拟输入信道均连入 PLC 模拟量输入模块，即可实现模拟量的数据采集和自动控制。来自各控制按钮开关的开关量信号通过 PLC 开关量输入模块送入 PLC，实现自动控制。PLC 发出的开关量控制信号由开关量输出模块发送给试验台实现相应的控制动作。PLC 发出的模拟量控制信号通过模拟量输出模块，用于实现对比例溢流阀的压力调节。

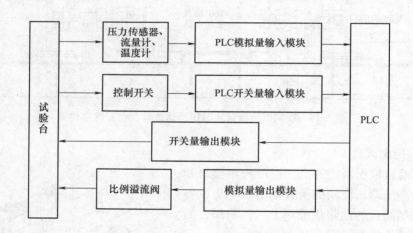

图 6-16　PLC 控制系统的组成框图

（2）PLC 控制系统开关量信号的 I/O 地址设定　控制系统中的开关量信号有近 50 路，分别由 PLC 的 313CX11 模块、313CX12 模块、开关量输入 M7 模块、开关量输入 M8 模块接入计算机系统，实现控制设定。各开关量信号的名称、作用与 PLC 输入、输出地址的对应关系见表 6-4。表中元件编号为其在图 6-11 中的序号。

表 6-4 各开关量信号的名称、作用与 PLC 输入、输出地址的对应关系

模块	PLC 输入地址	输入电气名称	PLC 输出地址	输出电气名称	开关量信号的作用
313CX11 模块	M2-X11：DI+2.0	按钮 SA6	M2-X12：DO+0.5	继电器 KAa	主泵比例控制选择（电位器/计算机）
	M2-X11：DI+2.1	按钮 SBL16	M9：DO+0.4	继电器 KA9	电磁阀 5.1 起动
	M2-X11：DI+2.2	按钮 SBL18			电磁阀 5.1 停止
	M2-X11：DI+2.3/2.4	在操作台的预留旋钮 1、2 使用			
	M2-X11：DI+2.5	KA 预留旋钮 1			报警预留 1（操作台）
	M2-X11：DI+2.6	KA 预留旋钮 2			报警预留 2（操作台）
	M2-X11：DI+2.7	空 脚			
313CX12 模块	M2-X12：DI+0.0	流量计 10.3 接口			
	M2-X12：DI+0.1				
	M2-X12：DI+0.2	空脚			
	M2-X12：DI+0.3	急停		继电器 KAd	急停输入
	M2-X12：DI+0.4	按钮 SBL12	M9：DO+0.3	继电器 KA7	本地先导泵 2.1 起动
	M2-X12：DI+0.5	按钮 SBL14			本地先导泵 2.1 停止
	M2-X12：DI+0.6	按钮 SBL4	M9：DO+0.1	继电器 KA1	本地辅助泵 2.2 起动
	M2-X12：DI+0.7	按钮 SBL6			本地辅助泵 2.2 停止
	M2-X12：DI+1.0	旋钮 SAh	M2-X12：DO+0.7	继电器 KAc	"本地/远程"控制
	M2-X12：DI+1.1	按钮 SBL8	M9：DO+0.2	继电器 K2	本地主泵 2.3 起动
	M2-X12：DI+1.2	按钮 SBL10			本地主泵 2.3 停止
	M2-X12：DI+1.3	按钮 SBL11	M9：DO+0.3	继电器 K7	远程先导泵 2.1 起动
	M2-X12：DI+1.4	按钮 SBL13			远程先导泵 2.1 停止
	M2-X12：DI+1.5	按钮 SBL15	M9：DO+0.4	继电器 K9	远程辅助泵 2.2 起动
	M2-X12：DI+1.6	按钮 SBL17			远程辅助泵 2.2 停止
	M2-X12：DI+1.7	按钮 SBL9			远程主泵 2.3 停止
开关量输入 M7 模块	M7：DI+0.0	继电器 KA4 常开			温度低（报警信号）
	M7：DI+0.1	继电器 KA24 常开			温度高（报警信号）
	M7：DI+0.2	继电器 KA27 常开			截止阀 18.1 起动
	M7：DI+0.3	继电器 KA28 常开			截止阀 18.5 起动
	M7：DI+0.5	继电器 KA20 常开			截止阀 18.2 起动
	M7：DI+0.6	继电器 KA23 常开			截止阀 18.3 起动
	M7：DI+0.7	继电器 KA19 常开			截止阀 18.4 起动

（续）

模块	PLC 输入地址	输入电气名称	PLC 输出地址	输出电气名称	开关量信号的作用
开关量输入 M7 模块	M7：DI+1.0	旋钮 SAL9	M2-X12：DO+0.3	继电器 KA32	报警解除
	M7：DI+1.2	KA13 常开			液位下限（报警信号）
	M7：DI+1.3	KA14 常开			吸油过滤器 3.1（报警信号）
	M7：DI+1.4	KA15 常开			吸油过滤器 3.2（报警信号）
	M7：DI+1.5	三档旋钮 SA5	M2-X12：DO+0.1	继电器 KA33	电磁阀 5.3 下电磁铁通电，比例加载
	M7：DI+1.6		M2-X12：DO+0.2	继电器 KA34	电磁阀 5.3 上电磁铁通电，手动加载
	M7：DI+1.7		M2-X12：DO+0.6	继电器 KAe	卸载
开关量输入 M8 模块	M8：DI+0.0	继电器 KA16 常开			吸油过滤器 3.3（报警信号）
	M8：DI+0.1	继电器 KA17 常开			回油过滤器 3.4（报警信号）
	M8：DI+0.2	继电器 KA37 常开			主泵 2.3 异常（报警信号）
	M8：DI+0.3	继电器 KA11 常开			辅助泵 2.2 异常（报警信号）
	M8：DI+0.4	继电器 KA38 常开			先导泵 2.2 异常（报警信号）
	M8：DI+0.5	继电器 KA39 常开			液压马达 2.4 异常（报警信号）
	M8：DI+0.6	旋钮 SALZ	M2-X12：DO+0.4	继电器 KAb	本地/远程控制切换
	M8：DI+0.7	按钮 SBL2	M9：DO+0.0	继电器 KA3	电磁离合器 13 起动
	M8：DI+1.0	旋钮 SBL1			电磁离合器 13 停止
	M8：DI+1.3	旋钮 SAL2	M9：DO+0.6	继电器 KA31	预留控制
	M8：DI+1.4	旋钮 SAL3	M9：DO+0.7	继电器 KA30	预留控制
	M8：DI+1.5	旋钮 SAL1	M9：DO+0.5	继电器 KA29	预留控制
	M8：DI+1.6	旋钮 SAL4	M2-X12：DO+0.0	继电器 KA26	电磁阀控制
	M8：DI+1.7	按钮 SBL7	M9：DO+0.2	继电器 KA2	远程主泵 2.3 起动
			M2-X12：DO+1.1	继电器 KAG	加热器 17 启动控制

注：1. 液位高只在操作面板上有显示，不在计算机中显示。
　　2. "加热启动"指示灯由继电器 KAG 常开触点控制。

（3）PLC 操作控制柜　PLC 操作控制柜可实现控制试验台的各种试验操作（含手动方式、单项自动方式、全自动方式）和采集数据的数字仪表显示。PLC 操作控制柜外形如图 6-17 所示。

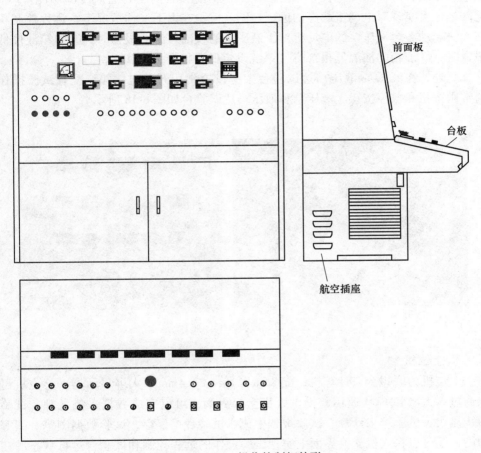

图 6-17　PLC 操作控制柜外形

PLC 控制柜内安装了用于试验台试验操作开关控制、液压参数（压力、排量）模拟控制、数据采集的全部电气元件和 PLC 模块。PLC 模块由电源模块、CPU 模块、通信模块、DI 模块、DO 模块、AI 模块和 AO 模块组成。PLC 模块与上位机通过通信模块通信，完成两者之间的指令与状态的传递。

PLC 控制柜的前面板上配装了主要检测物理量（压力、流量、转速、转矩、温度、电功率等）在线检测值显示的数字显示仪，配装了试验台运行状态显示或报警的信号指示灯。控制柜的台板上配装了试验台运行操作控制的各种按钮开关、选择开关及用于模拟量手动输入设定的精密电位计。传感器和仪表的信号线必须采用带屏蔽的通信电缆，现场所有传感器的信号电缆、控制电磁铁的电源线均通过航空插头从控制柜侧面的航空插座板接入控制柜内的接线端子。信号线和强电线必须分离。PLC 电控柜和上位机工作柜需具有内压和通风冷却功能。PLC 控制柜还可实现对电动机起停的远程控制。但是在以下三种情况下，远程控制状态无法起动各台液压泵的电动机：①液压泵的吸油过滤器报警时；②油箱液位低报警时；③油箱的油温低报警时（系统设定低温报警为 10℃）。

此外，在液压泵-液压马达试验台架旁设置常用开关电气箱，配置试验操作的常用按钮和急停按钮。液压泵和液压马达试验台如图 6-18 所示。

图 6-18　试验台实体照片

3. 上位机

上位机为联想个人计算机，配 25in（1in = 25.4mm）大屏显示器。上位机可以通过以太网和 PLC 通信，提供人机交换界面；可以完成数据采集处理、试验曲线显示、试验结果计算、试验报告生成、试验数据保存、试验数据浏览查阅等功能；还可以在人机交换界面上实现试验操作的远程控制和试验台运行状态的在线监控功能。

4. 试验台测控网络系统

试验台测控网络系统组成方式：试验台现场采用西门子 S7-300 PLC 作为下位机，通过 PLC 的通信模块及以太网连接到上位机。上位机也可访问下位机 PLC，实现系统需要的监控功能。

5. 信号抗干扰

电源要求：电控系统按三相五线制设计。

接地地网（PE）要求：接地电阻小于 4Ω，使用截面面积为 25mm^2 的接入线，需在试验台设备附近设置。

试验台设备接地方法：电动机保护地线与各传感器信号线的屏蔽层均接在地网上，为保证电动机保护地线不对信号产生干扰，在电控柜的设计上要保证电动机保护地线与信号保护地线在一点上接地，同时各计算机模块的接地点应做成悬浮接地。

6.3.6 盾构机液压泵和液压马达试验台计算机数据采集和控制软件

1. 数据采集系统的被测量

盾构机液压泵和液压马达试验台数据采集系统的被测量见表 6-5。下文和 6.4 节中各被测量均使用表 6-5 中的代码命名。表 6-5 中元件编号为该传感器在图 6-11 中的序号。

表 6-5 盾构机液压泵和液压马达试验台数据采集系统的被测量

被测量代码	元件编号	被测量名称	信号种类	元件量程
PP	6.2	主泵压力 p_P		0~40MPa
PT	6.4	回油压力 p_T		0~6MPa
PK	6.1	先导泵压力 p_K	4~20mA（隔离后的信号）	0~10MPa
PMA	6.3	液压马达进口压力 p_{MA}		0~40MPa
C1	8.1	出油温度 t_1		0~100℃
C2	8.2	回油温度 t_2		0~100℃
n1	9.1	主泵转速 n_1	脉冲信号，对应频率范围 5~15kHz	0~2500r/min
nM	9.2	液压马达转速 n_M		0~2500r/min
T1	9.1	主泵输入转矩 T_1	脉冲信号	0~1500N·m
TM	9.2	液压马达输出转矩 T_M		0~1500N·m
L1	10.1	主泵输出流量 q_1		20~2000L/min
L2	10.2	主泵泄漏流量 q_2		0.5~100L/min
L3	10.3	液压马达泄漏流量 q_3	脉冲信号	0.5~100L/min
L4	10.4	液压马达输入流量 q_4		20~2000L/min
L5	10.4	回油流量 q_5		20~2000L/min

2. 试验台控制方式分类及控制逻辑

试验台的控制方式按大类分为上位机人机界面控制（简称"上位机"）和控制台面板按钮控制（简称"面板"）；"面板"又细分为手动控制和自动控制。以被试液压泵（即主泵）调压控制为例："被试液压泵调压方式选择"旋钮用于被试液压泵调压大类控制方式的选择：可选"上位机"或"面板"。

"被试液压泵比例调压选择"旋钮用于被试液压泵比例调压方式的选择：

"面板"方式下，可选"手动"、"卸荷"或"比例"（即自动）；"上位机"方式下，可选"卸荷"或"比例"（即自动）。被试液压泵压力调节电位器用于在"面板"上人工调节

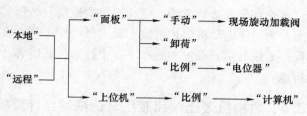

图 6-19　各种调压方式的控制逻辑关系

被试液压泵的输出压力，本质上属于"比例"（自动）控制。各种调压方式的控制逻辑关系如图 6-19 所示。

3. 计算机试验程序中人机界面转换的流程

根据试验需求，设计了计算机试验程序中各人机界面转换的流程。

（1）"主页"界面　用户正确登录后弹出"主页"界面，"主页"界面包含试验操作的 5 款选项，如图 6-20 所示。

（2）"系统设定调试"界面　单击"系统调试"按钮，系统弹出"系统设定调试"界面，如图 6-21 所示。

| 1.系统调试 |
| 2.泵试验 |
| 3.马达试验 |
| 4.试验资料查询 |
| 5.用户管理 |

图 6-20　"主页"界面

| 1-1　现状显示 |
| 1-2　油温调节
（油温上下限设定，手控、自控选择） |
| 1-3　传感器零位标定 |
| 1-4　先导控制油压PK设定 |
| 1-5　采样频率设定 |

图 6-21　"系统设定调试"界面

（3）"泵试验"界面　单击"主页"界面中的"泵试验"按钮，系统弹出"泵试验"界面，人工填写试验日期（年月日）、被试液压泵型号，自动生成试验编号（年月日时-型号-B）。

1）试验项目："耐压试验"、"容积效率"试验、"起动力矩"（机械效率）试验、"变量特性"试验。

单击某试验项目，弹出液压泵液压马达试验项目原理图及试验方法说明，单击"下一步"按钮转入"试验参数设定"界面。

2）"试验参数设定"界面中可设定的参数包括：液压泵压力、排量，加载

液压马达排量、转速、转向以及功率回收接通或断开。单击"确认"或"修改"按钮转入"下一步"或"返回"，单击"下一步"按钮转入"采集记录数据设定"界面。

3）"采集记录数据设定"界面中可设定的采集记录数据包括：压力 PP、压力 PMA、压力 PT、压力 PK，流量 L1、流量 L2、流量 L3、流量 L4、流量 L5，转矩 T1、转矩 TM，转速 n1、转速 nM 和油温 T。对每一采集记录数据均可进行以下操作：选定量程，设定记录保存频率，设定显示曲线坐标和曲线颜色，设定每次记录时间长度。单击"确认"或"修改"按钮转入"下一步"或"返回"，单击"下一步"按钮转入"泵试验运行"界面。

4）"泵试验运行"界面中包括："试验开始"按钮、"试验停止"按钮、"开始记录"按钮、"停止记录"按钮、"加载"按钮、"卸载"按钮，试验项目原理图，记录量实时数据，曲线显示。

单击相应按钮，进行试验；单击"停止"按钮转入"下一步"或"返回"，单击"下一步"按钮转入"试验数据处理"界面。

5）"试验数据处理"界面中试验报告的编号（即试验编号），也是该文档的文件名，可用于检索。人工对试验数据检读和处理，填写试验结论后存档。

（4）"马达试验"界面　单击"主页"界面的"马达试验"按钮，弹出"马达试验"界面，人工填写"试验日期"（年月日时）、"被试马达型号"，自动生成试验编号（年月日时-型号-M）。

1）试验项目："机械效率试验""容积效率试验""跑合"。

单击某试验项目，弹出"泵马达试验"界面及该项目试验方法说明，单击"下一步"按钮转入"试验参数设定"界面。

2）"试验参数设定"界面（与"泵试验"界面的"试验参数设定"界面相同）。

3）"采集记录数据设定"界面（与"泵试验"界面的"采集记录数据设定"界面相同）。

4）"马达试验运行"界面。（与"泵试验"界面的"泵试验运行"界面相同）。

5）"试验数据处理"界面（与"泵试验"界面的"试验数据处理"界面相同）。

（5）"试验资料查询"界面　单击"试验资料查询"按钮，弹出"试验资料查询"界面，分"按试验日期查询""按被试件种类型号查询""按试验编号查询"三个对话框。在按试验"日期查询"对话框中,人工填写"试验日期"(年或年月或年月日),则显示对应日期所有的试验编号,单击选择的试验编号,则打开该试验报告的文档。在"被试件种类型号查询"对话框中,人工填写"被试件种类"(B 或 M),则显示对应种类所有被试件的试验编号;人工填写"被试件型号-种类",则显示对应型号-种类所有被试件的试验编号;单击选择的试验编号,则打开该试验报告的文档。

(6)"用户管理"界面 用户分为试验员、管理员和程序员三种。

1)试验员可以进行各种试验操作,包括:"泵试验""马达试验""试验资料查询"等界面操作。

2)管理员除具有试验员的所有权限外,还具有系统调试和用户管理的操作权限。

3)程序员锁定为某专职工程师,只有此人具有打开程序文件或修改程序的操作权限。

4. 计算机软件和人机界面

上位机数据采集和处理程序运用 C++软件进行开发。下位机西门子 S7-300 PLC 的控制程序采用 STEP7 软件平台编写。采用 WinCC 组态软件,在上位机上生成人机交互界面。以"泵试验"的人机界面为例介绍如下。

(1)"系统设定调试"界面 "系统设定调试"界面如图 6-22 所示。在此界面中可设定各液压泵的输出压力(即各比例溢流阀的调定压力),可对各压力传感器、流量计和转矩转速仪的零点进行标定。

(2)试验运行监控 在"泵试验"界面中选择试验项目,如图 6-23 所示。选定"耐压试验",界面会显示耐压试验的试验方法。设置试验参数(包括被测量名称、量程等)后,进入"泵试验运行监控"界面,如图 6-24 所示。在"泵试验运行监控"界面中,可进行各种试验操作控制,还在模拟实况图的各传感器图形旁,显示对应的在线检测值。试验过程中,还可将界面切换至"检测数据在线显示"界面,如图 6-25 所示,此时各被测量在线检测值和各被测量值随时间变化的曲线将一目了然。

(3)试验数据处理与查询 试验人员可以在"试验数据处理"界面中,选定被测量中的任意两个,分别作为直角坐标系的 X 轴或 Y 轴,界面会自动生成选定的两个被测量间的关系曲线。用户登录"试验数据查询"界面后,可依据被试件型号、试验时间或试验编号来查询已保存的试验数据。

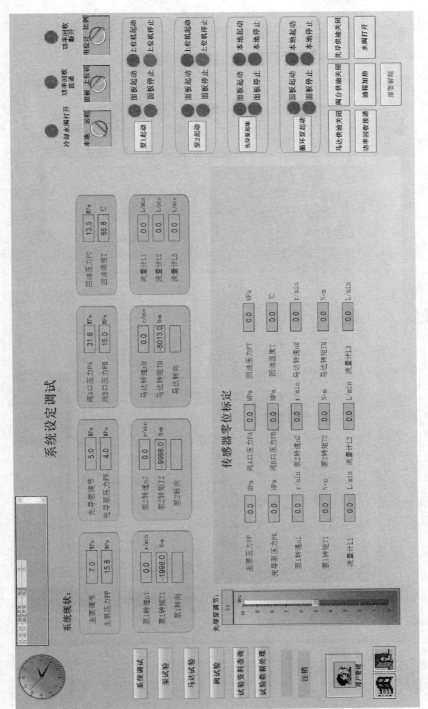

图 6-22　"系统设定调试"界面

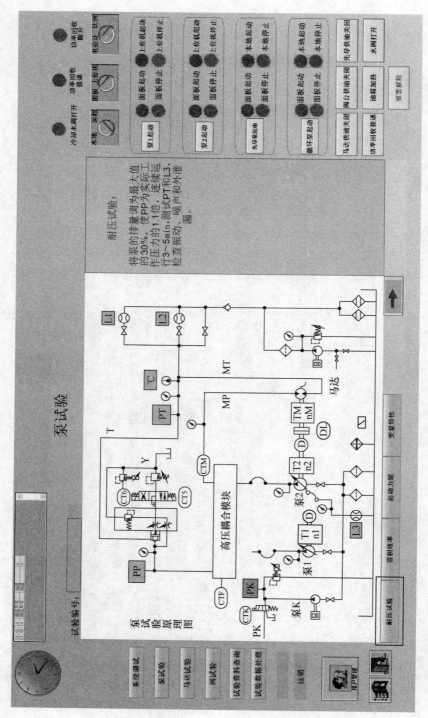

图 6-23 "泵试验" 项目选择界面

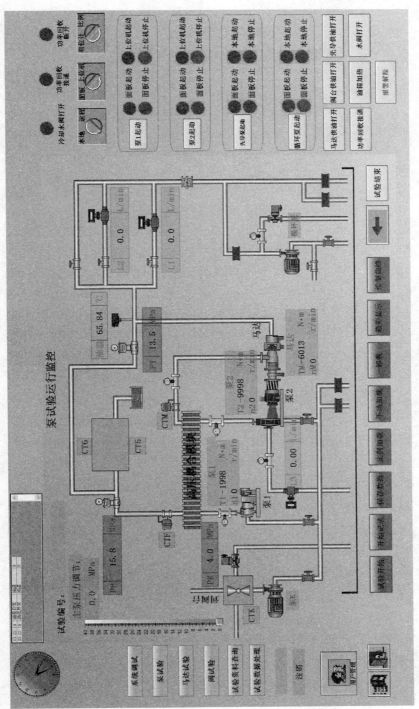

图 6-24　"泵试验运行监控" 界面

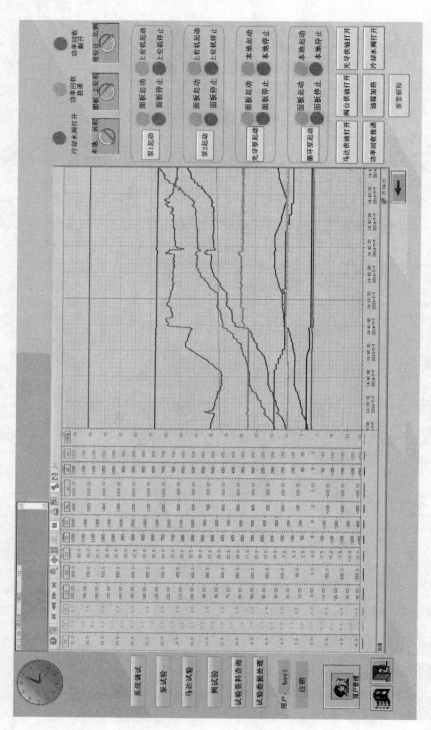

图 6-25 "检测数据在线显示"界面

6.4 盾构机液压泵和液压马达试验台试验案例

6.4.1 A4VSG750HD1 型液压泵闭式系统性能试验

1. 试验系统启动

首先开机、登录，输入被试件型号、试验日期生成试验报告模板后，再确定试验台台架被试液压泵（主泵）端自身的摩擦力矩 T_{Jb}（不装液压泵，断开功率回收，起动电动机测量 T_1）、试验台台架整体自身的摩擦力矩 T_J（不装液压泵和液压马达，接通功率回收，起动电动机测量 $T_1 + T_M$）、试验台台架液压马达端自身的摩擦力矩 $T_{Jm} = T_J - T_{Jb}$。

2. 被试件安装与配管

1）将被试液压泵（A4VSG750HD1 型）和液压马达安装在试验台台架上，在断开功率回收的条件下，按闭式系统配管。在为先导控制油口 K1 和 K2 配管时，要确保在电动机当前转向状态，液压泵的进出油口与闭式系统匹配（注意：液压泵顺时针旋转时，K2 接控制压力对应 B 口出油，A 口进油）。

2）使补油泵 1 的流量约为 60L/min 或 120L/min，补油压力调为 2～2.5MPa（试验过程中应注意调节保持在此范围）。

3）调整液压马达斜盘倾角方向，点动液压泵运转时，确保液压马达转向和电动机当前转向一致。

3. 试验运行与数据处理

（1）变量特性试验 将被试液压马达排量调为最大，接通功率回收，主电动机转速调为 400r/min。使补油泵 1 的流量约为 120L/min，补油压力调为 2～2.5MPa，先导控制压力 P_K 调为 1MPa。测得先导泵的输出流量为 23L/min。

使用面板比例控制方式，将电位计旋至零位，起动先导泵和补油泵 1，再立即起动补油泵泵 2；此时压力 p_P 约为 3MPa。运转正常后，用电位计调节先导控制压力 p_K，使压力 p_K 从 1MPa 平缓上升至 4.6MPa，至排量为最大值（p_K 不可大于 5MPa）。

测量上述全过程的压力 p_P、p_K、p_T、流量 q_1、q_2、q_3（泄漏流量）、转矩 T_2、T_M，转速 n_2、n_M，油温 t_1、t_2。读取电流表读数。

注意，因为本试验需要在不同的负载压力下对各被测物理量进行检测。为区分同一物理量在不同负载压力下的检测值，本节中将某物理量检测值对应的压力值以 MPa 为单位填写在该物理量代码符号后的括号中，代码命名见表 6-5。例如，上述流量 $q_2(0)$ 代表流量计 2 在空载时的读数，$p_P(0)$ 代表主泵压力在空载时的值。

查找空载状态下的压力 p_P、转矩 T_2。计算被试液压泵空载下不同先导控制压力 p_K 对应的输出流量 q，其计算公式为

$$q = q_2 + q_1 - 23$$

式中　q——空载状态下的液压泵的输出流量（L/min）；

q_1——空载状态下补油泵 1 的流量（L/min）；

q_2——空载状态下补油泵 2 的流量（L/min）。

绘制纵坐标为 q_2、横坐标为 p_K 的变量调节特性曲线。

在变量调节特性曲线中，查找流量 q_2 最大值 q_{2max} 及对应的流量 q_{3max}，查找补油泵 2 排量为 150mL 时对应的 p_K 值，查找 p_K 为 4.6MPa 时的 $q_2(4.6)$ 和 $q_1(4.6)$。计算被试液压泵的最大流量 q_{max}，其计算公式为

$$q_{max} = q_2(4.6) + q_1(4.6) - 23$$

式中　q_{max}——空载状态下被试液压泵的最大流量（L/min）；

$q_1(4.6)$——p_K 为 4.6MPa 时补油泵 1 的流量（L/min）；

$q_2(4.6)$——p_K 为 4.6MPa 时补油泵 2 的流量（L/min）。

计算被试液压泵的最大排量 V_{max}，其计算公式为

$$V_{max} = 1000q_2(4.6)/n_2$$

式中　V_{max}——空载状态下被试液压泵的最大排量（mL/r）；

$q_2(4.6)$——p_K 为 4.6MPa 时补油泵 2 的流量（L/min）；

n_2——补油泵 2 的转速（r/min）。

（2）耐压试验及容积效率试验　将主电动机转速调为 800r/min，使补油泵 1 的流量约为 60L/min，补油压力调为 2~2.5MPa，用电位计调节先导控制压力 p_K 为 2.2MPa，即将补油泵 2 的排量调为最大值的 30%（约 220mL/r），再将液压马达排量调为约 80mL/r（必须在断开功率回收的状态下，调定液压马达排量），此后接通功率回收。

使用面板比例控制方式，p_P 电位计旋至零位，起动先导泵和补油泵 1，再立即起动补油泵 2。用手动控制电位计缓慢加载（约 1MPa/s），同时调紧液压马达进口溢流阀旋钮，使液压泵出口压力 p_P 缓慢升至实际工作压力的 1.1 倍（约 30MPa），保压 30s，并锁定液压马达进口溢流阀旋钮不动（此阀作为安全阀使用，不用于试验调压）。测量加载全过程的压力 p_P、流量 q_1、流量 q_2、流量 q_3；测量保压 30s 过程中的压力 $p_P(30)$、$p_T(30)$、流量 $q_1(30)$、$q_2(30)$、q_3，转矩 $T_2(30)$、$T_M(30)$，转速 $n_2(30)$、$n_M(30)$，油温度 t_1、t_2。记录电流表读数 $I(30)$，记录功率表读数 $N_d(30)$，检查振动、噪声和外泄漏。完成后，先用手动控制电位计缓慢减载至 5MPa，再卸荷。

查找 30MPa 时流量 $q_1(30)$、$q_2(30)$。计算 30MPa 时被试液压泵的输出流量 $q(30)$，其计算公式为

$$q(30) = q_1(30) + q_2(30) - 23$$

式中　$q(30)$——30MPa 时被试液压泵的输出流量（L/min）；

　　　$q_1(30)$——30MPa 时补油泵 1 的流量（L/min）；

　　　$q_2(30)$——30MPa 时补油泵 2 的流量（L/min）。

计算 30MPa 时液压泵的泄漏流量 $q_3(30)$，其计算公式为

$$q_3(30) = q_{max} - q(30)$$

式中　$q_3(30)$——30MPa 时液压泵的泄漏流量（L/min）；

　　　q_{max}——空载状态下被试液压泵的最大流量（L/min）。

计算 30MPa 时液压泵的容积效率 $\eta_v(30)$，其计算公式为

$$\eta_v(30) = 1 - q_3(30)/q_{max}$$

式中　$\eta_v(30)$——30MPa 时液压泵的容积效率。

计算泄漏系数 λ，其计算公式为

$$\lambda = q_3(30)/(30 - p_p)$$

式中　λ——泄漏系数[1/(min·MPa)]；

　　　p_P——空载状态下被试液压泵压力（MPa）。

或调用测得的数据生成纵坐标为 q_3、横纵坐标为 p_P 的泄漏量-压力曲线，该曲线的斜率即为泄漏系数 λ。

（3）起动力矩试验　调用（1）、（2）中测得的数据，计算起动力矩 M_q 的公式为

$$M_q = T_2 - 2T_{Jb}$$

式中　M_q——起动力矩；

　　　T_2——空载状态下的转矩；

　　　T_{Jb}——试验台架液压泵端自身的摩擦力矩。

（4）机械效率试验　调用（1）、（2）中测得的数据，计算 30MPa 时液压泵输入功率 $N_{Bi}(30)$，其计算公式为

$$N_{Bi}(30) = 6.28[T_2(30) - T_J]n_2(30)/60000$$

式中　$N_{Bi}(30)$——30MPa 时液压泵输入功率（kW）；

　　　$T_2(30)$——30MPa 时补油泵 2 的转矩；

　　　$n_2(30)$——30MPa 时补油泵 2 的转速；

　　　T_J——整体试验台架自身的摩擦力矩（N·m）。

计算 30MPa 时液压泵输出功率 $N_{Bo}(30)$，其计算公式为

$$N_{Bo}(30) = p_P(30)q_2(30)/60$$

式中　$N_{Bo}(30)$——30MPa 时液压泵输出功率（kW）；

　　$p_P(30)$——30MPa 时被试液压泵压力（MPa）。

计算 30MPa 时液压泵总效率 $\eta(30)$ 公式为

$$\eta(30) = 159.2p_P(30)q_2(30)/\{[T_2(30) - T_J]n_2(30)\}$$

式中　$\eta(30)$——30MPa 时液压泵总效率。

计算 30MPa 时液压泵的机械效率 $\eta_m(30)$，其计算公式为

$$\eta_m(30) = \eta(30)/\eta_V(30)$$

式中　$\eta(30)$——30MPa 时液压泵的总效率。

（5）功率回收值　调用（1）、（2）中测得的数据，计算 30MPa 时液压泵的回收功率 $N_{hs}(30)$，其计算公式为

$$N_{hs}(30) = 6.28T_M(30)n_M(30)/60000$$

式中　$T_M(30)$——30MPa 时液压马达的输出转矩；

　　$n_M(30)$——30MPa 时液压马达的转速。

或

$$N_{hs}(30) = [6.28T_2(30)n_2(30)/60000] - N_d(30)$$

式中　$N_d(30)$——30MPa 时功率表读数。

6.4.2　AL46VM500 型液压马达闭式系统试验

1. 试验系统启动

先开机、登录，输入被试件型号、试验日期生成试验报告模板后，再确定试验台架液压泵端自身的摩擦力矩 T_{Jb}（不装液压泵，断开功率回收，起动电动机测 T_1 读数）、试验台架整体自身的摩擦力矩 T_J（不装液压泵和液压马达，接通功率回收，起动电动机测 T_1+T_M 读数）、试验台架液压马达端自身的摩擦力矩 $T_{Jm} = T_J - T_{Jb}$。

2. 被试件安装与配管

1）将液压泵和被试液压马达安装在试验台架上，在断开功率回收的条件下，按闭式系统配管。为先导控制油口 K1 和 K2 的配管，要确保在电动机当前转向时，液压泵的 A 口出油、B 口进油。

2）使补油泵的流量约为 160L/min，补油压力调为 2~2.5MPa。

3）调整液压马达斜盘倾角方向，点动液压泵运转时，确保液压马达转向和电动机当前转向一致。

3. 试验运行与数据处理

（1）机械效率试验　选择面板操作，将被试液压马达排量调为最大值，液

压泵的排量调为中等（约最大值的 50%），选择功率回收断开（电磁离合器断电）。将被试液压泵调压方式选为比例及电位计，确认被试液压泵调压电位计已回零位，在空载下起动液压泵。液压泵运转正常后，在面板上将液压马达供油阀（CTM）打开，观察液压马达及油路有无泄漏；若无泄漏，则用手动电位计缓慢加载（约 0.5MPa/s），使液压泵的输出压力从 0 逐渐升高直至液压马达稳定转动（10s 内 n_M 变化的振幅小于平均值的 5%）；测量液压马达稳定转动时的压力 p_P、p_T，转矩 T_M，转速 n_M，流量 q_2、q_3，油温 t_1、t_2，上述各量取平均值，可计算液压马达的机械效率。测量完成后，用手动电位计减压至液压马达停止转动，关闭液压马达供油阀。

计算空载状态下液压马达起动压差 Δp 的公式为

$$\Delta p = p_P - p_T$$

式中　Δp——空载状态下液压马达起动压差（MPa）；

p_P——空载状态下液压马达的压力（MPa）；

p_T——空载状态下液压马达的回油压力（MPa）。

计算空载状态下液压马达起动转矩 M_q 的公式为

$$M_q = 159.2(p_P - p_T)(q_2 + q_3)/n_M$$

式中　M_q——空载状态下液压马达起动转矩（N·m）；

n_M——空载状态下液压马达的转速（r/min）。

计算液压马达机械效率 η_m 的公式为

$$\eta_m = T_M / M_q$$

式中　η_m——液压马达机械效率；

T_M——空载状态下液压马达的转矩。

或

$$\eta_m = (T_M - T_{Jm}) / M_q$$

式中　T_{Jm}——试验台架液压马达端自身摩擦力矩。

计算液压马达最大排量 V_{max} 的公式为

$$V_{max} = 1000(q_2 + q_3) / n_M$$

式中　V_{max}——计算液压马达最大排量（mL/r）。

（2）容积效率试验和跑合　选择上位机操作或面板操作，将液压马达加载溢流阀旋至最紧后，反松 1.5 圈后锁定（或保持液压泵试验时的锁定状态）。将被试液压泵的排量调为最大值的 30%。

选择功率回收接通（电磁离合器通电），将液压马达的排量调为最大值的 50%，将被试液压泵调压方式选为比例及上位机。在上位机界面中将被试液压泵压力设为 3MPa，起动液压泵。液压泵运转正常后，将液压马达供油阀（CTM）

打开，在上位机界面中将被试液压泵压力改设为 10MPa。缓慢将被试液压泵的排量调大，直至压力 p_P 升至 10MPa 左右稳定不变后再略大少许（2%~5%）；测量此时的压力 p_P、p_T(10)，流量 q_2(10)、q_3(10)（泄漏流量），转矩 T_2(10)、T_M(10)，转速 n_2(10)、n_M(10)，油温 t_1、t_2。再在上位机界面中将被试液压泵压力 p_P 由 10MPa 缓慢升为 25MPa（10s 左右），测量加压全过程的压力 p_P、p_T，流量 q_2、q_3（泄漏流量），转矩 T_M，转速 n_M，油温 t_1、t_2。压力 p_P 稳定为 25MPa 后，连测量续运行 1min。此时的压力 p_P、p_T(25)，流量 q_2(25)、q_3(25)（泄漏流量），转矩 T_2(25)、T_M(25)，转速 n_2(25)、n_M(25)，油温 t_1、t_2。检查振动、噪声和外泄液漏。

也可将被试压泵调压方式选为比例及面板。起动液压泵，用电位计将被试液压泵压力调为 3MPa，液压泵运转正常后，将液压马达供油阀（CTM）打开，将电位计旋至与 10MPa 压力对应的圈数和角度，缓慢将被试液压泵的排量调大，直至压力 p_P 升至 10MPa 左右稳定不变后再略大少许（2%~5%）；测量此时的压力 p_P、p_T(10)，流量 q_2(10)、q_3(10)（泄漏流量），转矩 T_2(10)、T_M(10)，转速 n_2(10)、n_M(10)，油温 t_1、t_2。再用电位计将被试液压泵压力 p_P 由 10MPa 缓慢升为 25MPa（10s 左右），测量加压全过程的压力 p_P、p_T、流量 q_2、q_3（泄漏流量），转矩 T_M，转速 n_M，油温 t_1、t_2。压力 p_P 稳定为 25MPa 后，连续运行 1min。测量此时的压力 p_P、p_T(10)、流量 q_2(10)、q_3(10)（泄漏流量），转矩 T_2(10)、T_M(10)，转速 n_2(10)、n_M(10)、油温 t_1、t_2。检查振动、噪声和外泄漏。记录电功率表读数 N_d(25)。

调取加压全过程的压力 p_P、转矩 T_M、转速 n_M 值，生成纵坐标为转矩 T_M、横坐标为压力 p_P 的转矩特性曲线和纵坐标为 n_M、横坐标为 n_M 的转速特性曲线。

查找上述各量的代表值，计算液压马达的容积效率 η_V 和泄漏系数 λ。

计算 10MPa 时液压马达的容积效率 η_V(10) 公式为

$$\eta_V(10) = q_2(10)/[\,q_2(10) + q_3(10)\,]$$

式中　η_V(10)——10MPa 时液压马达的容积效率；

　　　q_2(10)——10MPa 时补油泵 2 的流量；

　　　q_3(10)——10MPa 时液压马达的泄漏量。

计算 25MPa 时液压马达的容积效率 η_V(25) 公式为

$$\eta_V(25) = q_2(25)/[\,q_2(25) + q_3(25)\,]$$

式中　η_V(25)——25MPa 时液压马达的容积效率；

　　　q_2(25)——25MPa 时补油泵 2 的流量；

　　　q_3(25)——25MPa 时液压马达的泄漏量。

计算泄漏系数 λ 的公式为

$$\lambda = \left[\, q_3(25) - q_3(10)\,\right]/15$$

式中　λ——泄漏系数$\left[\, 1/(\min \cdot MPa)\,\right]$。

还可计算功率回收值。

计算 25MPa 时电动机输出功率（液压马达输入功率）$N_{Bi}(25)$ 为

$$N_{Bi}(25) = 6.28T_2(25)\,n_2(25)/60000$$

式中　$N_{Bi}(25)$——25MPa 时电动机输出功率；

$T_2(25)$——25MPa 时补油泵 2 的转矩；

$n_2(25)$——25MPa 时补油泵 2 的转速。

计算 25MPa 时液压马达输出功率 $N_{Bo}(25)$ 为

$$N_{Bo}(25) = p_p(25)\left[\, q_2(25) + q_3(25)\,\right]/60$$

式中　$N_{Bo}(25)$——25MPa 时液压马达的输出功率（kW）；

$p_p(25)$——25MPa 时液压马达的输出压力（MPa）。

计算 25MPa 时液压马达的功率回收值 $N_{hs}(25)$ 为

$$N_{hs}(25) = N_{Bo}(25) - N_{Bi}(25)$$

或

$$N_{hs}(25) = 6.28T_M(25)\,n_M(25)/60000（相差一个台架的效率）$$

或

$$N_{hs}(25) = \left[\, 6.28T_2(25)\,n_2(25)/60000\,\right] - N_d(25)$$

式中　$N_{hs}(25)$——25MPa 时液压马达的功率回收值（kW）；

$T_M(25)$——25MPa 时液压马达的转矩；

$N_d(25)$——25MPa 时功率表读数。

6.5　挖掘机维修用液压泵和液压马达试验台

6.5.1　挖掘机维修用液压泵和液压马达试验台概述

1. 试验台的设计原则

1）试验台的功能定位：检修 20～30t 挖掘机时，对液压泵和液压马达的维修提供依据。

2）在优先满足维修工况对试验台要求的前提下，参考国家标准或机械行业标准确定试验项目和试验方法。

3）试验台可同时进行液压泵和液压马达的测试，测试油路互不干涉，可分别控制压力和流量。

4）试验台最大工作压力为 35MPa，试验流量为 35～500L/min，试验台总功率 300kW。

5）计算机测控系统软件（含人机界面）不针对每种液压泵或液压阀的特点分别进行编程，而是以被测量为单元，编制一套对液压泵、液压马达均适合的通用软件。

2. 液压泵的试验项目和方法

（1）空载跑合 将变频电动机转速调为液压泵的额定转速，系统压力调节近似为 0（空载压力），连续运行 5min，测量其出口流量，检查振动、噪声和外泄漏等。

（2）效率试验（包括排量测定、容积效率测定和总效率测定） 先将系统压力调为 0，被试液压泵排量调为最大排量，转速调为额定转速 n，测量被试泵的输出流量 q_0 和转速 n，计算空载排量 $V_0 = q_0/n$。然后保持系统压力为 0，将被试液压泵排量调为最大排量的 50%，测量液压泵的输出流量 q_1 和转速 n；再将被试液压泵排量调为最大排量的 50%，将系统压力调为额定压力，测量被试泵的输出流量 q_2、输出压力 p_2、转速 n、电动机输出转矩 T。最后计算容积效率 $\eta_V = (q_2/q_1) \times 100\%$，被试液压泵输出功率 $N_2 = p_2 q_2$，电动机输出功率 $N_E = nT$，总效率 $\eta = N_2/N_E = (p_2 q_2)/(nT)$。

（3）超载性能试验（最高试试验压力为 35MPa） 在额定转速下，将被试液压泵出口压力调至 35MPa，连续运行 3~5min，测量液压泵出口压力和泄漏量，检查振动、噪声和外泄漏。

（4）变量特性试验（负流量和负载敏感控制） 变量泵是负流量控制时，在额定转速下，系统压力调节近似为 0，将试验台先导泵液压油源引向被试液压泵的负流量外控口，控制先导压力逐渐变化，检测被试液压泵输出流量随先导压力的变化。变量泵是负载敏感控制时，将液压马达试验回路高压泵的输出压力引到被试液压泵的 LS 控制口，作为负载敏感反馈压力 p_{LS}，试验时，将压力 p_{LS} 逐渐调大，检测被试液压泵输出流量随压力 p_{LS} 的变化，绘制被试液压泵输出压力与压力 p_{LS} 之差和液压泵输出流量的关系曲线。

3. 液压马达试验项目与方法

（1）空载跑合（包括排量测定） 关闭液压马达试验台架的电涡流器测功机电源，使被试液压马达输出轴上的负载转矩为 0，调节供油液压泵的流量使被试液压马达的转速为额定转速，连续运行 5min，测量被试液压马达出口流量、泄漏量、进出口压力、输出转矩和转速，检查振动、噪音和外泄漏。若被试液压马达的出口流量为 q_M、转速为 n_M，则排量 $V_M = q_M/n_M$。

（2）起动力矩试验（空载下） 空载跑合完成后，调小供油液压泵输出压力，使被试液压马达转速为 0，停止 1min 后，缓慢调大供油液压泵输出压力，直至被试液压马达转速（不为零）稳定为止。测量被试液压马达进出口压力、输出转矩和转速，绘制转矩与转速的关系曲线，转速突变时的转矩即为起动力矩。

（3）效率试验（容积效率测定和总效率测定）　调节供油液压泵的流量使被试液压马达的转速为额定转速，保持被试液压马达出口压力不变。起动试验台架的电涡流器测功机，逐渐加大被试液压马达输出轴上的负载转矩，将被试液压马达的进口压力分别调为额定压力（或实际工作的最大压力）的50%、100%，测量被试液压马达出口流量 q_M、泄漏流量 q_L、进口压力 p_A、出口压力 p_B、输出转矩 T 和转速 n_M。计算被试液压马达的容积效率 $\eta_V = \left[q_M/(q_L + q_M) \right] \times 100\%$，输出功率 $N_o = n_M T$，输入功率 $N_i = p_A(q_L + q_M)$，总效率 $\eta = N_o/N_i = (n_M T)/\left[p_A(q_L + q_M) \right]$。

（4）超载试验　在被试液压马达额定转速下，通过电涡流测功机给被试液压马达输出轴加载，使被试液压马达进口压力升至35MPa，连续运行3～5min，测量被试液压马达出口压力和泄漏量，检查振动、噪声和外泄漏。

（5）转速转矩特性试验　在空载下，调节被试液压马达转速为额定转速（或某常用转速），保持供油液压泵输出流量不变，保持被试液压马达出口压力不变。调节电涡流测功机使被试液压马达进口压力从近似0缓慢升至被试液压马达额定压力。测量被试液压马达进口压力 p_A、出口压力 p_B、输出转矩 T 和转速 n_M。绘制转速随转矩的变化曲线。

由于挖掘机使用的液压马达均为定量马达，所以不做变量特性试验。

6.5.2　挖掘机维修用液压泵和液压马达试验台液压系统的原理

根据试验台设计原则、试验项目与方法的要求，挖掘机维修用液压泵和液压马达试验台液压系统的原理如图6-26所示。

挖掘机维修用液压泵和液压马达试验台液压系统包括先导控制回路、液压马达试验回路、液压泵试验回路和循环过滤冷却回路。

（1）先导控制回路　先导控制回路用于为三位四通换向阀10、供油泵4.2（A11VLO190）及被试液压泵4.3的变量机构提供先导控制油。控制油压由比例溢流阀7.1调节。

（2）液压马达试验回路　液压马达试验回路由供油液压泵4.2供油，其压力由控制二通调压锥阀组9.1的比例溢流阀7.2调节。三位四通换向阀10用于控制被试液压马达换向。被试液压马达14的输出轴上装配了加载用电涡流测功机11及转速转矩仪13.2。流量计15.1、15.2分别测量被试液压马达14的泄漏量和输出流量。

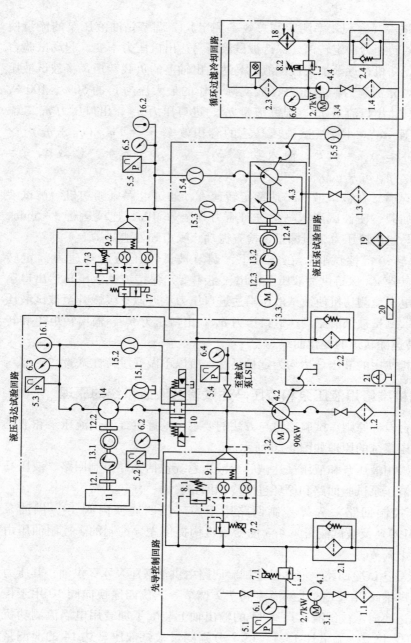

图 6-26　挖掘机维修用液压泵和液压马达试验台液压系统的原理

1.1～1.4—回油过滤器　2.1～2.4—吸油过滤器　3.1—先导泵电动机　3.2—供油液压泵电动机　3.3—变频调速电动机　3.4—循环泵电动机
4.1—先导泵　4.2—供油液压泵　4.3—被试液压泵　4.4—循环液压泵　5.1～5.5—压力传感器　6.1～6.6—压力表　7.1～7.3—比例溢流阀
8.1、8.2—溢流阀　9.1、9.2—二通调压锥阀组　10—三位四通换向阀　11—电涡流测功机　12.1～12.4—联轴器　13.1、13.2—转速转矩仪
14—被试液压马达　15.1、15.2、15.3、15.4—涡轮流量计　15.5—齿轮流量计　16.1、16.2—温度计　17—二位二通换向阀　18—冷却器
19—加热器　20—永磁铁　21—油箱液位计

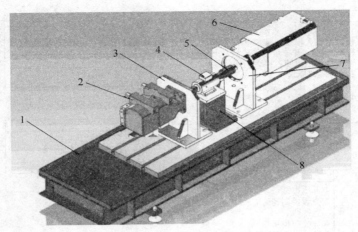

图 6-27　挖掘机维修用液压泵试验台架

1—底座　2—被试液压泵　3—被试泵安装座　4—转速转矩仪　5—联轴器
6—变频调速电动机　7—电动机安装座　8—转速转矩仪安装座

（3）液压泵试验回路　液压泵试验回路用于中型挖掘机配置的 K3V 和 K5V
系列的双联斜盘式变量柱塞泵的试验。挖掘机维修用液压泵试验台架如图 6-27
所示。由于被试液压泵有两个独立的出油口，所以配置了两台齿轮流量计 15.3、
15.4 分别检测各出油口的输出流量。被试液压泵加载采用溢流加载，加载压力
由控制二通调压锥阀组 9.2 的比例溢流阀 7.3 调节。当二位二通换向阀 17 电磁
铁得电时，被试液压泵输出压力为 0，处于卸荷状态。

6.5.3　计算机控制与数据采集系统

计算机控制与数据采集系统包含动力电气柜、PLC 控制柜及上位机工作台。

1）动力电气柜的功能是：实现动力电源的引入及配送，控制各电动机的起
动、运行和停止（含变频电动机的调速控制），油箱电热器的控制等。

2）PLC 控制柜的功能是：实现对试验台各项试验操作的控制（包括各种开
关、按钮），实现试验台运行状态的各种报警控制，完成对各种传感器模拟量信
号的采集和模数转换，实现对各比例溢流阀的压力调节，实现试验台各开关量信
号的输入、输出及逻辑控制，在数字仪表上显示主要被测量的实时检测值。

3）上位机工作台安放的上位机通过工业以太网连接到 PLC 控制柜，上位机
交互界面采用西门子组态软件 WinCC 编写。上位机用于测试数据的处理、保存、
打印和查阅。在上位机的交互界面上，也可进行各项试验操作的控制和采集数据
的实时显示，还可进行试验台有关参数的设置。计算机控制与数据采集系统框图
如图 6-28 所示。

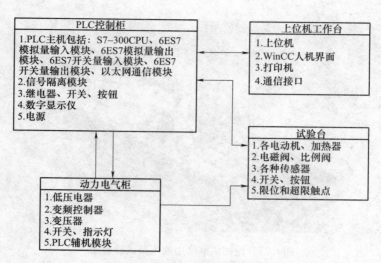

图 6-28 计算机控制与数据采集系统框图

第 7 章 可靠性与可靠性试验

7.1 可靠性基本知识

7.1.1 可靠性概述

1. 故障及其分类

产品或产品的一部分不能执行规定功能的状态称为故障。对于产品不可修复的状态也称失效。故障也可以简单地定义为丧失了规定功能。

故障的表现形式（如液压泵外泄漏、传动轴断裂等）称为故障模式。引起产品故障的物理、化学或生物等方面的内在原因称为故障机理。

按故障发生的规律可将故障分为偶然故障和耗损故障。偶然故障指由于偶然因素引起的故障，其重复出现的风险只能通过概率或统计学方法来预测。耗损故障指通过事前检验或监测可预测到的故障，是由于产品的规定性能随时间增加而逐渐衰退引起的。耗损故障可以通过预防维修来防止。

按故障的关联性又可将故障分为独立故障和从属故障。独立故障指该故障的发生与其他故障无关联，不是由于另一个产品故障引起的故障。从属故障是由另一产品故障引起的故障。

2. 可靠性的定义

可靠性的基本定义是：产品在规定条件下和规定时间内，完成规定功能的能力。

1）"规定条件"包括使用时的环境条件和工作条件。例如，同一型号的汽车在高速公路和在崎岖的山路上行驶，其可靠性的表现就不大一样，要谈论产品的可靠性必须指明其规定条件。

2）"规定时间"是指产品规定的任务时间。随着产品任务时间的增加，产品出现故障的概率将增加，产品的可靠性也是下降的。

3)"规定功能"是指产品规定的必须具备的功能及其技术指标。所要求产品功能的多少和其技术指标的高低，直接影响产品可靠性指标的高低。例如，电风扇的主要功能有吹风、摆风和定时，那么规定的功能是三者都要，还是仅需要吹风，所得出的可靠性指标是大不一样的。

相应各项判定丧失规定功能的性能指标界限称为故障判据或失效判据。在进行可靠性工作时，合理、明确地给出失效判据是非常重要的，否则，就会因"是否失效"而争论不休。对一件产品而言，在哪一时刻失效，是无法事先预知的，因此失效是一个随机事件。但是大量随机事件中包含着一定的规律，偶然事件中包含着必然性。虽不能确切知晓某一个产品发生失效的时刻，但是可以估计产品在某一时刻发生失效的概率。

3. 可靠性的要素

可靠性包含耐久性和维修性两个要素。耐久性是指产品使用无故障性或使用寿命长久性。维修性是指当产品发生故障后，能够较快、较容易地通过维护或维修来排除故障的能力。维修又包括事后维修和预防维修。产品的可靠性一般可分为固有可靠性和使用可靠性。产品固有可靠性是产品在设计、制造中赋予的，是产品的一种固有特性，也是产品的开发者可以控制的。而产品使用可靠性则是产品在实际使用过程中表现出的一种性能保持能力的特性，它除了考虑固有可靠性的影响因素之外，还要考虑产品安装、操作使用和维修保障等方面的影响因素。

4. 广义可靠性

对于可修复产品，发生故障后总是修复再使用。产品不发生故障很重要，发生故障后能否迅速修复也很重要。产品的这种易于维修的性能，使得可靠性有了广义和狭义之分。

广义可靠性是指产品在其寿命期限内完成规定功能的能力，它包括可靠性（即狭义可靠性）与维修性。对可修复产品，既要提高可靠性，也要考虑提高维修性。对不可修复产品，不存在维修性问题，只需提高可靠性。

5. 机械产品可靠性

机械产品可靠性是指在规定的使用条件和规定时间内，机械产品完成规定功能的能力。它主要体现在两方面：

（1）结构可靠性 考虑结构疲劳、磨损、断裂等强度失效问题。液压产品的密封失效就属于结构可靠性不足。

（2）机构可靠性 考虑机构在运动过程中，由于变形、磨损等引起的功能失效。

6. 潜在失效模式及效应分析（FMEA）

FMEA 是一种工程技术，用以在产品交付用户使用前，定义、确认及消除产品已知的或潜在的失效问题。FMEA 包含了两种分析方式：第一种，将历史数据及针对相似产品取得的大数据信息，用于在经验上定义、确认本产品的失效；第二种，使用统计推论、仿真分析、同步工程及可靠度工程等方法，用于在推理上确认及定义失效。针对两种方式确认及定义的失效，采取可行的预防措施。

7. 可靠性工程

可靠性工程包含了对产品可靠性进行工作的全过程：对产品可靠性数据进行收集与分析，对失效机理进行研究，在上述基础上对产品进行可靠性设计（建模、预计与分配、FMEA、确定可靠性设计准则等），采用能确保设计可靠性的制造工艺，完善生产质量管理以保证设计可靠性，进行可靠性试验来增长、验证和评价产品的可靠性，以合理的包装和运输方式来保持产品的可靠性，指导用户对产品正确使用，提供优良的维修保养和服务来维持产品的可靠性。可靠性活动存在于产品的整个寿命期内，大体分为四个阶段：可靠性设计阶段、工程开发阶段、批生产阶段和使用阶段。

7.1.2　可靠性的概率指标

1. 可靠度 $R(t)$

可靠度是产品在规定的条件下和规定的时间内，完成规定功能的概率。记作 $R(t)$，即

$$R(t) = P\{T > t\}$$

式中　T——产品的寿命；

　　　　t——规定的时间。

事件 $\{T > t\}$ 有下列三个含义：① 产品在规定的时间 t 内完成规定的功能；②产品在规定的时间 t 内无故障；③产品的寿命 T 大于规定的时间 t。

若有 N 件相同的产品同时投入试验，经过时间 t 后有 $n(t)$ 件产品失效，则产品的可靠度为：

$$R(t) = \frac{N - n(t)}{N} = 1 - \frac{n(t)}{N}$$

产品的可靠度随使用时间的延长逐渐降低，且 $R(0) = 1$，$R(\infty) = 0$。

2. 失效概率 $F(t)$

失效概率是表征产品在规定条件下和规定时间内，丧失规定功能的概率，即不可靠度。它是规定时间 t 的函数，记作 $F(t)$，显然，$F(t) = P\{T \leq t\}$。

失效概率在数值上的计算公式为

$$F(t) = 1 - R(t)$$

也就是说，产品从 0 开始试验（或工作）到时刻 t，失效总数 $n(t)$ 与初始试验（或工作）产品总数 N 之比，即

$$F(t) = \frac{n(t)}{N}$$

故

$$F(t) = 1 - R(t) = \frac{n(t)}{N} \tag{7-1}$$

3. 失效率 $\lambda(t)$

一个工作到时刻 t 尚未失效的产品，在 t 时刻以后的下一个单位时间内发生失效的概率，称为瞬时失效率，简称失效率。它是规定时间 t 的函数，记作 $\lambda(t)$。失效率的平均值 $\overline{\lambda}(t)$ 为在 t 时刻以后的下一个单位时间内发生失效的产品数目 $\Delta n(t)/\Delta t$ 与工作到该时刻尚未失效的产品数目 $[N - n(t)]$ 之比。即：

$$\overline{\lambda}(t) \approx \frac{\Delta n(t)}{[N - n(t)]\Delta t}$$

则失效率可表示为

$$\lambda(t) = \lim_{\substack{N \to \infty \\ \Delta t \to 0}} \overline{\lambda}(t) = \lim_{\substack{N \to \infty \\ \Delta t \to 0}} \frac{\Delta n(t)/N}{(1 - n(t)/N)\Delta t} = \frac{\mathrm{d}F(t)}{[1 - F(t)]\mathrm{d}t}$$

显然有

$$\lambda(t) = \frac{\mathrm{d}[F(t)]}{[1 - F(t)]\mathrm{d}t} = \frac{\mathrm{d}[1 - R(t)]}{R(t)\mathrm{d}t} = -\frac{\mathrm{d}R(t)}{R(t)\mathrm{d}t}$$

可得

$$\int_0^t \lambda(t)\mathrm{d}t = -\int_0^t \frac{1}{R(t)}\mathrm{d}R(t) = -\ln R(t) \quad 或 \quad R(t) = \mathrm{e}^{-\int_0^t \lambda(t)\mathrm{d}t}$$

例如：若有 100 件产品，试验到 10h 时已有 2 件产品失效。再观测 1h，发现有 1 件产品失效。截止到试验 10h 停止时的失效率为

$$\lambda(10) = \frac{1}{(100 - 2) \times 1} = \frac{1}{98}$$

若试验到 50h 时共有 10 件产品失效。再观测 1h，又发现有 1 件产品失效，截止到试验 50h 停止时的失效率为

$$\lambda(50) = \frac{1}{(100 - 10) \times 1} = \frac{1}{90}$$

4. 失效密度或失效密度函数 $f(t)$

失效密度是表示失效概率在时间轴上分布的密集程度。它在数值上等于在时刻 t，单位时间内的失效数 $\Delta n/\Delta t$ 与初始试验（或工作）产品总数 N 的比值

$$f(t) = \frac{\Delta n(t)}{N\Delta t}$$

即

$$f(t) = \frac{\mathrm{d}n(t)}{N\mathrm{d}t} = \frac{\mathrm{d}[\,n(t)/N\,]}{\mathrm{d}t} = \frac{\mathrm{d}F(t)}{\mathrm{d}t}$$

代入式（7-1）得

$$f(t) = -\frac{\mathrm{d}R(t)}{\mathrm{d}t} \tag{7-2}$$

用失效密度 $f(t)$ 来度量产品的可靠性，可以了解产品寿命分布随时间变化的情况，通过 $f(t)$ 还可求出 $F(t)$。

失效率所反映的是某一时刻 t 尚未失效的（一件）产品，在其随后一个单位时间内发生失效的概率。因此，它更直观地反映了产品每个时刻的失效情况。而失效密度反映的是（一件）产品在时刻 t 后随后一个单位时间内发生失效的概率，它主要反映的是产品在所有可能工作时间范围内失效的分布情况。

7.1.3　可靠性的寿命指标

1. 平均寿命

平均寿命对不可修复或不值得修复的产品和可修复的产品有不同的含义：

1）对于不可修复的产品，其寿命是指产品发生失效前的工作时间或工作次数。因此，不可修复产品的平均寿命是指从开始使用到失效前工作时间的平均值，即产品在丧失规定功能前的平均工作时间，通常记作 MTTF（mean time to failure）。

2）对可修复的产品，其寿命是指两次相邻故障间的工作时间，而不是指产品的报废时间。因此，可修复产品的平均寿命是指平均无故障工作时间，或称平均故障间隔时间，记作 MTBF（mean time between failures）。

但是，不管不可修复或可修复的产品，其平均寿命在理论上的意义是相同的，其数学表达式也是一致的。假设被试产品数为 N，产品的寿命分别为 $t_i(i = 1、2，\cdots，N)$，则它们的平均寿命为各产品寿命的平均值，即：$\dfrac{1}{N}\displaystyle\sum_{i=1}^{N}t_i$。其中，$\displaystyle\sum_{i=1}^{N}t_i$ 可视为产品失效前总工作时间。

需要说明的是，平均寿命是产品故障前工作时间（故障间隔时间）的平均值。其数学含义是，如果寿命 T 这一随机变量服从失效概率分布 $F(t)$ 或失效密度分布 $f(t)$，那么，寿命 T 的数学期望 $E(T)$ 称为平均寿命，并有

$$E(T) = \int_0^{\infty} tf(t)\,\mathrm{d}t = \int_0^{\infty} R(t)\,\mathrm{d}t \tag{7-3}$$

上述计算平均寿命的公式适合于完全数据，即获得了所有试验产品的失效数据。如果一批产品做试验，截止到某一时刻结束，这时只有部分产品失效了，其

他产品还没有失效,这种试验数据称为定时截尾数据。这种数据不能直接采用式(7-3)计算平均寿命。

对于不可修复的产品,若产品寿命 T 的失效密度函数为 $f(t)$,则平均寿命可写为

$$\mathrm{MTTE} = \int_0^\infty t f(t)\,\mathrm{d}t$$

根据式(7-2)得

$$\mathrm{MTTF} = -\int_0^\infty t\mathrm{d}R(t) = tR(t)\mid_0^\infty + \int_0^\infty R(t)\,\mathrm{d}t \tag{7-4}$$

当 $t=0$ 时,$R(0)=1$,且 $\lim\limits_{t\to\infty} tR(t)=0$,式(7-4)可化简为

$$\mathrm{MTTF} = \int_0^\infty R(t)\,\mathrm{d}t \tag{7-5}$$

式(7-5)是可靠度与平均寿命的关系式。

当产品的可靠度函数服从指数分布:即 $R(t)=\mathrm{e}^{-\lambda t}$ 时,有

$$\mathrm{MTTF} = \int_0^\infty R(t)\,\mathrm{d}t = \int \mathrm{e}^{-\lambda t}\mathrm{d}t = \frac{1}{\lambda}$$

2. 可靠寿命、中位寿命和特征寿命

产品的可靠度是时间的单调递减函数,随着时间的增加,产品的可靠度会越来越低。当已知可靠度函数 $R(t)$ 后,可以求得任意时间内可靠度的值;反之,若给定了可靠度值,也可求出相应的工作时间。

1)当可靠度等于给定值 R 时,产品对应的工作时间,称为产品的可靠寿命,记作 T_R。

2)当可靠度 $R=50\%$ 时,产品对应的工作时间,称为产品的中位寿命(又称寿命中位数),记作 $T_{0.5}$,显然,$R(T_{0.5})=0.5$。

3)当产品可靠度 $R=\mathrm{e}^{-1}\approx 36.8\%$ 时,产品对应的工作时间称为产品的特征寿命,记作 $T_{\mathrm{e}^{-1}}$,并有 $R(T_{\mathrm{e}^{-1}})\approx 0.368$。

【例 7-1】 某产品的失效率 $\lambda=0.25\times10^{-4}/\mathrm{h}$,求此产品的中位寿命、特征寿命和可靠度为 99% 的可靠寿命。

解: 由于失效率为常数时,产品寿命分布为指数分布,可得

$$R(t) = \mathrm{e}^{-\lambda t}$$

即

$$t = -\frac{\ln R(t)}{\lambda}$$

则可靠寿命 $T_{0.99}$ 为

$$T_{0.99} = -\frac{\ln(0.99)}{0.25\times10^{-4}}\mathrm{h} = 402\mathrm{h}$$

则中位寿命 $T_{0.5}$ 为

$$T_{0.5} = -\frac{\ln(0.5)}{0.25 \times 10^{-4}}\text{h} = 27725.6\text{h}$$

则特征寿命 $T_{e^{-1}}$ 为

$$T_{e^{-1}} = -\frac{\ln(e^{-1})}{0.25 \times 10^{-4}}\text{h} = 40000\text{h}$$

7.1.4　广义可靠性指标

与广义可靠性的定义对应，广义可靠性指标包含有产品的维修性指标。

1. 维修度

维修度指可维修产品发生故障后，在规定的条件下与规定的时间内完成修复的概率。

维修度对应的时间指标是平均修理时间（MTTR），即平均每次维修所花费的时间，可表示为

$$\text{MTTR} = \frac{\text{总维修活动时间}}{\text{总维修次数}}$$

2. 修复率 $\mu(t)$

当维修到时刻 t 时仍未修复的产品，在时刻 t 后的单位时间内完成修复的概率称为产品在时刻 t 的修复率函数，简称修复率 $\mu(t)$，可表示为

$$\mu(t) = \frac{\text{在时间}(t,\ t+\Delta t)\text{内修复的产品数}/\Delta t}{\text{在时刻}\ t\ \text{仍然未修复的产品数}}$$

3. 有效度 A

有效度 A 是综合可靠度与维修度的广义可靠性指标，可表示为

$$A = \frac{\text{MTBF}}{\text{MTBF} + \text{MTTR}} = \frac{\mu}{\mu + \lambda}$$

式中　λ——失效率；

　　　μ——修复率。

7.1.5　失效率曲线

实际使用经验及试验结果表明，许多设备的失效率随时间的变化曲线呈如图 7-1 所示的形状。由于曲线的形状类似于一个浴盆，故常常称其为浴盆曲线。它是最典型的失效率曲线，也称为故障率曲线。

产品的失效率随时间的变化可以分为 3 个阶段：早期失效期、偶然失效期和

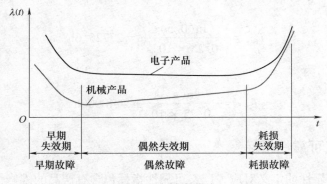

图 7-1　失效率曲线

耗损失效期。

1. 早期失效期

早期故障出现在产品的试制阶段或产品投入使用的初期。其特点是失效率较高，且随时间的增加失效率迅速下降，呈递减型。

早期故障主要是由于设计、制造上的错误，以及材料缺陷所引起的。例如，设计中选用的原材料有缺陷，结构不合理，制造工艺措施不当，生产设备落后，操作人员粗心大意及质量控制检验不严格等，均有可能造成产品的早期故障。

2. 偶然失效期

偶然失效期又称随机失效期。早期故障的产品被淘汰后，产品的失效率就会趋于稳定并保持长时间不变。其特点是失效率低而稳定，近似为常数，失效率与工作时间无关，或者随时间的增加略有增加。这一阶段是产品最好的工作期，其持续时间也比较长，所以也称为产品的使用寿命期。

产品在这一阶段的失效是随机的，是由各种偶然因素引起的。例如失效原因可能是长时间工作的元器件老化，也可能是错误的操作，因此，失效是偶然的、不可预测的，既不能够通过延长"磨合"期来消除，也不能由定期更换元器件来预防。一般地说，再好的维护工作也不能消除偶然故障。降低偶然失效期失效率的主要方法是改善产品的设计、选用更好的材料等。

3. 耗损失效期

耗损失效期出现在产品投入使用的后期。其特点刚好与早期失效期相反，失效率随时间的增长而上升，呈递增型。这个时期的故障是由于产品内部物理的或化学的变化（例如机件的磨损、腐蚀）引起某些元器件耗损、疲劳等，使产品寿命衰竭而造成的。防止耗损故障的办法是进行预防性检修，当发现耗损期开始的时刻后，就可以在此前更换接近耗损失效期的元器件，不让它工作到耗损失效期，失效率就不会急剧增加。但是最积极的办法则是努力发展寿命长的元器件，以延长产品的使用寿命。

7.2　可靠性试验

7.2.1　可靠性试验综述

可靠性试验是产品研制生产中必需要进行的关键试验，是产品可靠性工程的重要组成部分。

1. 可靠性试验标准介绍

有关可靠性试验的现行国家标准主要有 GB/T 5080.1—2012《可靠性试验 第 1 部分：试验条件和统计检验原理》、GB/T 5080.2—2012《可靠性试验　第 2 部分：试验周期设计》。

GB/T 5080—2012 对应于国际标准 IEC 60605。可靠性系列标准分为六个部分：GB/T 5080.1—2012《可靠性试验　第 1 部分：试验条件和统计检验原理》、GB/T 5080.2—2012《可靠性试验　第 2 部分：试验周期设计》、GB 5080.4—1985《设备可靠性试验　可靠性测定试验的点估计和区间估计方法（指数分布）》、GB 5080.5—1985《设备可靠性试验　成功率的验证试验方案》、GB/T 5080.6—1996《设备可靠性试验　恒定失效率假设的有效性检验》、GB 5080.7—1986《设备可靠性试验　恒定失效率假设下的失效率与平均无故障时间的验证试验方案》。GB/T 37079—2018《设备可靠性　可靠性评估方法》也发布实施。

国家军用标准中有关可靠性试验的标准主要有 GJB 450A—2004《装备可靠性工作通用要求》、GJB 451A—2005《可靠性维修性保障性术语》、GJB 899A—2009《可靠性鉴定和验收试验》、GJB 813—1990《可靠性模型的建立和可靠性预计等》。

GJB 450A—2004《装备可靠性工作通用要求》中把可靠性试验与评价列为其五个工作项目系列中的第四系列。在工作项目 400 系列中包含七个工作项目：环境应力筛选、可靠性研制试验、可靠性增长试验、可靠性鉴定试验、可靠性验收试验、可靠性分析评价和寿命试验。

2. 可靠性试验的特点

1）对产品具有损坏性。试验以产品损坏或失效为终结，以便发现产品在设计、材料和工艺方面的各种缺陷。

2）试验时必须对产品长时间施加超过一定限度的环境应力和负载应力。所施加的应力不仅要考虑应力水平的大小，还要区别施加应力的时序，即应力水平的时间序列种类。通常可靠性试验施加应力水平的时序有以下 4 种：①应力水平不随时间变化的恒定值，②应力水平线性渐增，③应力水平阶梯递增，④应力值脉冲循环交变。

3）必须对产品的失效机理进行研究，以确定可靠性指标。

3. 可靠性试验的分类

可靠性试验分类有不同的原则：可以按试验场地分类、按施加应力的规则分类、按试验目的和应用阶段分类、按试验性质分类等。

（1）按试验场地分类 按试验场地不同，可靠性试验可分为实验室可靠性试验和现场可靠性试验。

1）现场可靠性试验用于对使用可靠性进行评估，因此试验要在产品的使用现场进行，所以有时也称为使用可靠性试验或现场验证试验。

2）实验室可靠性试验的环境条件或环境应力可控制，检测结果准确。实验室可靠性试验可安排在产品的设计、研制和生产等各个阶段，其试验结果不仅能反映产品可靠性水平，还可以作为改进设计或设计定型、验收决策的依据。

（2）按施加应力的规则分类 按施加应力的规则，可靠性试验可分为激发试验和模拟试验。

（3）按试验目的和应用阶段分类 按试验目的和应用阶段不同，可靠性试验可分为可靠性研制试验、环境应力筛选试验、可靠性增长试验、可靠性鉴定和寿命试验、可靠性验收和寿命试验。

1）可靠性研制试验应用于产品研制阶段早期，目的是发现设计缺陷，提供产品固有可靠性。可靠性研制试验也称极限应力试验。

2）环境应力筛选试验应用于产品研制阶段中期或产品制造阶段，目的是发现和排除早期故障，避免早期故障影响其他试验的结果，同时也可提高产品使用可靠性。

3）可靠性增长试验应用于产品研制阶段中后期，目的是发现设计缺陷，将产品可靠性指标提高到规定标准。

4）可靠性鉴定和寿命试验应用于产品研制完成前，也称定型试验。

5）可靠性验收和寿命试验应用于产品首次批量出厂前，目的是评估产品的可靠性指标和寿命是否保持在设计定型要求的水平。

（4）按试验性质分类 按试验性质不同，可靠性试验分为工程试验和统计试验。

1）环境应力筛选、可靠性研制试验和可靠性增长试验属于工程试验。工程试验的目的是发现故障并加以排除。这种试验主要由承制方进行，受试产品是研制的样机或在线产品。发现受试产品故障等于找到了对产品进行改进设计或修理的机会，因此工程试验是一种使产品增值的试验，是可靠性试验的重点。

2）可靠性鉴定试验和可靠性验收试验属于统计试验，是验证产品的可靠性是否符合合同规定要求的试验；试验施加的环境应力应模拟真实环境应力的大小及时序。通过对产品施加这种应力并统计产品在这种应力作用下的故障情况，验证和评估产品的可靠性水平。由于产品的可靠性指标确实存在但难以真正获得，因此只能应用统计的方法估计产品可靠性指标真值所在的范围。可靠性鉴定试验和可靠性验收试验又称为可靠性验证试验。

7.2.2　常用的可靠性试验

1. 极限应力试验（可靠性研制试验）

极限应力试验是在产品设计早期进行的一种可靠性研制试验，通常与FMEA（失效模式与影响分析）同时进行，以帮助确认失效的起因和机理，并指引产品设计应力范围的确定。该试验不能预测产品的可靠性。可靠性研制试验中施加的应力包括机械应力、电应力、热应力等。典型的机械应力有各种载荷、振动（包括随机振动）、冲击等；典型的电应力有电压、电源循环通断、电磁干扰等；典型的热应力有极限高低温度、温度交变；其他应力有湿度、盐雾、噪音等。

极限应力试验施加的应力水平范围如图 7-2 所示。试验时应采用步进方式施加，从应力的低水平开始，逐步提高应力直至失效发生。

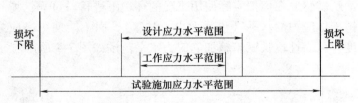

图 7-2　极限应力试验施加的应力水平范围

2. 环境应力筛选试验

目前，在实际中应用比较广泛的可靠性工程试验是环境应力筛选试验。环境应力筛选是通过施加特定的环境应力（机械应力、电应力、热应力等），使材料、元器件、工艺等方面潜在的缺陷加速发展成为早期故障，并加以排除，从而提高产品的使用可靠性。环境应力筛选试验应用于产品研制阶段中期或产品制造阶段。产品研制阶段中期的环境应力筛选是一种剔除产品潜在缺陷的手段；产品制造阶段的环境应力筛选除了可剔除产品潜在缺陷外，也是一种产品制造阶段的检验工艺。

环境应力筛选试验施加的应力水平范围如图 7-3 所示。施加应力应介于工作应力范围与设计应力界限之间，以避免影响产品的可靠性。

3. 可靠性增长试验

可靠性增长试验通过模拟实际使用条件的试验不断暴露产品固有可靠性的短

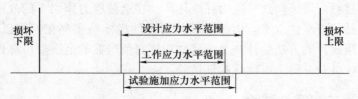

图 7-3　环境应力筛选试验施加的应力水平范围

板（设计缺陷与材料元器件缺陷），进行分析、采取改进措施，并验证改进措施的有效性，以提高产品的固有可靠性，将产品可靠性指标提高到规定标准。可靠性增长试验可粗略预测产品的可靠性。可靠性增长试验与 FMEA 是研制阶段提高产品可靠性的主要方法。可靠性增长试验是在产品设计及技术结构基本确定的情况下安排的一种可靠性研制试验。正规的可靠性增长试验多采用 Duane 模型和 AMSAA 模型对被试产品的可靠性增长趋势和当前可靠性水平进行计算。若用这两种模型则应按 GJB 450A—2004《装备可靠性工作通用要求》制订可靠性增长试验计划，总试验时间为增长目标值 MTBF 的 $5 \sim 25$ 倍。这样占用的试验时间和经费都较多。

可靠性增长试验要在模拟实际使用工况的环境下进行。可靠性增长试验施加的应力须模拟工作应力的水平（包括大小、时序），而不能使用高应力来加快激发故障的速度。可靠性增长试验施加的应力水平范围如图 7-4 所示。

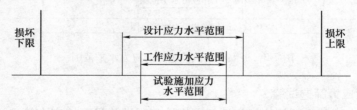

图 7-4　可靠性增长试验施加的应力水平范围

4. 可靠性验证（鉴定和验收）试验

进行可靠性鉴定试验、可靠性验收试验，首先要考虑试验的真实性，即准确模拟产品的实际使用环境，包括主要的应力种类、应力水平和应力作用时间。施加的应力既要能充分暴露实际使用中可能出现的故障，又不致诱发出实际使用中不可能出现的故障，从而使试验结果真实，避免耗费时间和其他资源，造成产品的额外损伤。可靠性验证（鉴定和验收）试验中，应力的设计应遵照 GJB 899A—2009 的规定。

5. 寿命试验

寿命试验条件包括环境条件、应力条件（应力种类、应力水平和应力作用时间)、交变负载的循环条件和维护使用条件。原则上说寿命试验应当完全满足上述条件，但往往由于环境条件模拟难以实现，因此寿命试验通常是在常温环境下模拟应力条件、负载循环条件和维护条件。当然，某些对寿命有较大影响的环境条件（如压力和振动）还是要尽可能模拟的。此外，还可通过对产品各组成部分进行故障机理分析，找出其薄弱的、决定产品寿命的零部件（如密封圈、弹簧、承压壳体等），再进行加速可靠性试验来确定零部件寿命，以评估产品的寿命。加速可靠性试验详见 7.3 节。

7.2.3　可靠性试验的统筹安排

1. 可靠性试验与性能试验

性能试验（包括出厂试验和型式试验）涉及产品功能指标和性能参数的测量，是最基本的试验。产品一旦制成后，首先要进行性能试验，以确定其是否符合设计要求。不符合要求时必须修改设计，并再次制成产品后进行性能试验，这一过程应反复进行直至产品符合设计要求为止。产品的性能试验在标准环境条件下进行，性能试验符合设计要求不能说明产品能够满足极端环境使用的要求，也不能说明可靠性已满足要求。产品还必须进行一系列的环境试验与可靠性试验。进行环境和可靠性试验的前后以及试验过程中要反复进行性能试验，来检查产品的性能是否衰减，以作为判断产品环境适应性和可靠性是否满足要求的依据。可靠性试验前测得的产品性能数据可作为后续试验中比较的基准；可靠性试验过程中测得的性能数据可与基准数据比较，以发现产品性能变化的趋势；可靠性试验结束后，还要进行性能试验，以判断是否出现故障或失效。可以说，性能试验不仅是检查产品性能的手段，也是产品可靠性试验的重要组成。

2. 各种可靠性试验

可靠性研制试验和可靠性增长试验都属于可靠性研制试验。可靠性研制试验和可靠性增长试验同属于试验—分析—改进过程（TAAF 过程）。可靠性增长试验仅是可靠性研制试验的一个特例。

研制阶段的环境应力筛选作为一种剔除早期故障的试验，还可作为环境鉴定试验、可靠性增长试验、可靠性鉴定试验、可靠性验收试验前被试产品的预处理手段。在进行这些试验前，通过剔除早期故障，可使这些试验结果更为准确。

可靠性鉴定试验是一种统计验证试验，其目的仅是判别产品的可靠性水平是否达到要求，从而决定受试产品是否可以定型。鉴定试验本身不能提高产品的可靠性。可靠性鉴定试验和可靠性增长试验的环境条件、应力条件相同，且都是耗时较长。如果两个试验都要进行，则试验成本太高。因此，如果增长试验成功，可靠性达到要求或增长趋势理想，则可以不做鉴定试验。

制造阶段的环境应力筛选试验和可靠性验收试验都是在产品批量生产阶段进行的试验。制造阶段的环境应力筛选试验是生产过程检验手段的延伸，用于剔除产品制造过程中引入的各种潜在缺陷。可靠性验收试验则是验证批量生产产品的可靠性是否达到了设计要求，为批量产品出厂提供决策依据。

3. 可靠性增长试验的工程化实用模式

为了降低可靠性增长试验费用、节省时间，同时又能达到可靠性增长的目的，当前普遍采用可靠性增长试验的工程化方法来简化或代替正规的可靠性增长试验。根据产品研制情况的差异，可靠性增长试验的工程化实用模式可以是多样的。

（1）可靠性增长试验与预鉴定试验相结合　这种方法仍以可靠性增长为主要目的。因为试验时间不是足够长、暴露的故障数量也有限，所以使用 Duane 模型和 AMSAA 模型往往遇到困难。通常采用统计评估模型计算产品当前的可靠性水平，同时也显示了可靠性增长趋势。用统计评估模型计算产品当前可靠性水平方法如下：

1）对于试验前期几个循环出现的故障，经过改进设计并在试验中证实已经消除了该种故障模式，则可将改进后的产品看作是具有新可靠性水平的一件新产品。因此前面出现的故障及其试验时间可不计入评估数据。

2）对于试验后几个循环出现的故障，经过改进设计并在试验中证实改进有效，则改进前的故障可不计入责任故障，因该种故障模式已被证实消除。除故障所在循环外，其余试验时间仍可计入总试验时间。

（2）进行可靠性增长摸底试验　在正式可靠性增长试验之前，做 100h 左右的可靠性增长摸底试验。摸清产品中各零部件在设计和工艺上的可靠性薄弱环节，摸清各零部件的可靠性水平，为确定正式可靠性增长试验需针对哪些零部件进行提供根据。这样可以避免盲目地对所有零部件都做正式可靠性增长试验，以缩短试验周期、减少费用，使正式可靠性增长试验更有针对性，提高试验的效费比。

从可靠性增长试验的规律看，试验的前半期故障暴露较多（假设环境应力筛选已剔除早期故障），系统性故障也较多。而试验后期故障间隔逐渐加大，偶然性故障比例大。因此可靠性增长试验的前半期效率更高，这也是可靠性增长摸底试验被广泛采用的原因。

（3）采用加严的试验剖面　为了减少试验时间，尽早暴露系统性缺陷，改进设计，可以采用比模拟实际使用环境适当加严的环境应力。环境应力加严的原则是不改变产品的失效机理。采用加严的试验剖面可以节省试验时间、使产品容易通过可靠性鉴定试验。但必须确定加严试验剖面与正常试验剖面的环境因子，才能得到增长试验中产品当前的可靠性水平。

（4）严格把握可靠性增长试验的时间节点　可靠性增长试验通常安排在工程研制基本完成之后和可靠性鉴定试验之前。按照规定：进行可靠性增长试验的产品，结构与布局已接近定型状态，基本具备了设计要求的性能和功能；且通过了环境试验，进行了环境应力筛选试验，剔除了材料和元器件的早期失效。这时进行可靠性增长试验，故障信息包含的时效性较高。反之，如果在产品功能尚未过关，性能还不稳定时进行可靠性增长试验，产品出现故障的各种机理交织在一起，会使问题变得更加复杂。还有的产品，进行可靠性增长试验后的平均故障间隔时间 MTBF 只有十几个小时。此时用 AMSAA 模型进行计算，就会得出可靠性显著增长的错误结论。其实，这时产品的故障仍属于早期失效，还不具备做可靠性增长试验的条件。

4. 可靠性试验的综合安排

在研制阶段早期就应制订总体可靠性试验计划，综合考虑需进行的可靠性试验项目及与其他试验的协调关系，合理安排各试验项目的实施次序，以提高试验效率、简化试验过程。对于每一项可靠性试验，还应制订单独的试验计划和试验方案。图 7-5 所示为产品研制和生产阶段试验的综合安排。图中包括全部可进行的各种可靠性试验和环境试验，其中的可靠性研制试验项目可以根据产品特点和资源进行适当的简化和合并，如用可靠性增长试验代替可靠性鉴定试验。

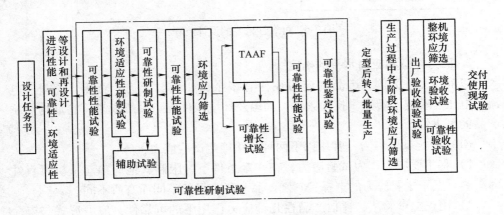

图 7-5　产品研制和生产阶段试验的综合安排

7.2.4　可靠性试验的设计

1. 设计流程

可靠性试验的设计流程如图 7-6 所示。

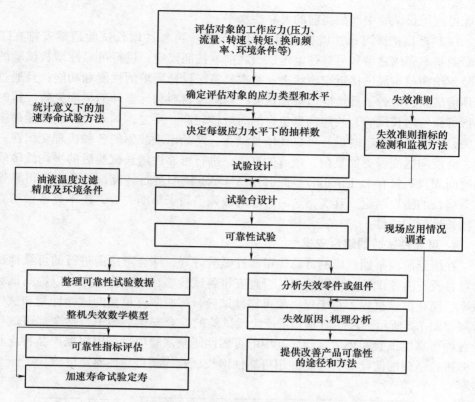

图 7-6　可靠性试验的设计流程

2. 应力类型和应力水平的确定

以液压元件为例，产品的应力往往有多个，如负载压力、背压、流量、电流、电压、转速、转矩、换向频率、油温及环境条件等。一般说来，它们均影响产品的可靠性。

（1）确定试验应力　常用以下两种方法确定试验应力：

1）将主要应力作为试验应力，在一定条件下，限制其他应力对整机可靠性的影响。至于主要应力的选择，它随产品和研究目的不同而有所不同。

2）用正交试验法，评估产品在几种应力作用下的可靠性，应力形式与寿命分布密切相关。

（2）应力水平的确定　若选定应力水平为 K，则应力水平范围是（1.15～1.175）K。

在一定范围内，应力水平只影响应力参数的值，不影响分布类型。但应力水平相差很大时，可能影响失效分布的类型，即两级应力水平作用下失效分布不相同。

7.3　加速可靠性试验

传统的可靠性试验方法试验周期过长，不可能较快地找出设计和制造缺陷并评估出产品寿命的预计值。由于存在民用产品快速更新换代和军用产品快速研制的需求，人们采用一种较为快速的可靠性试验方法——加速可靠性试验。加速可靠性试验通过采用比产品在正常使用中所经受应力更为严酷的试验应力，在较短的试验时间内即可获得产品可靠性的必要信息。因此，加速可靠性试验成为可靠性试验的重要发展方向。

7.3.1　加速可靠性试验概述

1. 加速可靠性试验的定义

加速可靠性试验一般可概括为在不改变故障模式和失效机理的条件下，用增强应力的方法加速产品失效的进程，并运用失效分布函数和加速模型（或退化参数分布规律），在短时间内取得必要的寿命特征值参数，再推算到正常应力下产品的寿命特征值（称为"定寿"）。这种可靠性试验的方法统称为加速可靠性试验。

加速可靠性试验不仅可以对产品的可靠性进行评价，而且可通过质量反馈来提高产品的可靠性水平，还可用于可靠性筛选、确定产品的安全余量等。故加速可靠性试验可以应用于产品的验收、鉴定、出厂分类、维修检验等多方面。

一个完整的加速可靠性试验应掌握产品的如下信息：故障模式与机理，加速应力与使用范围，失效分布函数与加速模型，加速与额定状态下的寿命特征值转换。其难点是建立加速模型与两者寿命特征值转换的统计方法。

2. 加速可靠性试验的分类

加速可靠性试验可分为三种：可靠性强化试验（Reliability Enhancement Testing，RET）、加速寿命试验（Accelerated Life Testing，ALT）和高加速应力试验（Highly Accelerated Stress Testing，HAST）。虽然加速可靠性试验都是采用增强环境应力的方式进行试验，但是各类加速可靠性试验的试验目的和试验方法有较大差异。

1）可靠性强化试验属于工程试验范畴。与传统的环境模拟试验（Simulation Test）相反，可靠性强化试验是一种激发试验（Stimulation Test）。该技术的理论依据是故障物理学（Physics of Failure），它通过对产品施加增强的环境应力使设计和制造中的缺陷以故障形式较快地暴露出来。通过故障原因分析、失效模式分析，可改进设计消除缺陷，提高产品可靠性。可靠性强化试验可大幅度提高试验效率，降低试验成本。

2）加速寿命试验属于统计试验范畴。它是在进行合理工程及统计假设的基础上，利用与物理失效规律相关的统计模型对在超出正常应力水平的试验环境下获得的可靠性信息进行转换，得到产品在额定应力水平下可靠性特征数值估计的一种试验方法。简言之，加速寿命试验是在保持失效机理不变的条件下，通过加大试验应力来缩短试验周期的一种寿命试验方法。加速寿命试验采用增强应力水平的方式来进行产品的寿命试验，从而缩短了试验时间，提高了试验效率，降低了试验成本。

3）高加速应力试验容易和前面所讲的两种加速可靠性试验混淆。高加速应力试验的主要特点是采用高温（超过100℃）、高湿（相对湿度超过85%）和高气压（可达4倍标准大气压），它是为了代替传统的温度-湿度试验（Temperature Humidity Bias，THB）而开发的一种新的环境试验。THB需要花费1000h才能完成的试验，采用HAST只需96~100h就可完成试验。

7.3.2 加速寿命试验

1. 加速寿命试验的基本概念

随着科学技术的发展，产品的可靠性越来越高。常规的寿命试验已不能适应这种现状，如取10个样品进行几万小时试验，可能只有一两个样品失效，这种试验结果无法实现产品的可靠性寿命预计，而且耗时耗功太大。加速寿命试验通过对产品施加远超过正常应力水平的增强应力以加速失效过程，并通过寿命回归可估计出正常应力条件下的可靠性指标，从而大大缩短了试验时间，又满足了可靠性寿命预计的需求。

加速寿命试验又称加速等效试验。1967年美国罗姆航空发展中心首次给出了加速寿命试验的统一定义，即加速寿命试验是在进行合理工程及统计假设的基础上，利用与物理失效规律相关的统计模型对在超出正常应力水平的加速环境下获得的寿命信息进行转换，得到被试件在额定应力水平下寿命特征可复现的数值估计的一种试验方法。加速寿命试验的关键是建立加速模型，加速模型包括加速寿命试验的应力确定及加速寿命试验的样本规划。

2. 加速寿命试验的应力

加速寿命试验对产品施加的应力水平远超过正常工作应力水平，在设计应力和损坏应力极限之间选择，如图7-7所示。加速寿命试验施加的应力水平与正常工作应力水平之比称为加速因子。要注意的是加速寿命试验方法有效的必要条件是所选择的加速因子使试验应力水平增强后，样本的失效模式和失效机理不能变化，具体地说，就是对施加的任何一个应力水平，产品的寿命分布形式不能改变，否则加速寿命试验是无效的。

图 7-7　加速寿命试验施加的应力水平范围

增强应力的加载方式常用的有恒定应力、循环交变应力、步进应力和序进应力四种，如图 7-8 所示。此外，还有随机应力、步退应力等加载方式。

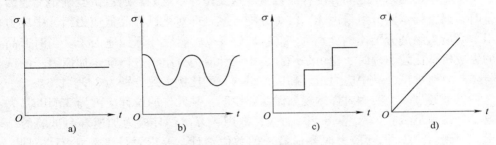

图 7-8　增强应力的加载方式

a）恒定应力　b）循环交变应力　c）步进应力　d）序进应力

3. 加速因子的确定

进行加速寿命试验必须确定的一系列参数包括：试验持续时间、样本数量、失效标准、要求的置信度、加速因子、外场环境、试验环境参数、产品失效威布尔分布的斜率或 β 参数（$\beta \leq 1$ 表示早期故障，$\beta > 1$ 表示耗损故障）。这些参数中，对试验结果影响最大且最难确定的是加速因子。

加速因子通常可用两种方法确定。

（1）利用现有模型确定加速因子　现有模型有 Arrhenius 模型、Coffin-Manson 模型和 Norris-Lanzberg 模型等。使用现有模型比起用试验方法来确定加速因子节省时间，并且所需样本少；但不是很精确，而且模型变量的赋值较复杂。

（2）通过试验确定加速因子　如果没有合适的加速模型用于所试验的产品和环境，那就需要通过试验导出加速因子。先将样本分成三个应力级别试验组：高应力组、中应力组、低应力组。然后，在预试验的基础上，规划各组的试验应力，规划时要确保在每一个应力级别上产品的失效机理相同。通常，高应力级别的加速因子取为 1.75~1.90，中应力级别的加速因子取为 1.40~1.55，低应力级别的加速因子取为 1.15~1.30。选择高应力级别的目的是，更快地加速被试装置到失效状态（缩短试验时间），而且激发出与使用条件下相同的失效机理。选择低应力级别时，应使设定点略高于使用应力上限，足以在期望的试验时间内能激发失效。其次，选择这两个应力数值之间的第三个应力点作为中应力级别。最后，对这三个应力级别试验组的试验结果进行分析，很容易得出该产品加速寿命试验的最合理的加速因子。这是确定加速因子较精确的方法，但需要较长时间和较多的样本。

4. 加速寿命试验的样本规划

由于要对加速寿命试验的结果做统计学分析，以得到被试件在额定应力水平下寿命特征可复现的数值估计，因此，被试样本的数量必须足够多。通常，为了既节省试验时间，又得到置信度足够的可靠性寿命预计，还要将被试样本按适当比例在各个应力水平之间分配样品数量，这就是样本规划。通过试验确定加速因子时，通常样本的分组采用 4∶2∶1 分配方案，即对被试样品低应力组、中应力组、高应力组的分配比例分别为 4/7、2/7、1/7。然后计算加速因子。当对产品的失效机理比较明确时，也可采用高、中两种应力分组，进行确定加速因子的试验。此时对被试样品中应力组、高应力组的分配比例大致分别为 2/3、1/3。

以下通过一个实例对样本规划做简要说明：某元件的设计应力为 35MPa，失效率分布满足威布尔（Weibull）曲线，欲用 4 万次循环应力加速寿命试验的结果，得到 60 万次循环应力时寿命特征的数值估计，要求置信度为 0.95。对此，样本规划的结果是：最少的样本数量是 15。在 15 件样本中，有 10 件样本的试验应力水平为 50MPa，有 5 件样本的试验应力水平为 65MPa。按此规划进行 4 万次循环应力加速寿命试验，试验结果是：10 件样本的试验组中失效了 6 件，5 件样本的试验组中失效了 4 件。据此，通过寿命回归得出 35MPa 应力条件下 60 万次循环应力时的可靠度为 0.999345。该可靠性寿命特征数值的置信度为 0.951。

加速寿命试验的样本规划和寿命回归可以采用 Minitab 软件中的 DOE（Design of Experiment，试验设计）模块进行计算。

5. 加速寿命试验的研究内容

加速寿命试验的研究主要集中在试验的统计分析和优化设计两个方面。首先发展起来的是恒定应力试验的统计分析方法。有关恒定应力试验统计分析主要围绕如何提高分析精度等问题展开。由于恒定应力试验最低应力水平往往接近正常应力，试验时间较长且效率低，因此步进应力试验的研究与应用需求日益明显。但如何从步进应力的失效数据中分离出完整的寿命信息是步进应力试验统计分析的关键问题。为进一步提高试验效率，加速产品的失效，加速寿命试验发展为序进应力试验。由于序进应力试验的统计分析十分复杂，并且需要专业的应力控制设备，因此序进应力试验在国际上多用于产品可靠性的对照试验，其应用受到了很大的限制。

对新研制的产品来讲，往往研制周期短、寿命长而交付时间紧，其寿命数据又较少，该如何进行加速寿命试验，这是生产实践中提出的问题。

7.3.3　高加速寿命试验

当产品的失效机理主要是疲劳破坏时，可采用高加速寿命试验。高加速寿命试验是在极短的时间内（通常是几小时或几天），对产品施加步进应力，应力水平大约每 1~3h 升高 10%，直到产品失效。高加速寿命试验适用于发现设计缺陷，当产品失效存在耗损机理时，最好不采用高加速寿命试验。

高加速寿命试验用于揭示产品设计和零件选择中因疲劳破坏引起的潜在缺陷，而这些缺陷通过系统的鉴定试验方法却难以发现，因为在通常应力下，产生疲劳破坏的时间很长。高加速寿命试验对被试产品施加的步进应力包括环境应力（如温度和振动）、电应力（如电压极限或交变电压）以及组合应力。高加速寿命试验着力于使产品达到失效，以便评定超出其计划使用范围的设计健壮性和超过规定工作极限的设计裕度。

高加速寿命试验的后续工作是根因分析，以及确保产品可靠性改进措施的确定和执行，从而提高产品的可靠性和设计健壮性。根因分析也许是高加速寿命试验最复杂的一个环节，因为确定了产品在试验中暴露出的潜在问题后，接着需要分析这些问题在现场使用中是否会发生，还是说它仅仅是由于试验过程中超出了产品技术要求或改变了失效机理而在试验中发生的。因为高加速寿命试验确实可能改变产品的失效机理。

高加速寿命试验通常是加速寿命试验的备选试验。当主要失效机理是由疲劳原因引起时，最好采用高加速寿命试验，以便快速发现设计缺陷，确定失效机理，评定产品设计裕度。而加速寿命试验适用于描述由耗损（例如磨损）造成的失效机理，加速寿命试验的时间需几周或几个月，通常用来检验机构在超出用户预期和超出质保期的情况下产生的失效情况。多数情况下，这两种方法最好结合起来使用。因为每种方法适用于揭示不同类型的失效机理。两种方法的适当结合，为产品可靠性设计提供了一套完整全面的试验方法。

7.3.4　液压元件的加速可靠性试验

在充分利用国外资料进行类比，使用合理工程假设的基础上，结合液压元件生产和使用经验，可进行新研制产品加速可靠性试验方法的探索，并在产品使用中不断积累寿命数据，使加速方法更完善、选定的加速系数更合理。

1. 液压元件进行加速可靠性试验的条件

（1）加速可靠性试验的前提　进行加速可靠性试验前，必须合理正确地认定液压元件的失效模式。例如，三位四通电磁换向阀的技术性能指标是：换向、复位（对中）时间、内泄漏量、压力损失、换向性能等。换向性能在标准中规定："电磁换向阀连续换向 10 次以上，不能有卡死、叫声和抖动现象，换向应迅速。"这一条是定性的，无法用精确数值描述，它不能作为退化失效准则。压力损失在整个工作过程中变化不大，它也不能作为退化失效准则。所以电磁换向阀的退化失效准则是：电磁换向阀在可靠性试验过程中，内泄漏量，换向、复位（对中）时间超过标准规定值的10%，则产品失效。10%的数值是标准寿命试验规定的。

（2）加速可靠性试验的基本条件　加速可靠性试验的基本条件是：①加速可靠性试验出现的故障模式及机理应与额定应力作用下的一致。②加速与额定状态下液压元件的寿命分布与损伤退化量应具有同一性或相似规律性。③加速可靠性试验存在规律的加速性。

该基本条件说明，加速可靠性试验时间只要持续到某一退化特征值并能找出衰退规律性即可，未必一定要做到产品失效。实际应用中存在的问题是对于某些类型液压元件（如液压泵）加速性不好，需要花较长的试验时间才能得出可描述的损伤退化规律性。

（3）工程上可利用的合理假设　在制订加速可靠性试验方法时要遇到液压元件的失效模式和机理、寿命分布、磨损、疲劳、老化等问题的分析，此时，可利用以下合理的工程假设：①液压元件的寿命服从于威布尔分布，根据可靠性理论，凡是因某一局部失效或故障而导致全局机能停止运行的元件、系统的寿命服从威布尔分布，液压元件属于这一类元件。②国产液压元件的失效模式和机理为磨损类型，原因是国产液压元件的磨损寿命远低于疲劳寿命，关键摩擦副的磨损制约着液压泵的寿命；根据相似原理，相同结构、相同材料、相同功能的元件在正常工作的条件下具有相同失效机理。③在低于50℃条件下，不考虑密封件的老化过程。④在低于200℃时，温度对钢制件的疲劳强度的影响不明显，可不予考虑。

2. 液压元件新产品加速可靠性试验的步骤

1）对液压元件进行故障机理分析并确定作为试验应力的综合应力，初步编制液压元件加速寿命试验大纲、加速寿命试验载荷谱，邀请行业内专家对加速寿命试验大纲和加速寿命试验载荷谱进行分析论证，并确定最终的加速寿命试验载荷谱。

2）根据加速寿命试验大纲要求，进行样本规划，抽取试验样品并按加速寿命试验载荷谱进行加速可靠性试验。液压元件最成熟的加速可靠性试验方法是恒定应力加速寿命试验和统计意义下的加速寿命试验相结合。为了节约试验费用，一般不把全部样本做到失效，而是采用截尾试验。

3）对每阶段的试验数据进行对比分析，密切关注液压元件退化过程。加速可靠性试验完成后分解液压元件，对各零组件进行检测计量和无损检测。

4）整理加速可靠性试验数据和编写液压元件加速寿命试验报告，形成试验结论并提交会议评审。

3. 批生产产品的加速可靠性试验程序

以批量生产的液压泵为例，进行加速可靠性试验的程序为：泵的失效模式分析→失效机理类型→加速模型类型→加速应力及水平选择→加速可靠性试验方案制定→摸底试验→辅助试验→加速可靠性寿命试验或鉴定试验→数据处理，推算正常应力下产品的寿命特征值（定寿）。

由于批生产产品寿命数据较为齐全，加速性又较好，通过摸底试验能很快找出加速的规律性，并能很好地通过鉴定试验及数据处理推算额定状态下的寿命。

由于可靠性工程的发展远超可靠性科学的发展，国内对加速可靠性试验的基础性研究和应用研究尚不足，致使符合国产液压元件情况的寿命分布类型、加速模型、寿命特征值的统计分析方法等还没有形成规范，所以推广液压元件的加速可靠性试验方法尚有较多困难。

7.3.5　加速寿命试验的数据处理

统计意义下的加速寿命试验可用下列两种方法做数据处理。

1. 截尾子样试验

常用的截尾子样试验有三种：定数截尾子样、定时截尾子样和混合截尾子样试验。它们又分为有替换试验和无替换试验。这些方法都可以用于液压元件的可靠性试验。定数（定时）截尾试验是依据 n 个样本中规定截尾失效数 r 比 n 个样本全部失效时间短来实现加速的。为了保证统计的置信度，失效数 r 不得少于 4 个，失效数 r 与总样本数 n 之比最好达到 50% 以上再停止试验，最低也不要低于 30%。

2. 分组最小值法试验

分组最小值法所依据的模型是串联（最弱环节）模型，并利用了威布尔分布的自身再生特性，达到加速寿命试验的目的。简单方法是：从产品中随机抽取 n 个样本，等分成 k 组，每组 m 个样本。每组样本同时装于试验台架上试验，只要组内有一个样本失效，则停止该组试验。这样每组都得到一个最短的失效时间 $t_i(i=1, 2, 3, \cdots, k)$。若总体失效分布服从威布尔分布，则把这 k 个样本数据 $t_i(i=1, 2, 3, \cdots, k)$ 绘于威布尔分布概率纸上，就可以画出一条直线，再经过一定的作图程序就可以推导出威布尔分布直线，从而达到评估产品可靠性指标的目的。所以只要试验做出 k 个样本失效就能够得出相当于把 n 个样本做到失效而得出的分布直线，其置信度是相同的。

液压元件中液压阀、电磁铁等的失效分布均为威布尔分布，可以采用分组最小值法试验。

7.4 液压传动金属承压壳体疲劳压力试验

7.4.1 金属承压壳体疲劳压力试验概述

1. 金属承压壳体疲劳压力试验的概念

液压传动中，金属承压壳体包括：各种液压阀的阀体、液压油缸的缸体、液压泵和液压马达的承压壳体、蓄能器和过滤器筒体等。这些金属承压壳体都是液压传动系统中主要液压元件的重要部件，它们的寿命和可靠性直接关系到主要液压元件的寿命和可靠性。因此对这些金属承压壳体做可靠性试验并改进其可靠性指标，是提高液压元件可靠性的重要环节。考虑到这些金属承压壳体失效的机理只是承压腔受液体压力后的疲劳破坏，所以金属承压壳体的可靠性试验只需对其全部承压腔施加液压力，作为主试验应力即可。因而可以把金属承压壳体可靠性试验称为金属承压壳体疲劳压力试验。

2. 金属承压壳体疲劳压力试验的标准

本章 7.2.1 节中列出的可靠性试验标准也适用于金属承压壳体疲劳压力试验，只是由于金属承压壳体疲劳压力试验的试验应力是既单一又特殊地作用于承压腔内表面的液体压力，所以国家又为液压传动金属承压壳体疲劳压力试验制定了专项标准。GB/T 19934.1—2021《液压传动 金属承压壳体的疲劳压力试验 第 1 部分：试验方法》，该标准等同国际标准 ISO 10771—1：2015。

7.4.2 金属承压壳体疲劳压力试验的试验方法

GB/T 19934.1—2021 规定了在连续稳定且具有周期性的内部压力载荷下，对液压元件金属承压壳体进行疲劳试验的方法。该标准仅适用于用金属制造、在不产生蠕变和低温脆化的温度下工作、仅承受压力引起的应力、不存在由于腐蚀或其他化学作用引起的强度降低的液压元件承压壳体。承压壳体可包括垫片、密封件和其他非金属材料，但这些零件在试验中不作为被试液压元件承压壳体的组成部分。

1. 试验条件

在开始各项试验前，应排除被试元件和回路中存留的空气。被试元件内的油液温度应在 $15\sim80℃$ 范围内。被试元件温度的最低值应为 $15℃$。应使用在试验温度下其运动黏度不高于 $60mm^2/s$ 的非腐蚀性液压油液作为加压介质。

应将压力传感器直接安装在被试元件内，或尽可能接近被试元件，以便记录作用于被试元件内部的压力。应消除在传感器和被试承压壳体间的任何影响因素。试验装置和试验回路应能够产生持续稳定的重复循环压力，对重复循环压力的要求详见 7.4.3 节。

当液压传动元件有多个设计为不同承压能力的内腔时，机械疲劳特性在这些内腔间是不同的。这些内腔应作为承压壳体的不同部分进行试验。如果需要，可在被试元件内放置金属球或其他非固定的配件，以减少压力油液的体积，但要保证放置的配件不妨碍压力达到所有试验区域，并且不影响该元件的疲劳寿命。例如不会对被试元件内面产生锤击作用。

2. 被试件为液压泵和液压马达时的处理

应使用完整装配的液压泵和液压马达作被试元件进行试验。在试验期间，进油口、泄油口和高压油口需要施加不同的循环试验压力。如果选择对多个油口施加循环试验压力，应合理选择各油口循环压力的相位，以达到最高疲劳载荷。

对液压泵进行这项试验时，需要区别两种状态：一种是被试元件的驱动机构旋转并自身产生高压的循环试验压力，另一种是液压泵不旋转并通过一个分离的压力源对油口施加循环试验压力。如果用一个非旋转轴实施这项试验，在测定承压壳体上的载荷方面，该旋转组合的角位置很重要，应加以控制。

对于变排量的液压泵和液压马达，排量大小会影响到测量结果。试验过程中，应使排量处于最大状态。试验时，除记录压力波形外，还应记录排量变化的波形。

3. 被试件为液压阀时的处理

液压阀包括多个腔体，每个腔体承受不同的压力（例如系统压力、工作油口压力、控制压力和回油口压力）。如果这些压力腔体不邻近，各不同压力的脉冲可以同时施加到各个腔体。

液压阀宜以整体进行试验。附件（例如电磁铁磁心管、端盖等）可以作为液压阀整体的组成部分或作为单独的被试元件进行试验。当液压阀以整体进行试验时，腔体的内壁和边界的压力载荷可能不一致（例如方向阀的压力油口和工作油口之间的内部区域，就存在这种情况），那么一个压力循环应保证交替施加于内部和边界各侧压差的为最大。

液压缸的金属承压壳体疲劳压力试验见 7.4.4 节。

7.4.3　金属承压壳体疲劳压力试验循环压力

GB/T 19934.1—2021 中规定了金属承压壳体疲劳压力试验循环压力的脉冲波形。

在规定的时间周期内，试验压力波形应达到循环试验高压下限值和循环试验低压上限值。典型的循环试验压力波形如图 7-9 所示。

$$T = T_R + T_1 + T_F + T_2$$

式中　T——循环试验压力波形的周期；

　　　　T_R——一个周期中压力的上升时间；

　　　　T_1——一个周期中较高循环试验压力持续时间；

　　　　T_F——一个周期中压力的下降时间；

　　　　T_2——一个周期中较低循环试验压力持续时间。

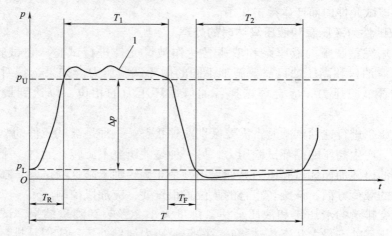

图 7-9　典型的循环试验压力波形

1）循环试验高压下限值 p_U。在时间段 T_1（等于或大于 $0.3T$）内，实际试验压力应等于或超过较高循环试验高压下限值。

2）压力上升时间段 T_R。在时间段 T_R 内，实际试验压力应增加至循环试验高压下限值，且应满足：

$$0.4T \leqslant T_R + T_1 \leqslant 0.6T$$

3）循环试验低压上限值 p_L。循环试验低压上限值 p_L 应不大于循环试验高压下限值的 5%。在循环的时间段 T_2 内，实际试验压力应不超过循环试验低压上限值 p_L。T_2 应满足：

$$0.9T_1 \leqslant T_2 \leqslant 1.1T_1$$

因为被试液压元件的疲劳寿命取决于在给定循环试验压力下高压持续的时间段 T_1，所以一般给定的循环试验压力的频率宜小于 3Hz，或保证时间段 T_1 大于 100ms。

7.4.4　液压缸的疲劳压力试验方法

液压缸的疲劳压力试验在工程应用中，也被称为"2P 试验"。

1. 被试液压缸的适用范围

标准 GB/T 19934.1—2021 中规定了液压缸承压壳体进行疲劳压力试验的方

法。该方法适用于缸径≤200mm 的液压缸，包括拉杆型、螺钉型、焊接型和其他紧固连接类型。该方法不适用于在活塞杆上施加侧向载荷及由负载/应力引起活塞挠性变形的液压缸。

标准中所述的液压缸承压壳体包括：缸体，缸的前、后端盖，密封件沟槽，活塞，活塞与活塞杆的连接，任何受压元件（如缓冲节流阀、单向阀、排气塞等），用于前端盖、后端盖、密封沟槽、活塞和保持环的紧固件（如弹性挡圈、螺栓、拉杆、螺母等）。但液压缸底板、安装附件和缓冲件不应作为承压壳体的元件部分。

2. 被试液压缸活塞行程的限定

为保证循环试验压力的效果，被试液压缸的行程有最小限制。该最小行程的大小与液压缸缸径的大小相关。缸径对应的最小行程如图 7-10 所示。图中，曲线 a 适用于拉杆液压缸，曲线 b 适用于其他各类型的液压缸。

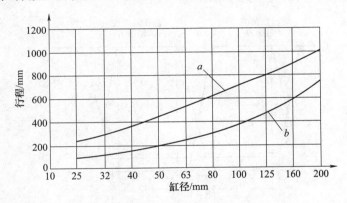

图 7-10　缸径对应的最小行程

为了保持试验过程中，活塞的位置不变，可以在液压缸安装台架上设置定位机构，该装置通过销轴和被试液压缸活塞杆的耳环连接，同时被试液压缸也在安装台架上固定，这样就可保证活塞在缸筒中的定位。活塞定位机构如图 7-11 所示。定位机构安装在被试液压缸前端盖上，定位机构的调节螺栓镶装在活塞杆伸出端。调节螺栓的旋进长度即可确定活塞与后端盖的距离 L。对于拉杆型液压缸，应使活塞距后端盖的距离 L 在 3~6mm 之间；对于非拉杆型液压缸，活塞应大致位于缸体长度的中间。

3. 被试液压缸试验压力的施加

液压缸的前、后两腔的油口各接一个循环试验压力源。每个循环试验压力源的压力波形均应满足 GB/T 19934.1—2021 的规定（图 7-9）且周期相等，同时两个循环试验压力源的压力波形还有 180° 的相位差。当循环试验高压下限值 p_U 的

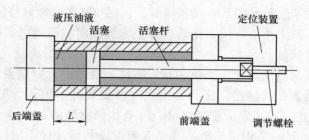

图 7-11　活塞定位机构

试验压力施加于活塞的一侧，以低于循环试验低压上限值 p_L 的试验压力施加于活塞的另一侧，然后交换这两个压力，产生一个压力循环。液压缸两腔施加的试验压力波形匹配如图 7-12 所示。图中较粗实线为液压缸前腔的试验压力，中粗实线为液压缸后腔的试验压力。

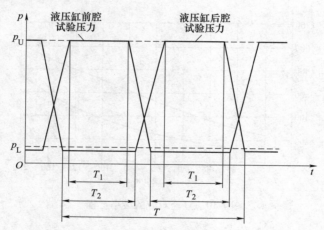

图 7-12　液压缸两腔施加的试验压力波形匹配

　　试验中，还要保证被试液压缸每腔承受高压压力的时间 T_1 均小于承受低压压力的时间 T_2，即活塞两侧各腔的时间段 T_1，不应在另一腔压力降低到 p_L 之前开始，而且，T_1 还应在另一侧压力上升到大于 p_L 之前结束。

7.5　用于液压元件压力容腔体额定疲劳压力验证的加速试验

7.5.1　额定疲劳压力验证加速试验的原理

1. 金属材料疲劳寿命与工作压力的关系

压力容腔体的疲劳试验作为工程实践已有一百多年的历史，积累了相当多的数据。美国学者 Lipson 等人对这些数据做了计算机分析，发现疲劳强度的易变性和离散性，在绝大多数情况下可用正态分布和威布尔分布描述。如果只考虑疲劳寿命的均值，将金属材料疲劳寿命的均值 N（以循环压力次数表示）与承压腔工作压力 S（以 MPa 为单位）的关系画在对数坐标中，就是所谓的 S-N 曲线，如图 7-13 所示。曲线可分为三个区段：在曲线的Ⅲ区，黑色金属的疲劳寿命曲线几乎是水平的；Ⅲ区和Ⅱ区的转折点正好在 $N=10^6$ 与 $N=10^7$ 之间，从理论上说，如果压力循环次数超过 10^7 仍未发生破坏，则可以百分之百地认为其疲劳寿命是无限的了。这就是现在制定的多数可靠性标准把压力循环次数 $N=10^7$ 规定为元件疲劳寿命指标的原因。当然也有某些可靠性标准把压力循环次数 $N=10^6$ 规定为元件疲劳寿命指标的，这时指标的可靠性就不是百分之百了。Ⅱ区的疲劳寿命曲线几乎是一段斜率不变的斜直线。Ⅰ区曲线的疲劳寿命基本和金属的静态疲劳寿命相差不大，所以曲线是斜率较小的下斜曲线。根据金属疲劳寿命曲线三个区段的特点，可以设计压力容腔体额定疲劳压力验证加速试验的方法。

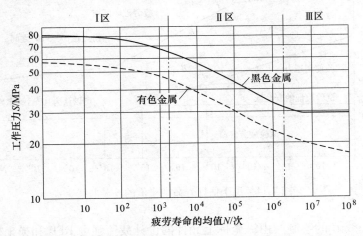

图 7-13 金属材料疲劳寿命的均值与承压腔工作压力的关系

对任何液压元件压力容腔体在设计的额定疲劳压力下作疲劳寿命试验，如果在压力循环次数 $N=10^7$ 时仍未发生破坏，即可认为其疲劳寿命合格了。但要试验到 $N=10^7$ 次压力循环需要的时间太长，以压力循环频率为 2Hz 计算，需要 1389h，约 58 天。为减少试验时间，美国流体动力协会（NFPA）的工程师们在考虑了疲劳寿命分布的离散性后，按正态分布的规律对金属疲劳寿命均值的曲线进行扩展，使疲劳寿命曲线可以包含所有离散分布的疲劳寿命结果。扩展的疲劳寿命曲线如图 7-14 中的曲线 A。曲线 A 和图 7-13 中的疲劳寿命均值的曲线类似，也可分为三区段。左段为相对静态疲劳寿命段，和图 7-13 比较，曲线向下的斜率大了些，同时静态疲劳破坏的应力值提高了一些。中段仍为一段斜率不变的斜直线，斜率比左段明显增大。右段不同于图 7-13 是水平线，而是一段斜率较小的下斜线。

2. NFPA 的疲劳寿命加速策略

为了缩短试验周期，NFPA 提出一个以被试元件具有一定的过强度为基础的试验策略。试验策略如图 7-14 用于估计寿命期望值的 S-N 曲线中的曲线 B 所示。曲线 B 中，元件压力容腔体能承受 10^7 次的循环压力而不发生失效，用符号 RFP 表示，RFP 也就是元件的设计疲劳强度。元件压力容腔体能承受而不发生失效的静态压力，用符号 RSP 表示。在验证额定疲劳寿命的循环试验中所施加的压力范围，用符号 CTP 表示。RFP、RSP 分别远小于钢质材料疲劳强度 S-N 曲线 A 中对应的疲劳强度、破坏静压力，即被试元件具有一定的过强度。

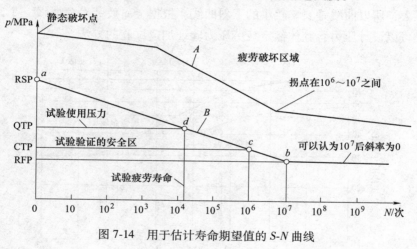

图 7-14 用于估计寿命期望值的 S-N 曲线

（1）曲线 B 的绘制 由纵坐标上元件的设计疲劳强度 RFP 和横坐标上 10^7 可以确定 b 点，由纵坐标上元件的静态压力强度 RSP 可以确定 a 点，将 a 点和 b 点用直线连接，并从 b 点开始向右画水平线，即可得到曲线 B。如此画出的曲线是用于加速试验评估疲劳寿命用的，它与理论上的 S-N 曲线在 $N=10^4$ 以左的区段和 $10^6 \sim 10^7$ 的区段存在误差。理论上的 S-N 曲线在这两段包含曲线，曲线 B 用直线代替了，好在 $N=10^4$ 以左的区段在加速试验时用不到，而 $10^6 \sim 10^7$ 区段的曲线和直线的误差较小，不会影响对疲劳寿命的评估。在理论上的 S-N 曲线和曲线 B 在 $10^4 \sim 10^6$ 的区段肯定都是直线，误差基本可以忽略。

（2）将疲劳寿命试验的压力循环次数由 10^7 缩减到 10^6 在曲线 B 上找到与 $N=10^6$ 对应的点 c，在纵坐标上找到 c 点对应的压力值 CTP。以 CTP 为循环压力幅值，进行疲劳寿命试验，如果在压力循环次数 $N=10^6$ 仍未发生破坏，则可认为其疲劳寿命合格。即在 RFP 循环压力幅值时，该元件在压力循环次数 $N=10^7$ 仍不会发生破坏。显然，试验压力 CTP 是大于设计疲劳强度 RFP 的。

结论：只要把试验压力稍提高一些，在压力 CTP 下做循环压力试验，试验到 $N=10^6$，就可以相当于设计疲劳强度 RFP 下 $N=10^7$ 的试验效果。把疲劳寿命试验由 10^7 次缩短为 10^6 次，时间将由几十天缩短为几天，这大大提高了试验效率。还可以用较大于 CTP（通常为 CTP 值的 1.2~1.4 倍）值的 QTP 为实际试验的循环压力幅值，进行强化疲劳寿命试验加速（详见 7.5.2），这时疲劳寿命试验可以缩短为 10^5 次。

7.5.2 压力容腔体额定疲劳压力加速试验验证方法

依据 GB/T 19934.1—2021，参照 ISO/TR 10771—2—2008 的规定，编制了以下压力容腔体额定疲劳压力加速试验验证方法。

1. 准备工作

按设计要求确定压力容腔体的材料，选定保证水平、样本数量及待验证的额定疲劳压力 RFP。

2. 循环试验压力 CTP 的确定

（1）加速系数 K_N 用额定疲劳压力计算循环试验压力时，为使试验的压力循环次数从 10^7 次缩短至 10^6 次而采用的系数，用符号 K_N 表示。K_N 取值需从最小试验循环次数从加速系数取值对应表（表 7-1）中选取。

表 7-1 加速系数 K_N 取值对应表

最小试验循环次数 N	不同压力容腔体材料的加速系数 K_N		
	黑色金属的 K_N	有色金属的 K_N	黑色金属混合有色金属的 K_N
10^7	1.0	1.0	1.0
10^6	1.15	1.25	1.25

（2）变异系数 K_V 用额定疲劳压力计算循环试验压力时，考虑到金属疲劳强度的变异而采用的系数，用符号 K_V 来表示，它也适用于用额定静态压力计算静态试验压力。变异系数 K_V 的取值要根据所要求的保证水平和试验样本数量从变异系数 K_V 取值对应表表 7-2 中选取。选取时需要注意：① 对多种材料构成的压力容腔体，选取变异系数 K_V 时，取各种材料所对应的变异系数的最大值；② 表中所列保证水平具有 90% 的置信度。若将对应的样本数量增加一倍，置信度可提高到 99%。

表 7-2 变异系数 K_V 取值对应表

组成材料	保证水平	样本数量		
		1	2	3
铁	99%	1.55	1.30	1.15
	90%	1.30	1.15	1.07
铝合金、镁 合金、钢	99%	1.45	1.25	1.12
	90%	1.30	1.15	1.06
铜合金	99%	1.35	1.15	1.07
	90%	1.20	1.10	1.02
不锈钢	99%	1.25	1.15	1.07
	90%	1.17	1.10	1.02

（3）计算循环试验压力 按式 $CTP = K_N K_V RFP$ 计算循环试验压力。

3. 启动循环试验装置

将循环试验压力的幅值设定为 CTP，循环试验压力波形满足 GB/T 19934.1—2021 的规定，对样本进行验证试验。

4. 被试压力容腔体失效的判定准则

被试压力容腔体如出现结构断裂或在循环试验压力作用下因疲劳而产生任何裂纹中任何一种损坏模式即判定为失效。

5. 验证试验结果评估

若试验循环次数达到 10^6 次仍未发生失效，则可评估为额定疲劳压力合格。被试元件的额定疲劳压力为设计值。若试验循环次数未达到 10^6 次就发生失效，则应评估为额定疲劳压力不合格。当额定疲劳压力不合格时，可采用图 7-15 所示的方法评估被试元件实际的疲劳强度 FP：若被试件在循环试验压力值 CTP 下，试验至 $2×10^5$ 次时发生失效，可在 S-N 图上找到的横坐标 $2×10^5$ 与纵坐标 CTP 的

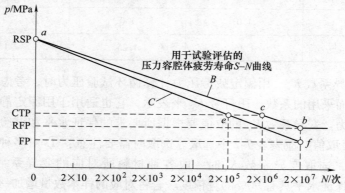

图 7-15 不合格时疲劳强度的评估

交点 e，连接 a 点和 e 点作一直线，与横坐标 $2×10^7$ 处的垂直线交于 f 点。f 点对应的纵坐标即为 FP 值。

7.5.3　压力容腔体疲劳强化加速试验

根据 S-N 曲线中段为斜直线的特点，提出了加速疲劳试验的方法，将试验时间缩短到 10%。实际上 S-N 曲线的中段从横坐标 10^4 处就开始了。所以只要被试件有足够的过强度（设计裕度较大），还可以将试验压力再提高，进行疲劳强化加速试验，进一步缩短试验时间。

1. 疲劳强化加速试验的方法

由于疲劳强化加速后，试验时间较短（约一天），因此可用不同强化循环试验压力做两次试验，得到两组数据，以此来评估被试件的疲劳寿命和疲劳强度。强化循环试验压力 QTP 的计算公式为

$$QTP = K'_V K'_N × RFP$$

式中　K'_V——疲劳强化加速试验的变异系数，从表 7-2 中选取；

　　　K'_N——疲劳强化加速试验的加速系数，对于钢铁材料，可在 1.3～1.6 的范围内先后取两个值，用于两次试验；

　　RFP——被试件的额定工作压力。

2. 疲劳强化加速试验结果的评估

若第一次强化循环试验压力为 QTP_1，试验得到的 QTP_1 下的疲劳寿命为 N_1；第二次强化循环试验压力为 QTP_2，试验得到的 QTP_2 下的疲劳寿命为 N_2。根据 QTP_1、N_1 和 QTP_2、N_2，在对数坐标系中可分别画出两点，过此两点作直线，并将直线延长与横坐标 $2×10^7$ 处的垂直线交于 f 点。则此 f 点对应的纵坐标即为被试件的疲劳强度。

例如，两种液压阀体型号分别为 ML22 和 VS25，阀体材质均为 QT400，设计额定疲劳工作压力 20MPa。为了验证该两种产品的疲劳压力是否满足设计要求，进行了疲劳强化加速试验。

试验时，每种阀体取样两件，分别在压力为 35MPa 和 45MPa 的强化循环试验压力下做疲劳试验，试验结果见表 7-3。

表 7-3　ML22 和 VS25 阀体疲劳强化加速试验结果

阀体型号	ML22		VS25	
循环试验压力 p/MPa	35	45	35	45
失效时次数 N/次	$7.95×10^5$	$2.53×10^5$	$4.42×10^5$	$1.3×10^5$

根据试验结果，画出 ML22 和 VS25 阀体疲劳强化加速试验的评估用 S-N 曲线，如图 7-16 所示。

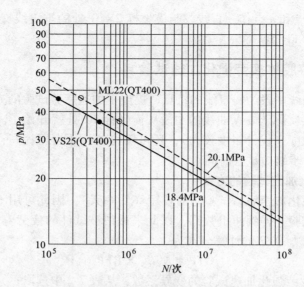

图 7-16　ML22 和 VS25 阀体疲劳强化加速试验的评估用 *S-N* 曲线

　　由图 7-16 可知：①对于 ML22 型阀体，35MPa 和 45MPa 的强化循环试验压力下不同失效时次数确定的两点是图中的空心圆点，该两点连线后的直线与横坐标 10^7 处的垂直线之交点的纵坐标是 20.1MPa；说明 ML22 型阀体在额定压力 20MPa 下的疲劳寿命是无限的，满足设计要求；②对于 VS25 型阀体，35MPa 和 45MPa 的强化循环试验压力下不同失效时次数确定的两点是图中的实心圆点，该两点连线后的直线与横坐标 10^7 处的垂直线之交点的纵坐标是 18.4MPa；说明 VS25 型阀体在额定压力 20MPa 下的疲劳寿命不足 10^7 次，只有 $8×10^6$ 次，不满足设计要求。建议修改设计，将阀体材质改为 QT450。

第8章　典型可靠性试验台

8.1　装载机液压缸耐久性试验台

装载机液压缸耐久性试验台是可靠性试验台的一种，其作用是对 5t 级别装载机的动臂缸和转向缸进行可靠性寿命验证试验。

8.1.1　液压缸耐久性试验台设计要点

1. 液压缸耐久性试验台设计依据

液压缸耐久性试验台的设计除了依据本书第 7 章介绍的可靠性试验的相关知识及标准外，还要满足以下两个标准的规定。

1）GB/T 15622—2005 中规定，耐久性试验的试验方法是：在额定压力下，使被试液压缸以设计要求的最高速度连续运行，速度误差为±10%。一次连续运行 8h 以上。在试验期间，被试液压缸的零件均不得进行调整。记录累计行程。

2）JB/T 10205—2010 中规定，判定被试液压缸耐久性的标准是：双作用液压缸，当活塞行程 $L \leqslant 500\mathrm{mm}$ 时，耐久性试验的累计行程≥100km；当活塞行程 $L > 500\mathrm{mm}$ 时，允许按行程 500mm 换向，累计换向次数 $N \geqslant 20$ 万次。耐久性试验后，内泄漏量增加值不得大于规定值的 2 倍，零件不应有异常磨损和其他形式的损坏。

可靠性验收试验，首先要考虑试验的真实性，即准确模拟产品的实际使用环境，包括主要的应力种类、应力水平和应力作用时间。施加的应力既要能充分暴露实际使用中可能出现的故障，又不致诱发出实际使用中不可能出现的故障；从而使试验结果真实，避免耗费时间和其他资源，造成产品的额外损伤。可靠性验证（鉴定和验收）试验中，应力的设计应遵照 GJB 899A—2009 的规定。

寿命试验通常是在常温环境下模拟应力条件、负载循环条件和维护条件进行的。当然，某些对寿命有较大影响的环境条件（如压力和振动）也要尽可能模拟。

2. 主要设计内容

1）保证试验的真实性。准确模拟产品的实际使用环境，使作用于活塞杆、活塞及缸筒上的应力大小、方向、作用时间均和被试液压缸实际工况相符，这需要对试验方法、被试液压缸的安装方式、试验台架结构、试验台液压系统（含液压压力控制、被试液压缸运动控制）进行设计。

2）被试液压缸失效判定的准确与及时。

3）试验耗能的节省与回收。

8.1.2 保证试验真实性的试验方法设计

1. 被试液压缸的实际工况

（1）动臂缸和铲斗缸的实际工况 装载机动臂缸和铲斗缸的实际工况如图 8-1 所示。当铲斗升起至高位卸料时（图 8-1a），动臂缸伸出，铲斗缸缩回；当铲斗落下至低位装料时（图 8-1b），动臂缸缩回，铲斗缸伸出。动臂缸和铲斗缸的安装方式均为耳环安装，在铲斗升起和落下的运动过程中，动臂缸和铲斗缸除了做活塞杆伸出或缩回的直线运动外，整个缸体还要绕缸尾耳环中心转动一定角度。常用动臂缸和铲斗缸的结构尺寸及工况运行参数见表 8-1。

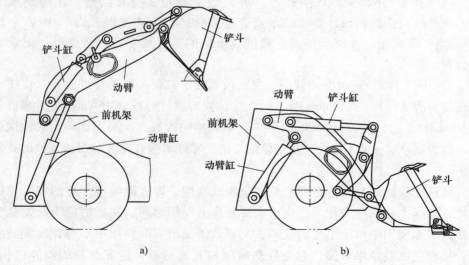

图 8-1 装载机动臂缸和铲斗缸的实际工况

a）高位 b）低位

表 8-1　常用动臂缸和铲斗缸的结构尺寸及工况运行参数

常用动臂缸和铲斗缸型号	缸径/mm	杆径/mm	行程/mm	最小安装距/mm	最大转动角度/(°)	工作压力/MPa	理论推力/N
动臂缸 C1534	160	80	815	1380	15.3	18	361911.47
动臂缸 C0023	160	80	640	1434	14	20	402123.86
铲斗缸 C0208	200	100	501	1049	14.5	17	534070.75
铲斗缸 C1287	180	80	540	1088	15.4	20	508938.01

（2）转向缸的实际工况　装载机转向缸也采用两端耳环安装方式，两台转向缸分别配置在铰接轴的左右两边。每台转向缸的一端用柱销-耳环与后机架铰接安装，另一端用柱销-耳环与前机架铰接安装。装载机转向缸的实际工况如图 8-2 所示。

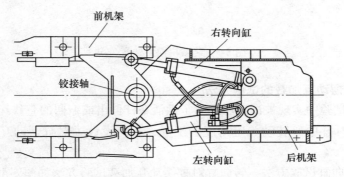

图 8-2　装载机转向缸的实际工况

工作时，若右转向缸缩回，左转向缸伸出，则前机架绕铰接轴顺时针转过一定角度，装载机向右转弯；若左转向缸缩回，右转向缸伸出，则前机架绕铰接轴逆时针转过一定角度 α，装载机向左转弯。装载机向左转弯工况如图 8-3 所示。在装载机转弯工况时，转向缸除了做活塞杆伸出或缩回的直线运动外，整个缸体也要绕缸尾耳环中心转动一定角度。

典型转向缸的结构尺寸和工况运行参数见表 8-2。

表 8-2　典型转向缸的结构尺寸和工况运行参数

典型转向缸型号	缸径/mm	杆径/mm	行程/mm	最小安装距/mm	机架转弯角度/(°)	工作压力/MPa	前机架铰点间距/mm	后机架铰点间距/mm
转向缸 C1575	100	50	389	694	35	16	570	605
转向缸 C0114	100	45	342	585	35	12	580	540

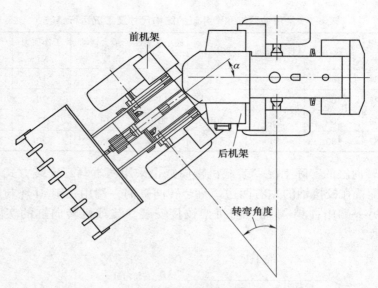

图 8-3 装载机向左转弯工况

2. 对缸摆动互加载的试验方法

为了在试验中实现被试液压缸除了做活塞杆伸出或缩回的直线运动外，缸体也要绕缸尾耳环中心转动一定角度的工况，专门设计了对缸摆动互加载的试验方法。

（1）转向缸试验方法　转向缸对缸摆动互加载试验方法如图 8-4 所示。两台同一型号规格的转向缸组成互加载的对缸。每台缸的缸尾耳环用柱销在试验台架上定位安装，两台缸缸尾耳环中心的距离为 A。两台缸的杆端耳环分别铰接在摆板两端的柱销上，两台缸杆端耳环中心的距离为 B。摆板可绕固定在试验台架上

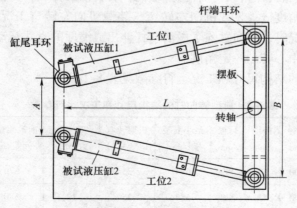

图 8-4 转向缸对缸摆动互加载试验方法

的转轴做顺时针或逆时针的旋转摆动。摆板转轴中心到两缸尾耳环中心连线的距离为 L。

试验时，若被试液压缸 1 的无杆腔进高压油，有杆腔回油，则被试液压缸 1 的活塞杆伸出，使摆板顺时针旋转；此时被试液压缸 2 的活塞杆将被摆板压迫缩回，被试液压缸 2 的有杆腔进油，无杆腔回油。如果在被试液压缸 2 的无杆腔回油路上施加背压，则被试液压缸 2 的活塞杆将通过摆板向被试液压缸 1 的活塞杆施加推力，即对被试液压缸 1 加载。这时，被试液压缸 1 处于被试验状态，被试液压缸 2 承担加载作用。反之，若被试液压缸 2 的无杆腔进高压油，有杆腔回油，则被试液压缸 2 的活塞杆伸出，使摆板逆时针旋转；此时被试液压缸 1 的活塞杆将被摆板压迫缩回，被试液压缸 1 的有杆腔进油，无杆腔回油。如果在被试液压缸 1 的无杆腔回油路上施加背压，则被试液压缸 1 的活塞杆将通过摆板向被试液压缸 2 的活塞杆施加推力，即对被试液压缸 2 加载。这时，被试液压缸 2 处于被试验状态，被试液压缸 1 承担加载作用。控制两台液压缸的进回油流向，就可实现两台液压缸互为对方加载，又都被对方加载，进而完成试验。

为了保证试验真实性还需注意：①要将缸尾耳环中心距离 A 和杆端耳环中心距离 B 设定为被试液压缸在装载机上安装时的相同值（即表 8-2 中的前机架、后机架铰点间距）；②要优化摆板转轴中心到两缸尾耳环中心连线距离 L 的值，使得被试液压缸试验时活塞往复运动的行程达到被试液压缸设计行程的 90% 以上；③加载背压要符合装载机的实际工况，进出被试液压缸的流量要使活塞往复运动的速度符合装载机的实际工况。

（2）动臂缸和铲斗缸试验方法　动臂缸和铲斗缸对缸互加载试验方法如图 8-5 所示。试验采用两组对缸互加载的形式，四台液压缸的型号规格相同，两组对缸的配置以摆板左侧为一组，摆板右侧为另一组，即被试液压缸 1 和被试液压缸 4 为一组，被试液压缸 2 和被试液压缸 3 为另一组。此种配置和转向缸试验的配置方法类似，只不过增加了一组被试液压缸。这种配置也可实现两台液压缸互为对方加载，又都被对方加载。动臂缸和铲斗缸试验的工作原理和转向缸试验的工作原理相同。需要注意的是，除了转向缸试验方法中介绍的三项外，还要保证两组对缸中，被试液压缸高压腔的压力相等，且略大于加载缸的加载背压。

8.1.3　动臂缸和铲斗缸对缸互加载试验台架

安装被试液压缸的试验台架和驱动被试液压缸的液压系统是保证对缸摆动互加载试验方法得以实现的基础。

1. 试验台架的总体结构

试验台架由外框架、支撑横梁、被试液压缸安装梁、摆板和转轴组件、安装距调节装置（包括补偿梁、螺旋千斤顶、可调限位块）、接油盘和支腿等组成，

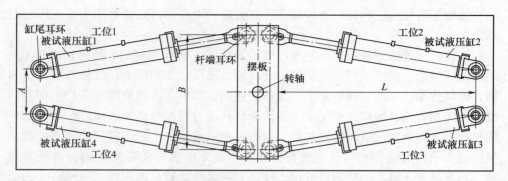

图 8-5　动臂缸和铲斗缸试验方法

如图 8-6 所示。试验台架的外形尺寸（长×宽×高）为 7000mm×2500mm×800mm。

（1）外框架　外框架采用型钢焊接而成，其中前后两侧采用 H 型钢（400mm×400mm），在被试液压缸安装距调节时还可作为导轨起导向作用；左右两端为两根槽钢（400mm×100mm）对焊而成的矩形箱体构件。在额定工作压力下，被试动臂缸和铲斗缸输出推力的范围为 $(19.6 \sim 87.4) \times 10^4 \mathrm{N}$，而试验台架承受的轴向载荷应为上述推力的 2 倍，即 $(40 \sim 180) \times 10^4 \mathrm{N}$。外框架作为试验台架的承力件，设计承受的推力载荷为 $200 \times 10^4 \mathrm{N}$。

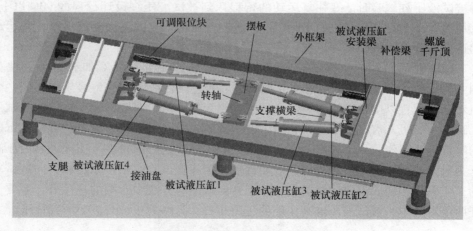

图 8-6　试验台架的总体结构

（2）被试液压缸安装梁　被试液压缸安装梁如图 8-7 所示。被试液压缸安装梁的两端加工成圆弧形状，以便于将其斜置后从 H 型钢的槽中取出。梁上焊装的两组耳环，用于通过柱销与一对被试液压缸铰接。两组耳环的中心距 A 为定值，应与试验方法设计中确定的缸尾耳环中心距离 A 相同。对不同规格的被试液压缸应选择中心距 A 与其匹配的安装梁。

（3）安装距调节装置　安装距调节装置的螺旋千斤顶焊接组装在外框架两端的箱体上，其螺纹为梯形螺纹，具有自锁功能，每个螺旋千斤顶最大可承受 $200×10^4$N 轴向载荷。补偿梁用 H 型钢（350mm×350mm）制造，要根据试验方法设计中确定的摆板转轴中心到两缸尾耳环中心连线距离 L 的实际大小选配，可装 1~2 块，也可不装。限位块用于限制被试液压缸安装梁向转轴偏移，被试液压缸安装梁位置确定后，用螺栓将其在 H 型钢导轨座上

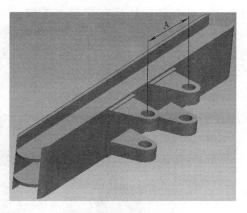

图 8-7　被试液压缸安装梁

固定。调节安装距时，先用补偿梁的配置数调整，再用螺旋千斤顶微调（螺旋千斤顶最大调节距离为 100mm）。最终保证摆板转轴中心到两缸尾耳环中心连线的距离 L 为试验方法要求的规定值。

（4）摆板和转轴组件　摆板和转轴组件由摆板（包括基板和 T 形块）、底座梁、回转轴承、转轴、锁紧螺母等组成，如图 8-8 所示。T 形块的顶部设置了两个与被试液压缸杆端耳环铰接的销孔，以便采用主机上同样的销轴总成安装被试液压缸。T 形块的下部嵌夹在基板中部的凹槽中，并用螺栓固定。对不同的被试液压缸可换装不同长度、厚度及销孔直径的 T 形块，以保证两被试液压缸杆端耳环的中心距等于试验方法设计的规定值 B。摆板和转轴组件的作用是：①实现四

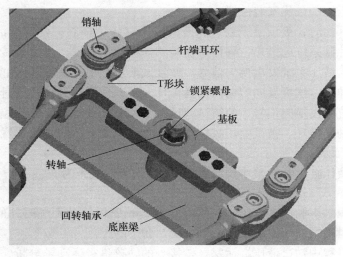

销轴
杆端耳环
T形块
锁紧螺母
基板
转轴
回转轴承
底座梁

图 8-8　摆板和转轴组件

台被试液压缸杆端耳环在摆板上的铰接安装并保证杆端耳环的中心距等于规定值；②在一对互加载的被试液压缸间实现力和运动的传递；③实现左右两组对缸的运动连锁及同步，使左右两台被试液压缸作用在每个 T 形块上的力（推力或拉力）相互平衡，减少转轴承受的径向力。图 8-9 所示是正在进行动臂缸可靠性试验的对缸互加载试验台架的现场照片。

图 8-9　对缸互加载试验台架的现场照片

2. 试验台台架运动学分析与位置参数优化

（1）试验台台架运动学分析　试验台架的两组对缸互加载装置可视为两个四连杆机构，被试液压缸相当于长度（安装距）可以变化的连杆。试验时，被试液压缸活塞杆伸出，驱动摆板转动，活塞杆铰接点运动轨迹受到两组四连杆机构的约束。对试验过程中被试液压缸活塞杆铰接点的轨迹进行运动学分析，进而确定被试液压缸的最优安装位置。

若试验开始时，被试液压缸 1 和被试液压缸 3 无杆腔进油，其活塞杆伸出，摆板转动。控制系统通过角位移传感器检测摆板转动角度，当摆板转动角度达到设计值时，给液压系统发出换向信号。使被试液压缸 2 和被试液压缸 4 无杆腔进油，活塞杆伸出，摆板反向转动。当摆板反向转动角度达到设计值时，控制系统又给液压系统发出换向信号，使被试液压缸 1 和被试液压缸 3 无杆腔进油，机构进入下一个动作循环。被试液压缸在试验台架上安装后的初始位置的位置参数如图 8-10 所示。

若被试液压缸自身的最小安装距为 L_{min}，最大安装距为 L_{max}，全行程为 S，则有：$L_{max} - L_{min} = S$。

被试液压缸 1 和被试液压缸 3 走完全行程，摆板转动到顺时针的极限位置。此极限位置时被试液压缸的位置参数如图 8-11 所示。

对试验过程中被试液压缸活塞杆铰接点的轨迹进行运动学分析，可以推导出利用被试液压缸初始位置的位置参数 A、B、C、L、L_1 计算摆板转动到某一角度

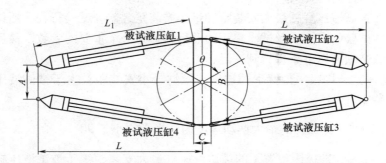

图 8-10 被试液压缸在试验台台架上安装后的初始位置的位置参数

A—两缸尾铰接点间距 B—两活塞杆铰接点间距 C—两组活塞杆铰接点间距
L—缸尾铰接点连线至转轴距离 L_1—液压缸初始安装距 θ—摆板最大转动角度

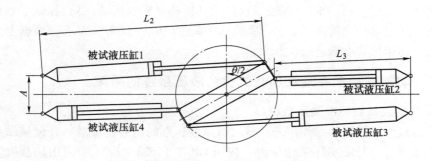

图 8-11 极限位置时被试液压缸的位置参数

L_2—极限位置时的被试液压缸最大安装距 L_3—极限位置时的被试液压缸最小安装距 A—两缸尾铰接点间距

时，被试缸位置参数的公式。据此，计算得到的在摆板顺时针转动到极限位置（转动角度为 θ/2）时，两种动臂缸试验的位置参数见表 8-3。

表 8-3 动臂缸试验的位置参数

动臂缸型号	S /mm	L_{min} /mm	L_{max} /mm	L /mm	L_2 /mm	L_3 /mm	A /mm	B /mm	试验总行程（L_2-L_3）	行程利用率	连杆转动角度 θ/(°)
动臂缸 C1534	815	1380	2195.0	1860	2195	1408.36	400	1000	786.64	96.52%	51.14
动臂缸 C0023	640	1434	2074.0	1835	2074	1459.44	400	1000	614.56	96.03%	37.22

（2）初始位置参数优化的原则 被试液压缸的初始位置参数决定了四连杆机构能否正常运动，也影响到摆板转动到极限位置时被试液压缸的最大安装距和最小安装距。液压缸可靠性试验的真实性要求试验时液压缸活塞杆必须尽可能全

部伸出。而被试液压缸的最大安装距和最小安装距之差为试验行程，所以其大小影响可靠性试验的真实性及试验累积的总行程，是一个重要的参数。液压缸的初始位置参数必须使以下条件得到满足：

1）$L_3 > L_{min}$，即极限位置下的被试液压缸最小安装距要大于被试液压缸自身的最小安装距。

2）$\dfrac{\theta}{2} < 90°$，即摆杆的最大摆动角度的一半必须小于90°。

3）$L_2 = L_{max}$，即极限位置下的被试液压缸最大安装距等于被试液压缸自身的最大安装距。

4）$\dfrac{L_2 - L_3}{S} \times 100\% > 90\%$，即试验行程占被试液压缸全行程的比例要大于90%。

上述条件中，1）和2）保证了保证摆动机构能正常运动，3）保证了被试液压缸活塞杆全部伸出的要求，4）保证了可靠性试验的真实性要求。根据上述条件，可对初始位置参数进行优化设计。

8.1.4 动臂缸和铲斗缸互加载试验台液压系统的原理

1. 对缸互加载标准液压系统

液压缸可靠性试验必须用外负载对被试液压缸的活塞杆加载，并使被试液压缸工作腔压力上升至实际工作压力。按照 GB/T 15622—2005 中采用加载缸为被试缸加载进行可靠性试验的液压系统原理图，对缸互加载进行可靠性试验的液压系统原理如图 8-12 所示。两台液压泵 1、2 各通过换向阀 5、6，分别驱动被试液压缸 1 和被试液压缸 2 做往复运动。当换向阀 5、6 均为左侧电磁铁得电时，被试液压缸 1 无杆腔进高压油，有杆腔通回油箱，两缸活塞均向右运动；被试液压缸 2 有杆腔进油，无杆腔出油顶开溢流阀 8，高压回油。此时被试液压缸 2 给被试液压缸 1 加载。当换向阀 5、6 均为右侧电磁铁得电时，两缸活塞均向左运动，此时被试液压缸 1 给被试液压缸 2 加载。

该液压系统虽然实现了对缸互加载试验，但是被试液压缸起加载作用时，其无杆腔的高压油经溢流阀回油箱，能量浪费了。以缸径 $D = 210\text{mm}$ 的动臂缸为例，若试验时活塞速度 $v = 0.1\text{m/s}$，每台被试液压缸无杆腔进油（或出油）的流量为

$$q = (3.14 D^2 / 4) v = 0.0035 \text{m}^3/\text{s} = 210 \text{L/min}$$

设工作压力 $p = 26\text{MPa}$，加载液压缸溢流损失的液压功率为

$$N = pq = 2.6 \times 10^7 \times 0.0035 \text{W} = 91 \text{kW}$$

忽略任何损失并假定加载液压缸系统电动机消耗功率很小可以不计时，被试液压缸输入的液压功率和驱动液压泵的电动机耗电功率也均为91kW。每次连续

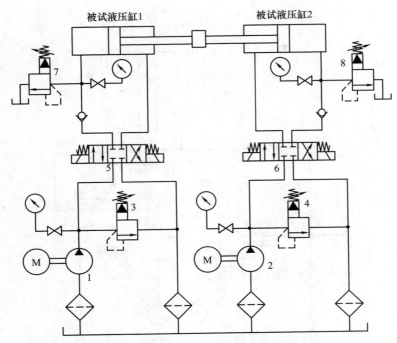

图 8-12　对缸互加载液压系统原理
1、2—液压泵　3、4、7、8—溢流阀　5、6—换向阀

试验 1000h，耗电 91000kW·h。若电费为 0.6 元/(kW·h)，每次试验（两只缸）需花电费 5.46 万元。每年试验时间 7000h，则每年需花电费 38.22 万元。

2. 对缸互加载功率回收液压系统

对缸互加载功率回收液压系统实现液压功率回收的原理是，将加载用的高压油直接回送到被试液压缸的驱动腔做有效功。转向缸对缸互加载功率回收液压系统原理如图 8-13 所示。当然，该原理图也适用于其他种类液压缸的可靠性试验，只是液压缸的安装方式有所不同。图中，被试液压缸 1 和被试液压缸 2 的活塞杆耳环和摆板铰接。

该液压系统固定被试液压缸的无杆腔为高压腔和加载腔，每台被试液压缸的往复运动中都是无杆腔承受高压试验压力，该压力由安全阀 5 限定。因为往复运动中，两被试液压缸无杆腔的总容积不变，高压油在两缸的无杆腔之间来回流动，所以泵 1 的流量只需很小，能补充泄漏即可满足保持试验压力的需求。同时，回路还设置了蓄能器 3，用于保压。当泵 1 将蓄能器 3 的压力充至试验所需的额定压力后，电磁换向阀 6 的电磁铁通电，泵 1 卸荷，两被试液压缸 1、2 无杆腔的压力由蓄能器 3 补油保持；待蓄能器 3 压力下降到某限定值时，再使泵 1

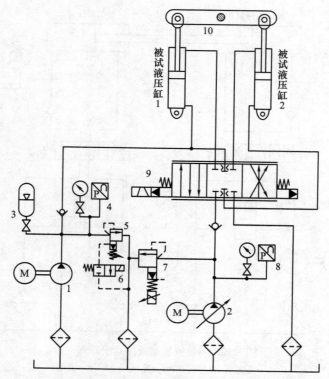

图 8-13　转向缸对缸互加载液压功率回收液压系统原理

1—高压小流量泵（排量约为 10mL/r）　2—低压大流量泵（排量约为 200mL/r）

3—蓄能器　4、8—压力传感器　5—安全阀　6—电磁换向阀

7—比例溢流阀　9—大流量比例换向阀　10—摆板

加载。所以试验全过程中，泵 1 平均耗电功率将小于 2kW。

　　由于两被试液压缸无杆腔压力相同，两活塞杆作用于摆板 10 的力相等且分别作用于转轴两边，所以两被试液压缸作用于摆板 10 的转矩互相抵消，摆板受力平衡摆板 10 往复转动只需克服摩擦阻力即可。实际运行时，所需的驱动力是由某一被试液压缸有杆腔的压力产生的。例如，当大流量比例换向阀 9 换向为左位时，泵 2 向被试液压缸 1 的有杆腔供油（油压由比例溢流阀 7 调节），被试液压缸 1 活塞杆缩回，摆板 10 逆时针转动，被试液压缸 2 活塞杆伸出，被试液压缸 2 有杆腔出油通油箱。此时摆板 10 逆时针转动由被试液压缸 1 有杆腔的压力驱动。由于摆板 10 转动只需克服摩擦阻力，所以泵 2 的压力很小，通常只需 5MPa 左右。但是泵 2 的流量需满足试验对被试液压缸运动速度的要求，所以泵 2 处于低压大流量的工作状态。假设泵 2 的流量为 300L/min，则泵 2 电动机的驱动功率约为 25kW。显然比图 8-12 所示液压系统要节能得多。

动臂缸和铲斗缸对缸互加载功率回收液压系统原理如图 8-14 所示。图中被试液压缸有 4 台，即有两组对缸且分别配置在摆板 10 的两侧。该系统中，比例换向阀 9 的通过流量为 600L／min，因为流量要满足两组对缸的速度需求。

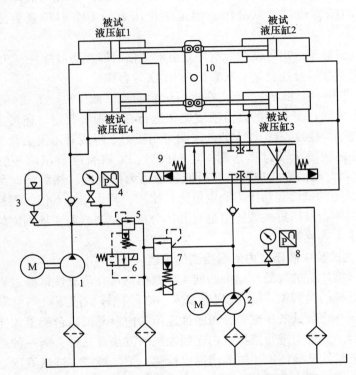

图 8-14　动臂缸和铲斗缸对缸互加载功率回收液压系统原理

1—高压小流量泵（排量约为 10mL／r）　2—低压大流量泵（排量约为 200mL／r）

3—蓄能器　4、8—压力传感器　5—安全阀　6—电磁换向阀

7—比例溢流阀　9—大流量比例换向阀　10—摆板

8.1.5　被试液压缸的失效判据

1. 失效判据

可靠性试验的标准与出厂试验的标准不同，它的依据是实际工况需求。可靠性试验过程中，被试液压缸失效的判据不能照搬出厂试验的标准，而应以被试液压缸在和其装于主机上工况相同的试验条件下，不能完成主机对其需求的功能作为失效判据。根据装载机的实际工况及其对动臂缸、铲斗缸和转向缸的功能要求，确定被试液压缸失效的判据如下：

1）出现任何外泄漏即视为故障件（失效）。

2）结构件出现任何破裂、断损即视为故障件（失效）。

3）活塞杆出现任何镀层脱落、起皮即视为故障件（失效）。

4）最低起动压力超过出厂试验标准的 1.6~2 倍时即视为故障件（失效），或者最低起动压力超过被试液压缸额定工作压力的 10% 时即视为故障件（失效）。

5）当内泄漏超过出厂试验标准限定值的 2 倍时即视为故障件（失效）。

6）无上述故障且往复运动次数 ≥2×10⁵ 次为合格件。

对于安装在可靠性试验台上正在进行试验的被试液压缸，上述判据中的 1）、2）、3）项可以通过多方位的高清晰度摄像进行在线观察判定，还可采用图像识别软件进行智能识别判定；较大的外泄漏可用压力下降或升不上去作为判据。第 4）项判据可在往复运动过程达到一定时间后，采取暂停被试液压缸往复运动 10min，再重新起动的方式进行当前最低起动压力的测定。然后将此测定值与可靠性试验刚开始的最低起动压力测定值进行比较，若大于 1.6 倍，则视为发生失效。但至于是哪台液压缸失效还要进行具体分析。总之，前 4 项判据均可在可靠性试验过程中实现检测。

2. 可靠性试验中液压缸内泄漏检测的难题

前述被试液压缸的失效判据中的前 4 项判据均可在可靠性试验过程中实现检测，但难以处理的是判据 5）。按现有技术，必须把被试液压缸与可靠性试验台架的油路断开并将被试液压缸装在可刚性定位的内泄漏试验台架上才能完成内泄漏检测。目前，工程上进行液压缸内泄漏检测的方法有三种：第一种是采用量杯或其他精密流量计从被试液压缸的出油口检测；第二种是将被试液压缸活塞杆刚性固定后，将承压腔充压至额定压力并密封保压，检测 5~30min 后的压降，以此判定内泄漏是否超标，例如规定 5min 内压降低值超过额定压力的 5%（额定压力为 20MPa 的液压缸，压降的界限值为 1MPa），即判定内泄漏超标；第三种是将被试液压缸无杆腔油口封闭，有杆腔油口通油箱，在活塞杆端施加稳定推力，使无杆腔压力保持为额定工作压力，检测 5~10min 后活塞杆的缩回位移，以此判定内泄漏是否超标，例如规定 5min 内活塞杆缩回的位移超过全行程的 1%（全行程为 500mm 时，位移的界限值为 5mm），即判定超标。上述三种方法均需将被试液压缸从可靠性试验台架上换装到内泄漏测试台。断开可靠性试验油路，将被试液压缸从台架上拆下，再装到内泄漏测试台上，接入内泄漏测试装置，测完内泄漏后，才能恢复可靠性试验。这个过程最少需要 3h，致使可靠性试验的被试液压缸往复运动中断时间过长。这就破坏了耐久性试验需要连续进行的规定，将影响试验条件的真实性和数据的准确性。

8.1.6 液压缸内泄漏在线精密测量装置

为解决可靠性试验中液压缸内泄漏在线测量的难题,专门研制了如图 8-15 所示的专用液压缸内泄漏在线精密测量装置。此装置安装在被试液压缸无杆腔油口和可靠性试验油路之间。做可靠性试验及内泄漏检测时均不需拆卸。可靠性试验中被试液压缸往复运动时只需把截止阀 6 关闭,截止阀 8 打开;而在暂停被试液压缸往复运动,检测内泄漏时,只需把截止阀 8 关闭,截止阀 6 打开即可,操作简单。

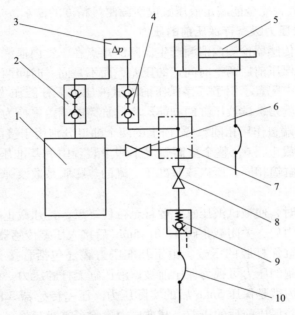

图 8-15 专用液压缸内泄漏在线精密测量装置

1—基准压力罐 2、4—压差传感器接头 3—压差传感器 5—被试液压缸
6、8—高压零泄漏截止阀 7—接头集成块 9—液控单向阀 10—高压软管

1. 采用压差传感器提高检测精度

该液压缸内泄漏在线精密测量装置是采用检测被试液压缸某时间段的压降来判定泄漏量的(即 8.1.5 节中所述的第二种内泄漏检测方法)。现在绝大多数试验台是将保压前后两次检测到的被试液压缸无杆腔压力直接相减得到压降的。这是压降的间接检测法,采用的传感器是压力传感器。间接检测的精度低且高压压力传感器的分辨率不足 0.2MPa。例如:精度为 1.5 级,额定压力为 40MPa 的压力传感器误差为 ±0.6MPa,两次压力测量值之差的最大误差可能为 1.2MPa,比超标的界限值还大。根据 JB/T 10205—2010 可知,缸内径为 200mm 的单作用液

压缸内泄漏量 q_V 不得大于 1.8mL/min。若测量时间为 4min，液压缸的最大泄漏量为 7.2mL。当此液压缸无杆腔长度为 500mm 时，7.2mL 泄漏量对应的压降为 0.734MPa。精度为 1.5 级，额定压力为 40MPa 的压力传感器误差为 ±0.6MPa，两次压力测量之差的最大误差为 1.2MPa，此最大误差值是标准规定的液压缸最大泄漏产生压降的 1.6 倍，完全不满足液压缸内泄漏测量精度的需求。

所以，在该装置中，压降改为采用高压小量程的压差传感器直接检测压差得到。例如：选量程为 2MPa、精度为 1.5 级的压差传感器，分辨率可达 0.01MPa，其测量值的最大误差为 ±0.03MPa。此最大误差值是标准规定的液压缸最大泄漏量产生压降的 4%，完全能满足液压缸内泄漏测量精度的需求。

2. 采用基准压力罐寄存保压前的压力

直接用压差传感器检测内泄漏产生压降的难点在于：内泄漏产生的压降是要检测同一位置在保压前后两个时间点的压差，而不是同一时间两个不同位置的压差。为此，装置中配置了用于寄存保压前被试液压缸无杆腔压力的基准压力罐。基准压力罐本体就是被试液压缸的缸筒。将此缸筒前端盖更换为无活塞杆孔的全封闭端盖（和后端盖作用相同），缸筒上的两个油口分别用于接图 8-15 中的压差传感器接头 2 及截止阀 6，整个缸筒就成了测量装置中的基准压力罐 1。由于几何尺寸和材质与缸筒相同，所以该基准压力罐的热膨胀系数及弹性模量均和被试液压缸相同。

检测内泄漏时，使被试液压缸 5 运行至行程终点，打开截止阀 6、8，将压力升至额定工作压力后，关闭截止阀 6、8。5min 后接入压差传感器 3，检测基准压力罐和被试液压缸无杆腔的压差。由于基准压力罐（包括管接头）可以做到零泄漏，基准压力罐的压力可视为保压前被试液压缸无杆腔压力，而检测时被试液压缸无杆腔的压力就是保压 5min 后的实际压力。压差传感器 3 的当前读数就是被试液压缸无杆腔保压前后的压差。基准压力罐除了零泄漏外，其热膨胀系数及弹性模量均和缸筒相同，所以由环境温度和油液温度变化引起的微小压力变化互相抵消了，对压差传感器 3 的检测值没有影响。

8.2 液压缸 2P2F 脉冲疲劳试验台

液压缸零部件的力学强度缺陷和焊缝的焊接强度缺陷是引起液压缸失效的重要原因。在常规的液压缸耐久性试验台上，检测因强度缺陷和焊缝缺陷引起的液压缸失效需要较长时间，有时需要几个月。为了尽快暴露设计和制造缺陷，在液压缸的可靠性试验中，还通行一种加速试验方法——2P2F 脉冲疲劳试验。该试验属于可靠性试验中的一种特定的加速试验或强化应力试验，可以加速因强度缺陷和焊缝缺陷引起的液压缸失效，试验时间只需 100h 左右。但是 2P2F 脉冲疲劳试验不能替代常规的液压缸耐久性试验，因为在 2P2F 脉冲疲劳试验中，液压缸零件的表面硬度（或表面粗糙度）、制造公差、装配误差等缺陷在运动副、摩擦副和密封副中产生破坏的机理被改变了。2P2F 脉冲疲劳试验的结果只对分析因强度和焊缝缺陷引起的结构破坏有用，对因其他机理产生的破坏无分析价值。

8.2.1　液压缸 2P2F 脉冲疲劳试验方法

1. 试验应力的施加

2P 试验时，被试液压缸活塞杆和缸筒均在试验台架上刚性固定。两个油口 A 和 B 分别和高压脉冲油源连通。2P 是指试验时通过被试液压缸的两个油口 A 和 B，分别向被试液压缸无杆腔和有杆腔施加脉冲峰值 2 倍于被试液压缸额定压力 p_e 的脉冲压力 p_A 和 p_B。施加于无杆腔压力 p_A 的脉冲和施加于有杆腔压力 p_B 的脉冲频率相等、相位相反。2P 试验的脉冲力如图 8-16 所示。

2F 试验时，缸筒固定在试验台架上，在被试液压缸两腔充满高压油后将 A、B 油口均封闭。在活塞杆端施加脉冲峰值 2 倍于被试液压缸额定推（拉）力 F_e 的脉冲推（拉）力 F_A。2F 试验的脉冲力如图 8-17 所示。活塞杆端的外加推（拉）力 F_A 可以由加载液压缸提供。

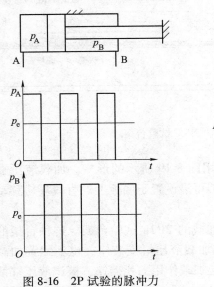

图 8-16　2P 试验的脉冲力

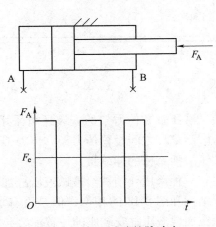

图 8-17　2F 试验的脉冲力

2. 被试液压缸在试验台架上的安装

2P 试验时，被试液压缸活塞杆和缸筒固定在试验台架上，活塞杆和缸筒承受的脉冲压力将传递给试验台架；2F 试验时，被试液压缸活塞杆承受的加载液压缸的推（拉）力也将传递给试验台架。因此 2P2F 试验台架自身必须有足够的强度和刚度，同时，还要配置能将试验负载传递给台架的被试液压缸安装座和加载液压缸安装座。2F 试验时，还要在被试液压缸和加载液压缸之间配置能传递加载推（拉）力的传力架（或传力杆）。2P 试验把被试液压缸两端固定在试验台架上时。按照 GB/T 19934.1—2021 中的规定，对于拉杆缸，应使活塞距后端盖的距离在 3~6mm 之间；对于非拉杆缸，活塞应大致位于缸体长度的中间。

8.2.2　液压缸 2P2F 试验台架

1. 箱式结构 2P2F 试验台架

箱式结构 2P2F 试验台架如图 8-18 所示。为保证足够的刚度和强度，台架底座采用由 20mm 厚的钢板焊接而成的箱式结构，底座台面上焊装若干块 120mm 厚的底板，底板上开有平板键槽和螺栓孔，被试液压缸安装座和加载液压缸安装座采用平板键和 M34mm 的螺栓安装在底板上。被试液压缸安装座的安装位置可随被试液压缸规格调整。底座台面上还设置接油盘。被试液压缸采用两端耳环形式安装，加载液压缸采用端面法兰形式安装。加载液压缸和被试液压缸活塞杆之间配装传力杆。

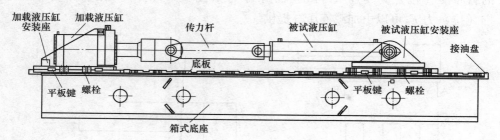

图 8-18　箱式结构 2P2F 试验台架

被试液压缸和传力架的安装还可采用图 8-19 所示的形式。加载液压缸和被试液压缸活塞杆之间设置传力架，传力架可沿设置于底板上的直线导轨移动，以调整被试缸活塞杆的伸缩量。

还有一种采用死挡铁给被试液压缸加载的 2P2F 试验台架。这种台架的底座和底板结构和图 8-18 的相似，但是没有加载液压缸安装座，也不配置加载液压缸。而在加载液压缸安装座的位置配装起加载作用的死挡铁。被试液压缸活塞杆的耳环直接在死挡铁上定位。被试液压缸活塞上承受的液压力直接作用到死挡铁上，死挡铁给活塞杆的反作用力起加载作用。死挡铁加载相对加载液压缸加载的优点是：台架长度较短，便于布置；当加载力较大时，死挡铁的变形比加载液压缸小，可忽略不计，能保证测试精度；同时，还可方便实现模仿实装工况。死挡

图 8-19　被试液压缸和传力架的安装

铁加载，贵在一个"死"字。要保证死顶，台架和死挡铁的刚度必须足够大。

采用死挡铁给被试液压缸加载时，2P 试验和 2F 试验可合二为一。在被试液压缸承受 2P 负载压力脉冲的同时，被试液压缸的活塞杆也同时承受了 2 倍于额定压力所产生的推（拉）力的负载力。

箱式结构 2P2F 试验台架适合缸径 200mmm 以上的较短行程（行程<3m）的液压缸试验。

2. 框架结构 2P2F 试验台架

框架结构 2P2F 试验台架如图 8-20 所示。台架主体由 500mm×500mm 的大 H 型钢作为骨架，上下用厚度为 20mm 的钢板焊接覆盖，形成端面封闭的口字形框架结构。在长度方向的 H 型钢两侧内板上焊装强度和刚度均足够大的挡块和导

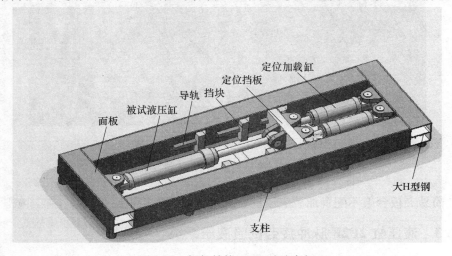

图 8-20　框架结构 2P2F 试验台架

轨。在被试液压缸活塞杆移动的行程范围内，共设置了 3 组挡块和导轨，可根据被试液压缸的规格进行选择。做 2P 试验时，该挡块对传递加载推力的定位挡板进行定位；当被试液压缸承受拉力负载时，活塞杆的定位靠定位挡板另一侧配置的 2 台定位加载液压缸实现。试验前，先将被试液压缸和定位加载液压缸安装就位，调整活塞杆行程，使定位挡板和挡块靠紧，此后，将定位加载液压缸两腔的进出油口封死。这样 2P 试验时，定位挡板就不会被拉力负载移动了。做 2F 试验时，将被试液压缸和定位加载液压缸安装就位，调整活塞杆行程，使定位挡板和挡块有 5mm 左右的间隙，此后，将被试液压缸两腔的进出油口封死，对定位加载液压缸两腔的进出油口施加压力脉冲，即可对被试液压缸施加 2F 的脉冲力。

框架结构 2P2F 试验台架适合缸径 200mmm 以下的较长行程（行程>3m）的液压缸试验。

3. 简易夹板 2P2F 试验台架

较小液压缸（试验推、拉力在 300kN 以下）可采用简易夹板 2P2F 试验台架进行试验。简易夹板 2P2F 试验台架如图 8-21 所示。两块厚度为 80~100mm 的钢板，每块钢板上开设 6~8 个柱销孔。将两块钢板用 6~8 根丝杠-螺母组合成间距比被试液压缸外径稍大的夹板结构。调节好被试液压缸活塞杆的伸出量，将被试液压缸首、缸尾的耳环用柱销固装在两块钢板对应柱销孔的柱销座中。通过被试液压缸两腔的进出油口施加脉冲压力，即可进行 2P2F 脉冲疲劳试验。

图 8-21　简易夹板 2P2F 试验台架

简易夹板台架不配置加载液压缸，相当于采用死档铁给被试液压缸加载。

8.2.3　液压缸 2P2F 脉冲疲劳试验液压系统

在做 2P2F 脉冲疲劳试验时，通常使被试液压缸的两个进出油口各接一台产生高压脉冲压力的增压器。按照 2P2F 脉冲疲劳试验方法的要求，两台增压器产生的压力脉冲应该频率相同，振幅相等，相位相差 180°。要满足此要求，必须对两台增压器的动作施加联动控制。联动控制可以采用液压回路实现，也可采用电气连锁控制实现。

1. 双缸联动并联液压控制原理

双缸联动并联液压控制系统原理如图 8-22 所示。系统配置两台增压器 14、15，两台增压器的高压出口 14C、15C 分别通过软管转接油路块 13、16 及高压软管与被试液压缸 21 两个油口 A、B 的软管转接油路块 19、20 连通。增压器的高压出口 14C、15C 输出的高压脉冲即可传送到被试液压缸 21 的两腔。为保证被试液压缸 21 两腔承受的高压脉冲满足频率相同，振幅相等，相位相差 180° 的要求，

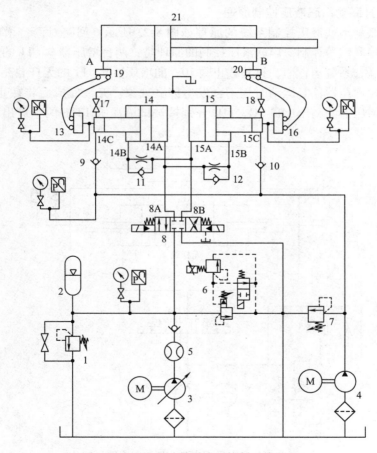

图 8-22　双缸联动并联液压控制系统原理

1、7—溢流阀　2—蓄能器　3—主泵　4—补油泵　5—流量计　6—比例调压卸荷阀　8—换向阀
9~12—单向节流阀　13、16、19、20—油路块　14、15—增压器　17、18—截止阀　21—被试液压缸

回路对两台增压器的动作进行了并联液压控制。并联液压控制的原理是：增压器 14 的缩回驱动油口 14B 和增压器 15 的伸出驱动油口 15A 并联后，接入换向阀 8 的工作油口 8B；增压器 14 的伸出驱动油口 14A 和增压器 15 的缩回驱动油口 15B 并联后，接入换向阀 8 的工作油口 8A。单向节流阀 11、12 用于调节增压器缩回驱动的进油阻力，以便与并联的另一台增压器伸出驱动压力项匹配。

主泵 3 的输出流量经流量计 5 后进入换向阀 8，主泵 3 的压力由先导比例调压卸荷阀 6 调定。主泵 3 还可为蓄能器 2 充液，溢流阀 1 是蓄能器的安全阀。补油泵 4 的压力由溢流阀 7 调节为增压器高压脉冲的低限值。当增压器高压出口的压力低于低限值时，补油泵流量经过单向节流阀 9 或 10 向增压器高压腔补油。截止阀 17、18 用于试验完成后的泄压操作。

2. 双缸联动串联液压控制原理

双缸联动串联液压控制系统的原理如图 8-23 所示。回路对两台增压器的动作进行了串联液压控制。串联液压控制的原理是：两台增压器 9、11 的无杆腔通过管路串联，系统运行前，打开截止阀 10，向增压器 9、11 的无杆腔充液，充液量应保证两增压器往复运动时均不会发生撞缸现象。充液完成后将截止阀 10 关闭。两台增压器的高压出口 9C、11C 分别接被试液压缸 12 的两个进出油口，两

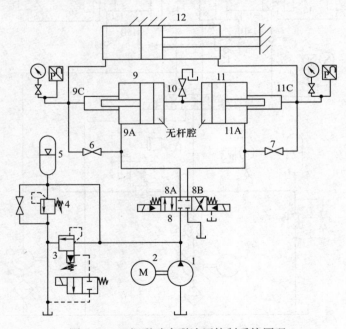

图 8-23 双缸联动串联液压控制系统原理

1—主泵 2—变频调速电动机 3—卸荷溢流阀 4—溢流阀（蓄能器安全阀） 5—蓄能器
6、7—截止阀 8—电液换向阀 9、11—增压器 10—截止阀 12—被试液压缸

台增压器的驱动油口 9A、11A 分别接电液换向阀 8 的两个油口 8A、8B。当油口 8A 通高压油、油口 8B 通油箱时，增压器 9 的活塞右移，使增压器 9 无杆腔的油液升压并压入增压器 11 的无杆腔，进而推动增压器 11 的活塞右移，将增压器 11 高压腔的油液压缩，使高压出口 11C 产生脉冲高压。此时，增压器 9 高压腔的油液释放，油口 9C 处于脉冲的低压状态。电液换向阀 8 换向后，工况正好相反，这时两台增压器的活塞均左移，使油口 9C 产生脉冲高压，油口 11C 处于脉冲的低压。由于两台增压器活塞的位移是靠同一台电液换向阀 8 控制，所以两台增压器高压口的压力脉冲满足频率相同，振幅相等，相位相差 180°的要求。

串联液压控制时，增压器活塞左右运动时，驱动液压油的承压面积均为增压器有杆腔的工作面积，不存在负载不同需要压力匹配的问题，系统配置和调试均比并联液压控制时简单。但是两台增压器无杆腔的串联加大了传动的惯性，所以串联液压控制不适合高压脉冲频率大于 1Hz 的试验工况。

3. 双缸联动电气连锁控制原理

双缸联动电气连锁控制系统原理如图 8-24 所示。主泵 3 的输出流量经流量计 5 后进入电液换向阀 8，主泵 3 压力由先导比例调压卸荷阀 6 调定。主泵 3 还可为蓄能器 2 充液，溢流阀 1 是蓄能器的安全阀。补油泵 4 的压力由溢流阀 7 调节为增压器高压脉冲的低限值。当增压器高压出口的压力低于低限值时，补油泵 4 的流量经过单向阀向增压器高压腔补油。两台增压器 14、15 的高压出口 14C、15C 分别通过软管转接油路块 13、16 及高压软管与被试液压缸 21 两个油口 A、B 的软管转接油路块 19、20 连通。增压器的高压出口 14C、15C 输出的高压脉冲即可传送到被试液压缸 21 的两腔。

所不同的是系统配置的两台增压器 14、15 的液压驱动回路是各自独立的，电液换向阀 8、9 分别控制增压器 15、14 的液压驱动，而不像双缸联动并联液压控制那样用一台电液换向阀同时控制两台增压器的驱动。增压器 14 的缩回驱动油口 14B、伸出驱动油口 14A 分别接电液换向阀 9 的油口 9A、9B，增压器 15 的缩回驱动油口 15B、伸出驱动油口 15A 分别接电液换向阀 8 的油口 8B、8A。在液压油路上，两台增压器 14、15 互不关联。电液换向阀 22、被试液压缸 23 和加载液压缸 24 组成了液压缸 2F 试验回路。加载液压缸 24 的承压面积约为被试液压缸 23 承压面积的 2 倍。试验时，通过电液换向阀 22 的换向，加载液压缸可以对被试液压缸活塞杆施加 2 倍额定值的推力或拉力。

双缸联动电气连锁控制系统保证 2P 试验时，被试液压缸两腔承受的高压脉冲满足频率相同，振幅相等，相位相差 180°要求的方法是：在电气控制上，对电液换向阀 8 和 9 的 4 个电磁铁进行连锁和互锁控制，以保证电磁铁 8a、8b、9a、9b 按表 8-4 中的电磁铁控制时序逻辑通断电。表 8-4 还列出了 2F 试验时电液换向阀 22 的两个电磁铁 22a、22b 的通断电逻辑。

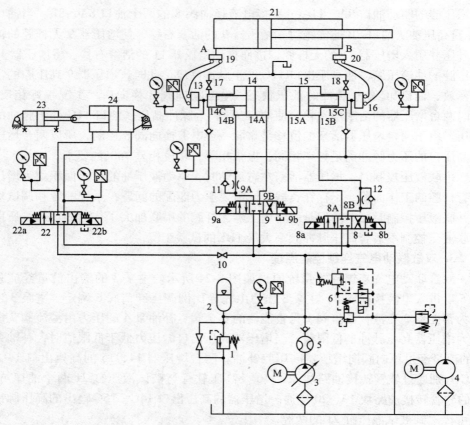

图 8-24　双缸联动电气连锁控制系统原理

1—溢流阀（蓄能器安全阀）　2—蓄能器　3—主泵　4—补油泵　5—流量计　6—比例调压卸荷阀
7—溢流阀　8、9、22—电液换向阀　10、17、18—截止阀　11、12—单向节流阀　13、16、19、20—油路块
14、15—增压器　21、23—被试液压缸　24—加载液压缸

表 8-4　电磁铁控制时序逻辑

试验分类	被试液压缸承受脉冲工况	电磁铁的通断电状态 通电（+）断电（-）						截止阀 10 的通断状态
		8a	8b	9a	9b	22a	22b	
2P 试验	有杆腔高压、无杆腔低压	-	+	-	+	-	-	断
	有杆腔低压、无杆腔高压	+	-	+	-	-	-	断
	停止	-	-	-	-	-	-	断
2F 试验	活塞杆拉力	-	-	-	-	+	-	通
	活塞杆推力	-	-	-	-	-	+	通
	停止	-	-	-	-	-	-	通

8.2.4　某液压缸 2P2F 脉冲疲劳试验台简介

某液压缸 2P2F 脉冲疲劳试验台采用双缸联动电气连锁控制系统。2P 试验和 2F 试验不同时工作，但共用一套电气控制和数据采集系统。

1. 试验台性能参数

（1）2P 试验的性能参数

1）系统输出脉冲压力频率：1~2Hz（可调）。

2）压力脉冲最大压力幅值：75MPa。

3）单次试验最大连续工作时间：大于 50h。

4）试验油温（被试件油液温度）：50~85℃

（2）2F 试验的性能参数

1）系统输出脉冲力频率：1~2Hz（可调）。

2）最大输出脉冲力幅值：2500000N。

3）单次试验最大连续工作时间：大于 50h。

（3）其他参数

1）主泵：额定压力为 34MPa、最大流量为 200L/min。

2）补油泵：工作压力为 4MPa、流量为 20L/min。

3）试验台架外形尺寸（长×宽×高）：6000mm×850mm×850mm。

4）被试液压缸：行程<3800mm、内径<230mm。

2. 试验台结构组成

液压缸 2P2F 脉冲疲劳试验台包含增压器、电液控制换向阀、泵站、电气控制和采集数据系统。泵站的油箱容积为 4500L，采用不锈钢板焊接而成。油箱上安装带有除湿、防尘功能的空气滤清器，油箱底部安置磁铁，以利于吸附铁屑、铁粉等异物。油箱装设液位开关，液压油低于警戒液位时有报警显示。系统配有循环冷却过滤油路，额定供油压力为 2MPa、流量为 180L/min，采用三级过滤，一级过滤精度为 20μm，二级过滤精度为 10μm，三级过滤精度为 5μm；回路配置板式冷却器，配合温控仪、可以独立完成对系统油液的温度控制，保证系统油液温度为设定值（控制精度为±5℃）。电液控制换向阀为力士乐品牌的比例伺服阀。采用双阀分别对两台增压器进行控制。控制和采集数据系统采用 NI 模块，电动机起动和换向阀控制采用 PLC。试验台电控柜的电动机控制面板如图 8-25 所示。增压器如图 8-26 所示。泵站和两台比例伺服阀如图 8-27 所示。

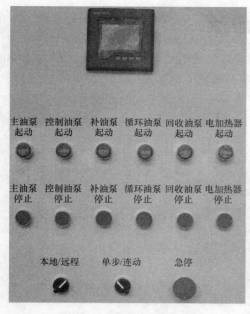

图 8-25　电动机控制面板

图 8-26　增压器

图 8-27　泵站和两台比例伺服阀

8.3　SH 型高压脉冲疲劳试验台

高压脉冲疲劳试验台用于进行金属承压壳体的疲劳压力试验，是高端液压元件研发及提高可靠性的关键试验设备。而承压壳体的疲劳压力试验是液压元件新产品研发试验、定型试验、可靠性提高试验、可靠性验证试验中的主要试验。我国现有的各种高压脉冲疲劳试验台与国际先进的高压脉冲疲劳试验台的性能差距较大，主要是：高压脉冲的幅值较低，一般均不高于 60MPa；能耗高、发热量大；高压脉冲波形不能满足 GB/T 19934.1—2021 中对压力脉冲波形的要求，不能进行可靠性加速试验。

SH 型高压脉冲疲劳试验台应用了自激振动中动能与变形能互换的原理，性能达到了世界领先水平。

SH 型高压脉冲疲劳试验台的主要性能参数如下：

1）高压脉冲幅值：40～90MPa（可调）。

最高脉冲压力：100MPa。

2）被试件承压腔容积：30～5000mL。

3）高压脉冲频率：0.5Hz、1Hz、2Hz、4Hz（根据承压腔容积选择）。

4）脉冲波形：满足 GB/T 19934.1—2021 中的波形要求。

5）被试件数量：配置两个高压脉冲接口，可同时对两台被试件进行疲劳试验。

6）主动电机铭牌功率：22kW、37kW、55kW（根据承压腔容积选择）。

7）主动电机变频调速范围：500～2000r/min。

SH 型高压脉冲疲劳试验台由高压脉冲发生装置（含超高压阀组）、泵站、控制阀台、被试件安置柜及数据采集处理及电气控制系统构成。

8.3.1　应用自激振动原理的高压脉冲发生装置

传统的各种高压脉冲发生装置均采用单向增压缸，其增压小活塞在增压行程中始终都需要由大活塞提供全部的驱动力，而产生该驱动力的大活塞腔的压力油在小活塞返回行程中全部泄入油箱，液压能变成热能完全浪费了。单向增压器的流动模型如图 8-28 所示。

SH 型高压脉冲疲劳试验台的高压脉冲发生装置，将自激振动中变形能和动能转换的原理应用于高压脉冲发生装置的液压能和柱塞动能互换，实现了高效节能。

1. 自激振动原理的应用

所谓自激振动最简单的模型是图 8-29 所示的弹簧-柱塞-弹簧系统。当质量为 m 的柱塞位于左端时，被压缩的左端弹簧将柱塞激发，并使其向右运动后，柱塞

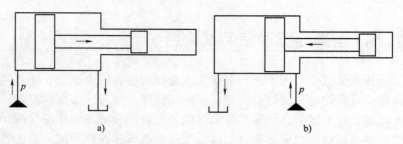

图 8-28　单向增压器的流动模型

a）增压行程　b）返回

会在左右两个弹簧力的交变作用下，在中位附近做左右
振动，这就是自激振动。同样，当两边的金属弹簧用封
闭在柱塞左右容腔中的液体介质替代后，液体弹性变形
构成的液压弹簧也会使柱塞自激振动，在柱塞左右容腔

图 8-29　自激振动模型

中产生压力脉冲。在自激振动过程中，相当部分的液体变形能（液压力）和柱
塞动能发生了相互转换，还有部分损失变成了热量。也正因为自激振动过程中有
能量损失存在，所以如果无外加能量补充，自激振动的振幅会不断衰减。此外，
液体变形能（液压力）和柱塞动能互换的自激振动还会因左右两封闭腔间的泄
漏而产生柱塞向泄漏量大的一端偏移的缺陷。振幅衰减和柱塞偏移是制约将自激
振动用于高压脉冲发生装置的难题。

2. 高压脉冲发生装置的结构组成

高压脉冲发生装置由双脉冲增压加力伺服缸和自适应补液回路组成，如
图 8-30 所示。

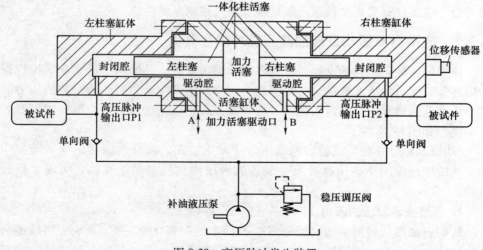

图 8-30　高压脉冲发生装置

双脉冲增压加力伺服缸包含：一体化柱活塞（左柱塞、右柱塞和加力活塞合制成一个零件）、左柱塞缸体、右柱塞缸体、活塞缸体和位移传感器。一体化柱活塞的柱塞端和两个柱塞缸体围成了一对可变容积的封闭腔，封闭腔的高压脉冲输出口 P1、P2 分别接一台被试件。两个柱塞缸体分别套装在活塞缸体的两端，两个柱塞缸体和活塞缸体套装的配合公差保证了三个缸体轴线的同轴度。一体化柱活塞在三个缸体中分隔出了产生自激振动的两个封闭腔和给一体化柱活塞加力的两个活塞驱动腔。为实现计算机控制，双脉冲增压加力伺服缸中加装了测量柱塞位移的磁致伸缩位移传感器。

当高压脉冲发生装置运行时，双脉冲增压加力伺服缸处于某封闭腔（例如右封闭腔）增压行程加速段的柱塞，除了靠加力活塞的外力驱动外，另一封闭腔（例如左封闭腔）的高压也提供了驱动力，因而加力活塞的驱动外力可以小一些。而当柱塞速度升到最大值后，外加的活塞驱动力即可减除，柱塞靠自身高速动能继续前行，利用柱塞动能向压力能的转换，保持该腔（例如右封闭腔）高压脉冲的振幅。所以本装置既减小了加力活塞需要提供外力的大小，又缩短了活塞加力的时间，可产生较大的节能效果。

若两个封闭腔泄漏量不同时，柱塞的振动还会向泄漏量大的腔偏移，导致振动中止。为解决此难题，本装置为双脉冲增压加力伺服缸的左右两个封闭腔配置了可依据泄漏量大小自适应补液的高压回路。自适应补液高压回路由两台高压单向阀、补油液压泵和稳压溢流阀组成。其原理是：若某封闭腔泄漏量大，柱塞离开该腔对另一腔增压时，该腔的压力将低于预设的压力脉冲的低压限。这时，向该腔补液的单向阀开启，补油液压泵将自动向该腔补液，并把该腔的压力补到预设的压力脉冲低压限为止。

所以 SH 型高压脉冲疲劳试验台的高压脉冲发生装置不但具有柱塞动能与液压能互换而产生的节能效果，还可通过外力为柱塞同步补能加力，避免自激振动中振幅衰减；同时，该装置还可给左右封闭腔自适应补液，修正泄漏引起的柱塞偏移。这是一种工业实用中应用自激振动节能的高压脉冲发生装置。

8.3.2 SH 型高压脉冲疲劳试验台液压系统的原理

1. 液压系统主回路液压系统原理图

SH 型高压脉冲疲劳试验台液压系统主回路液压原理如图 8-31 所示。

2. 主要元件配置

双脉冲增压加力伺服缸加力活塞的承压面积与柱塞承压面积比为 2.94∶1，加力活塞直径为 125mm，柱塞直径为 63mm，有效行程为 100mm。主泵 3 为 Rexroth A2F 柱塞泵，额定压力为 35MPa，驱动电动机变频调速范围为 500 ~ 2000r/min。大流量比例伺服阀 6 采用 Rexroth 4WRKE 系列，100% 开度的响应时

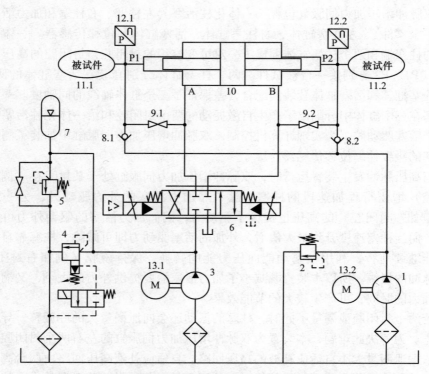

图 8-31　SH 型高压脉冲疲劳试验台液压系统主回路液压原理

1—补油泵　2—补油稳压溢流阀　3—主泵　4—卸荷溢流阀　5—蓄能器安全阀
6—大流量比例伺服阀　7—蓄能器　8.1、8.2—高压单向阀　9.1、9.2—高压截止阀
10—双脉冲增压加力伺服缸　11.1、11.2—被试件　12.1、12.2—压力传感器
13.1、13.2—变频电动机　A、B—驱动腔进出油口　P1、P2—高压脉冲输出油口

间小于 0.04s。补油稳压溢流阀 2 的调定压力等于压力脉冲的下限值。

3. 实现高压脉冲控制的算法

设定柱活塞左右振动行程的中点为行程原点，若柱活塞最大行程为 L，则柱活塞在振动行程的左限位时位移为 $-L/2$，柱活塞在振动行程的右限位时位移为 $L/2$。若柱塞的承压面积为 A，则由于柱活塞振动位移 L 使封闭腔液体产生的体积变形 $\Delta V = AL$。当柱活塞在行程左限位时，右封闭腔液体的体积为 V_0，压力为 p_0（p_0 为压力脉冲的压力下限），则此时左封闭腔液体的体积为 $V_0 - \Delta V$，压力为 p_m（p_m 为压力脉冲的压力上限）。反之亦然。此外，封闭腔液体的体积变形 ΔV 和封闭腔中液体压力变化 Δp 的关系式为

$$\Delta p = \frac{E}{V_0} \Delta V$$

故有

$$\Delta p = p_{\mathrm{m}} - p_0 = \frac{E}{V_0}\Delta V = \frac{E}{V_0}AL \tag{8-1}$$

式中 E——液体的综合体积弹性模量。

对于某个确定的高压脉冲疲劳试验，V_0、E、A 均为常数，所以高压脉冲的压力变化 Δp 正比于柱活塞振动的位移 L。控制柱活塞振动的位移 L 就可控制高压脉冲的压力变化 Δp，控制柱活塞位移的速度就可以控制高压脉冲的压力波形。试验设定时，需根据上述公式计算产生高压峰值 p_{m} 对应的柱活塞最大行程 L，并将柱活塞振动的左行程限和右行程限均设定为 $L/2$。

4. 压力脉冲的控制实例

若被试件承压腔的封闭容积为 1000mL，压力脉冲的上限为 80MPa，下限为 0.5MPa，脉冲频率为 1Hz。按 GB/T 19934.1—2021 中的规定可算得，试验压力波形的上升时间和下降时间均为 0.2s，压力脉冲上限的保压时间为 0.3s，压力脉冲下限的维持时间为 0.3s。

由式（8-1）可得

$$L = \frac{\Delta p V_0}{EA}$$

代入 V_0、E、Δp、A 值，可求得，$L = 26$mm。

按控制算法，将柱活塞振动的左行程限和右行程限均设定为 13mm。按压力波形的要求，柱活塞走完全行程 26mm 的时间应为 0.2s，由此可算出进入双脉冲增压加力伺服缸驱动腔的流量为 1.2L/s，约为 72L/min。图 8-32 所示为该控制实例运行时的波形（柱活塞从右限位开始振动）。从图中的流量波形可以看出，主泵只提供了进入双脉冲增压加力伺服缸驱动腔 70% 的流量，其余 30% 的流量是靠蓄能器提供的。

若将上述实例的脉冲频率提高为 2Hz，同样可以算得柱活塞振动的行程仍为 $L = 26$mm。但是，试验压力波形的上升时间和下降时间均为 0.1s，压力脉冲上限的保压时间为 0.15s，压力脉冲下限的维持时间为 0.15s。进入双脉冲增压加力伺服缸驱动腔的流量约为 144L/min。

5. 蓄能器的补能作用

由图 8-32 可见，在一个脉冲周期（1s）内，只有两个 0.2s 的时间，主泵的 30MPa 压力油进入双脉冲增压加力伺服缸做功。还有两个 0.3s 时间，主泵的 30MPa 压力油完全可以用于给蓄能器充液。而在增压器工作腔做功的两个 0.2s 时间，由蓄能器和主泵共同给增压器工作腔供高压油。这样主泵的排量可以调小（按进入双脉冲增压加力伺服缸驱动腔最大流量的 70% 选择），电动机功率也变小了。为此，上述案例实施时，液压系统主回路（图 8-31）调节参数是：卸

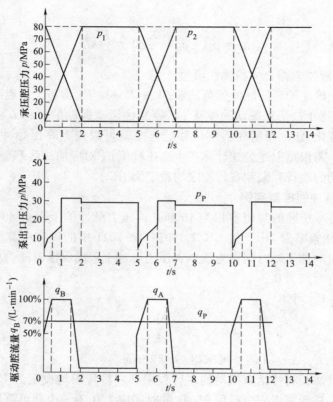

图 8-32　控制实例运行时的波形（活塞从右限位开始振动）

p_1—左被试件封闭腔的压力脉冲波形　　p_2—右被试件封闭腔的压力脉冲波形

p_P—主泵输出压力的波形　　q_A—进入双脉冲增压加力伺服缸驱动腔 A 口的流量

q_B—进入双脉冲增压加力伺服缸驱动腔 B 口的流量　　q_P—主泵输出流量的波形

荷溢流阀 4 调定压力为 33MPa，蓄能器安全阀 5 调定压力为 32MPa，蓄能器最高充液压力为 32MPa，蓄能器放液压力区间在 32～30MPa。

8.3.3　SH 型高压脉冲疲劳试验台机械结构

SH 型高压脉冲疲劳试验台机械结构包括被试件安置柜、高压脉冲发生装置、控制阀台、泵站，如图 8-33 所示。

（1）泵站　泵站由主油箱（800 升）、循环冷却过滤装置、漏油回收装置构成。主油箱为架高布置，下方安放循环冷却过滤装置和先导泵。油箱为 304 不锈钢材质，钢板厚度为 6mm。油箱顶部设置带除湿功能的空气过滤器；油箱底部倾斜，促使沉积物聚集到油箱最低点，在最低点设置放油塞；吸油区与回油区以隔板分开，隔板上设过滤网和磁铁串，以防回油中气泡和碎屑循环；在注油口附近

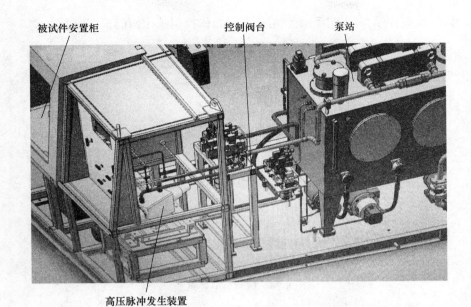

被试件安置柜　　　　　控制阀台　　　　　泵站

高压脉冲发生装置

图 8-33　试验台机械结构

设置液位计温度计，便于注油时监视液面。在回油区设置循环冷却泵的吸油口，各吸油口均配置减振喉和带开关位置信号的手动蝶阀。

（2）高压脉冲发生装置　高压脉冲发生装置的双脉冲增压加力伺服缸安装座有良好的减振功能，并可对增压器的安装高度和前后位置进行调整，以保证球面金属硬密封管件的正确对位。

（3）被试件安置柜　被试件安置柜用于安放被试件（每个被试件的最大尺寸为 600mm×600mm×500mm）。安置柜装有活动式防护门，防护门设双层防护，一层为不锈钢丝网，另一层为防弹玻璃；防护门还可防止外喷的泄油溢出。在安置柜下部装有不锈钢漏油回收油箱，安置柜台面由不锈钢板制成，同时起盛接泄油作用。台面上配置用于被试件定位和紧固的安装板，安装板应能同时安放并固定 2 台被试件。安置柜的立板上配装高压油路块，来自增压器高压腔的 80MPa 高压油经不锈钢管进入油路块进口，高压油路块出口经可弯曲的高压不锈钢管（耐压 100MPa）或额定压力 120MPa 的高压软管接被试件高压口。

8.3.4　数据采集处理及电气控制系统

1. 数据采集处理及电气控制系统组成

数据采集处理及电气控制系统包括电动机动力（含变频）柜、计算机控制柜（含软件及人机界面）、试验操作控制台、现场传感器和线缆系统，如图 8-34 所示。数据采集控制采用美国 NI 公司板卡，操作控制采用西门子 S7 PLC。

图 8-34　试验台电控系统

（1）电动机动力（含变频）柜　电动机动力柜引入试验台总电源，用于对试验台电控系统中各电动机供电，并控制电动机的起停运行或变频调速。动力柜引入泵站电控箱的报警信号进行联控，向 PLC 或上位机提供电动机运行状态信号；向泵站、试验操作控制台、计算机控制柜和其他用电设备提供所需的动力电源。动力柜的柜门上设置相应的按钮和指示灯。电动机动力柜配置电功率表，测量并显示主电动机消耗的电功率。

（2）计算机控制柜　计算机控制柜用于安放工控机、PLC、NI 板卡和信号调理模块，还配置了 22in(1in = 25.4mm) 液晶显示器、UPS，以及具有通风、温控和除湿作用的仪表箱空调器。计算机控制柜为全封闭形式，所有输入、输出信号线和电源线均通过工业航空插座转接。工控机还需实现采集数据的存储、处理，试验报告的生成和试验台网络系统的管理。

（3）试验操作控制台　试验操作控制台设置在被试件安置柜的右侧，便于试验操作。试验操作控制台配置 12in 触摸屏液晶显示器、相应按钮和液压阀控制手柄。试验操作控制以触摸屏的界面操作为主，以控制台台板上的按钮、手柄操作为辅。PLC 的组态软件采用 WinCC 编制。人机界面可控制试验中的各种试验操作（各液压泵起停除外）。界面还可显示泵、增压器的输出压力和增压器的运行状态。计算机控制柜和试验操作控制台的触摸屏通过网线进行通信。

2. 软件及人机界面

采集系统能对无故障试验时间和每只被试件的循环加载次数进行自动记录。当出现外泄漏或其他疲劳破坏时，被试件被视为故障件。出现故障件时应发出信号，提醒试验员处理。测控软件运行在 Windows 10 环境下，以 LabVIEW 为开发工具，程序采用模块化结构设计。

计算机控制柜的人机界面具备传感器标定、试验参数设定、试验操作控制、试验台运行监控、采集数据和实时曲线在线显示、安全报警、试验数据处理、储存和查阅等功能，人机交互性好。人机界面主页如图 8-35 所示。试验控制方式包含单步方式和连续方式。单步方式又分为充油、排气、柱塞右移、柱塞左移、对中和泄压等工况。在连续方式下，系统将按设定的试验参数自动连续地进行高压脉冲试验。

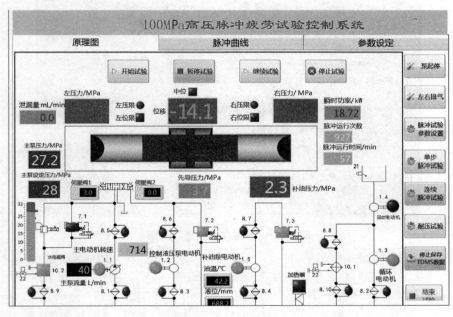

图 8-35 人机界面主页

单击主页面上的"参数设定"标签，可弹出"脉冲参数设置"界面，如图 8-36 所示。在"脉冲参数设置"界面上，输入"试验件容积""管路容积""脉冲振幅""脉冲周期"等参数的设定值，计算机可自动计算出柱活塞的振动行程值，并设定好左、右行程的终点值。试验人员还可在"脉冲参数设置"界面上设定"脉冲试验次数"和试验压力上限（即"脉冲最大压力"）。

单击主页面上的"脉冲曲线"标签，主页面将切换为"脉冲曲线"显示界面。所显示的曲线为各物理量随时间变化的在线实时曲线，最多可同时显示 7 个物理量的实时曲线，包括：两个被试件封闭腔的压力、柱活塞位移、主泵压力、比例伺服阀先导压力等。图 8-37 显示的是频率为 1Hz、压力变化为 75MPa 的高压脉冲试验的脉冲曲线。

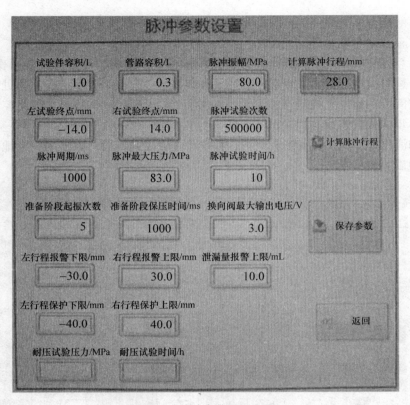

图 8-36 "脉冲参数设置"界面

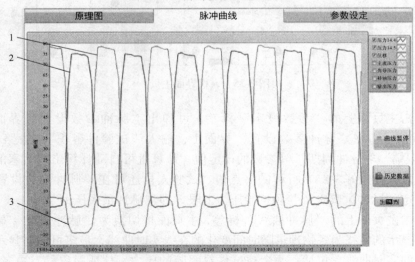

图 8-37 高压脉冲试验的脉冲曲线
1、2—被试件封闭腔的压力 3—柱活塞位移

试验操作控制台触摸屏的 PLC 组态软件界面如图 8-38 所示。该界面主要用于试验台的操作和运行监控。下排的按钮用于控制主泵、控制油泵、补油泵的加载与卸荷和冷却水的开关。上部的数字框显示了试验台的主要运行参数，包括左、右两个被试件封闭腔的压力、柱活塞位移、已试验的脉冲次数及试验时间。中间为各项报警指示。

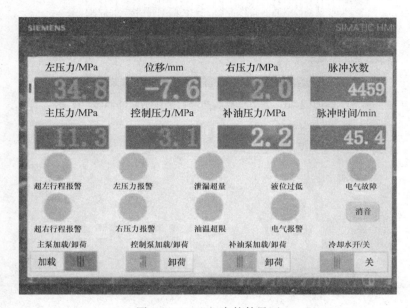

图 8-38　PLC 组态软件界面

8.3.5　SH 型高压脉冲疲劳试验台的其他应用

SH 型高压脉冲疲劳试验台除了能做液压元件承压壳体的高压脉冲疲劳试验以外，还有其他应用。

由于试验台两个接入口的高压脉冲波形反相，所以还可对液控换向阀或液控多路阀做换向耐久性试验。图 8-39 所示为在 SH 型高压脉冲疲劳试验台上做换向耐久性试验的液控换向阀；图 8-40 是换向频率为 4Hz、压力为 30MPa 时，试验实测的液控换向阀两油口的压力脉冲曲线。试验时主电动机实际功耗仅为 8kW。

SH 型高压脉冲疲劳试验台还能为液压缸的 2P 试验提供脉冲压力油源。

图 8-39　液控换向阀

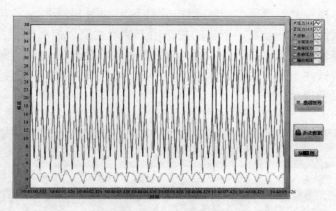

图 8-40 液控换向阀两油口的压力脉冲曲线

第 9 章　液压系统试验

9.1　挖掘机液压系统动力匹配试验

液压系统试验不仅仅是组成系统的各液压元件性能试验的集成，更重要的是要将液压系统视为一个整体部件，通过试验探讨其输入信号（包括指令与干扰）与输出信号间的响应关系。这些响应关系中，最重要的是组成系统的各液压元件的瞬态特性（也称动态特性）和稳态时各元件间的负载（动力）匹配特性。瞬态特性试验将在 9.2 节中介绍。

9.1.1　液压系统动力匹配试验概述

1. 液压系统动力匹配试验

液压系统主要由动力元件、控制元件和执行元件组成，它们之间的能量传递关系如图 9-1 所示。动力元件（液压泵）将来自原动机的机械能（转速、转矩）转变为液压能（压力、流量）输出到控制元件，控制元件对液压泵的液压能量流进行压力、流量、流向的调节，调节后的液压能量流送入执行元件（液压缸、液压马达），执行元件再将液压能转变为机械能（转速、转矩或速度、力）对负载做功。

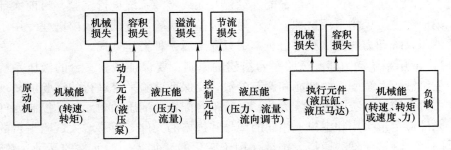

图 9-1　液压系统的能量传递关系

在整个能量传递关系中，液压系统的最终作用就是把原动机的机械能传递给负载，即用原动机的动力去驱动负载。液压系统性能的优劣就取决于其能量传递的及时性、准确性和高效性。能量传递的及时性由液压系统对输入信号响应的快速性决定，能量传递的准确性由液压系统对输入信号响应的稳态误差决定，能量传递的高效性由液压系统各元件的机械损失、容积损失、溢流损失和节流损失决定。

液压系统性能试验的目标就是通过试验定量地确定液压系统各元件间的能量传递关系，并且通过试验确定各元件调节参数的合理匹配，以使液压系统的能量传递得及时、准确和高效。所以，行业中（特别是液压系统集成的主机厂）通常把液压系统性能试验称为液压系统动力匹配试验。

2. 液压系统动力匹配试验的试验内容

根据液压系统性能试验的目标，可以确定液压系统动力匹配试验的试验内容。

1）当系统主要元件的调节参数固定时，对于系统各种典型的稳态工况（操作转换瞬间出现的动态工况属于动态特性试验范围，不在匹配试验中处理），在对应的负载功率为额定最大值的条件下，检测系统各元件的输入能量流、输出能量流、损失能量流，检测原动机的输出量（转速、转矩），检测负载的力（或转矩）和速度（或转速），计算各元件的能量传递效率。

2）当系统主要元件的调节参数固定时，对于系统关键的典型稳态工况，使负载按实际工况的载荷谱变化或按设计要求的载荷谱变化，检测系统各元件的输入能量流、输出能量流、损失能量流的变化，检测原动机的输出量（转速、转矩）的变化，检测负载的力（或转矩）和速度（或转速）。

3）改变系统主要元件的调节参数，再次进行上述1）、2）项试验，寻求主要元件动力性能参数的优化匹配。

3. 液压系统动力匹配试验平台的搭建

液压系统动力匹配试验的试验平台有两种搭建方式：一种是直接用被试液压系统安装的主机作为试验平台，配置远程及无线检测系统进行试验，目前大部分系统集成的主机厂均采用这种方式；另一种是在实验室或试验场内搭建专用于试验的液压系统动力匹配试验平台。本书只介绍后一种搭建方式。

1）液压系统动力匹配试验平台搭建的原则：要保证试验平台的液压系统具有与主机液压系统同样的性能和调节参数，要保证试验平台进行的试验能复现安装在主机上液压系统的工况。为此，试验平台配置的液压动力元件、控制元件和执行元件应尽量采用和主机上相同的型号和规格的元件。为了增大试验平台的适用范围，允许将元件的通径、排量（用于变化的）加大，但元件的品种、数量、控制方式、调节参数必须和主机上的对应元件相同。

2）在试验平台中，执行元件的加载方式应尽量和主机上对应执行元件所受实际负载的加载方式保持一致。液压缸所受的推力、拉力负载可用加载液压缸施加，其中的推力负载可用溢流加载方式替代；液压缸所受的惯性力负载不能用加载液压缸或溢流加载实现；液压马达所受的转矩负载可用加载液压泵施加，而不能采用溢流加载。当主机实际液压系统执行元件的几何尺寸过大、实际负载过大时，可以考虑应用本书2.3节所述的相似性原理，适当减小试验平台中执行元件的几何尺寸。

3）试验平台中，原动机和液压动力元件（液压泵）的连接方式应和主机中尽量相同。主机上，原动机和液压泵之间有传动箱时，试验平台中也需进行同样配置。主机中原动机是柴油机时，试验平台中的原动机也应尽量是柴油机；若原动机和液压泵之间的匹配参数已经确定，且试验中不需检测原动机的工况参数时，可以用变频电动机替代。用变频电动机替代柴油机的好处是占用空间小、转速调节范围大、环保条件优越，试验时，可用消耗的功率来比对油耗。

9.1.2 挖掘机液压系统动力匹配试验平台的组成

挖掘机液压系统动力匹配试验平台由原动机模块、液压泵模块、先导控制模块、多路阀模块、加载（含配置的执行元件）模块、液压油源模块、电气控制和数据采集模块等组成。

1. 原动机模块为柴油机时试验平台的组成

原动机为柴油机时试验平台的配置组合如图9-2所示。

为保证试验数据的真实可用，平台的配置应尽量和主机的配置相同。

（1）液压油源模块 液压油源模块中，油箱容积、液压油过滤装置、油温控制调节装置的规格均应按平台欲试液压系统的最大值配置。

（2）原动机（柴油机）模块 柴油机模块中，柴油机与安装台的连接和定位应设计成便于拆卸的结构，以便试验时，配置与主机相同型号的柴油机。柴油机输出轴串接转矩、转速仪后，通过联轴器直接驱动挖掘机液压泵（由前泵、后泵和先导泵串联组合）。

（3）液压泵模块 液压泵模块包含挖掘机液压泵、加载液压泵和其他辅助泵，其中挖掘机液压泵需按被试液压系统同样的规格型号配置。加载液压泵按平台欲试液压系统最大的加载需求配置。挖掘机前泵、后泵的输出流量各由一组流量计检测，每组流量计包含两台量程不同的齿轮式高压流量计，可根据流量大小，通过切换阀选择合适量程的流量计。

（4）多路阀模块 多路阀模块中的多路阀也要与被试挖掘机液压系统同样的规格型号配置，所以多路阀的安装座及配管接头均应设计为通用结构。

（5）先导控制模块 先导控制模块的作用是按被试挖掘机液压系统同样的

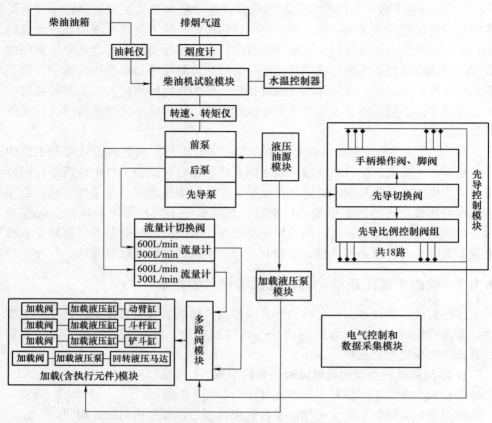

图 9-2　原动机为柴油机时试验平台的配置组合

需求向平台的多路阀各联提供可分别控制压力的先导控制油。先导控制油提供的模式有两种：人工操作模式和计算机自动模式，两种模式可用先导切换阀切换。人工操作模式采用挖掘机中相同的手柄操作阀和脚阀进行，试验人员在进行试验时会有驾驶员操作挖掘机时相同的体验，有利于在试验过程中进行主机操作便利性考核。计算机自动模式下，多路阀各联先导控制油压力的调控是采用比例减压阀由计算机控制实现的。图 9-2 所示的试验平台中共配置了 18 台比例减压阀，计算机可分别调控 18 路先导控制油压力。计算机自动模式的控制精度高、重复性好，便于进行挖掘机连续复合动作时液压系统的性能检测。

　　(6) 加载（含配置的执行元件）模块　图 9-2 中试验平台的加载（含配置的执行元件）模块为执行元件-加载液压缸（泵）配置，加载模块中的执行元件和挖掘机主机上执行元件的型号规格相同。执行元件为液压缸时采用加载液压缸加载，执行元件为液压马达时采用加载液压泵加载。例如某 25t 级别挖掘机液压系统试验平台的加载（含配置的执行元件）模块中，被试动臂缸也采用两台并联配置结构，并用一台加载液压缸加载，如图9-3所示。有些试验平台的被试动臂缸还配置了侧向力加载液压缸。采用执行元件和加载液压缸（泵）配置时，试验平台还需配置专用的加载液压泵模块。

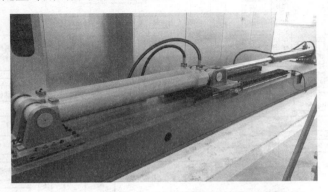

图9-3　采用被试动臂缸和加载液压缸结构的加载模块

采用普通溢流阀调压的液压缸作为加载液压缸对试验平台上被试挖掘机液压执行元件加载时，可以模拟现场的各种外力负载，但不能模拟现场工况中的惯性力（矩）负载。惯性力（矩）负载的试验平台加载方式需单独设计。

2. 原动机模块为电动机时试验平台的组成

图9-4所示为原动机为电动机的某215型挖掘机液压系统动力匹配试验平台的组成结构框图。试验平台由挖掘机试验台架和动力匹配试验台本体两部分构成。挖掘机试验台架起加载（含配置的执行元件）模块的作用。

（1）挖掘机试验台架　挖掘机试验台架的构成如图9-5所示。图中的实线表示元件之间的机械或液压连接关系，图中的虚线表示元件之间的电气联系。试验台架采用215型挖掘机的原行走架改制后作为试验台架的底座。底座上安装215型挖掘机的回转支承及改制后的215型挖掘机的回转平台。215型挖掘机的回转马达、动臂（含动臂缸）、斗杆（含斗杆缸）按原挖掘机同样安装。斗杆末端挂装加卸载装置，用于试验时对台架加载。在回转支承、动臂缸、斗杆缸上分别配装数字光码式角位移传感器和拉线式位移传感器。在底座和回转平台上分别配有下油路转接块和上油路转接块，两者通过八通路的液压中心接头实现多路阀回转联、动臂联、斗杆联、铲斗联的工作油路（P1A/P1B、P2A/P2B、P3A/P3B、P4A/P4B）与回转马达、动臂缸、斗杆缸、加卸载装置间的油路连接。在回转平台上还安装配重、上（下）车电气转接箱等。底座通过焊装在底座上的四组地基座和地基基础固接，在地基座中镶装有力传感器。挖掘机试验台架外形结构如图9-5所示。

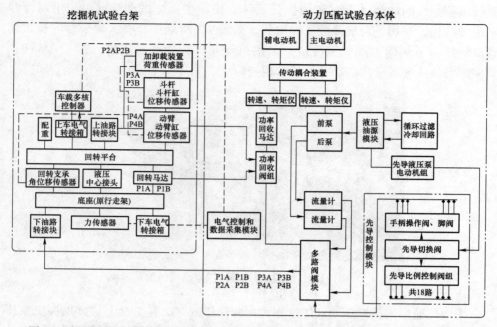

图 9-4　原动机为电动机的某 215 型挖掘机液压系统动力匹配试验平台组成结构框图

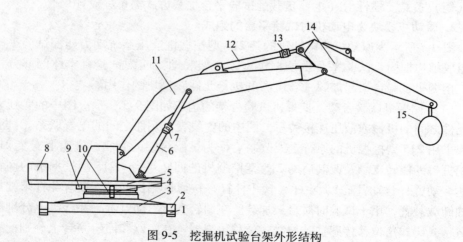

图 9-5　挖掘机试验台架外形结构

1—力传感器　2—地基座　3—底座　4—回转支承　5—回转平台　6—动臂缸

7、13—拉线式位移传感器　8—配重　9—角位移传感器　10—液压中心接头

11—动臂　12—斗杆缸　14—斗杆　15—加卸载装置

　　挖掘机铲斗载荷大小对作业模式选择、操作参数确定、动力匹配优化和能量回收效果都有较大影响。由于在实验室内无法进行铲装作业，所以试验台架不配

置铲斗，为了模拟铲斗载荷的大小，试验台架配装了
液压抓斗式的加卸载装置。在斗杆末端吊装液压抓
斗，如图 9-6 所示，抓斗在液压缸驱动下，可将铁块
用夹爪抓紧或松开卸下。改变铁块大小即可模拟不同
的铲斗载荷。由于台架不装铲斗缸，原挖掘机铲斗缸
的液压油路 P4A/P4B 用于动臂液压缸驱动。

图 9-6　液压抓斗

配装了加卸载装置后的挖掘机试验台架可以在实
验室内模拟挖掘机实际工况负载（包括惯性负载）下
的回转、动臂升降和斗杆伸缩动作。试验台架可模拟
的内容包括：360°范围的回转操作，动臂的升、降、停止操作，斗杆的伸、缩、
停止操作，装载、卸载操作；（在实验室内再现）挖掘机切削以外主要作业模式
的动力匹配效果、操作动作和斗杆末端位置的控制效果、力及能量的传递效果。

（2）动力匹配试验台本体　动力匹配试验台本体由原动机模块、液压泵模
块、先导控制模块、多路阀模块、液压油源模块、电气控制和数据采集模块等组
成，如图 9-4 所示。原动机模块中的原动机不是一台柴油机，而是两台电动机，
同时增加了传动耦合装置和功率回收装置（包括功率回收马达、功率回收阀
组）。先导控制模块、多路阀模块、液压油源模块基本和原动机为柴油机时试验
平台的配置相同。电气控制和数据采集模块增加了和挖掘机试验台架中车载控制
器的无线组网通信功能。

9.1.3　挖掘机液压系统动力匹配试验平台的惯性力加载方法

前文已说明，普通溢流阀调压的液压缸作为加载液压缸对平台上被试挖掘机
液压执行元件加载时，可以模拟现场的各种外力负载，但不能模拟现场工况中的
惯性力（矩）负载。模拟现场工况中惯性力（矩）负载的方法有两种。

（1）拟实台架法　在试验台架上，安装与主机相似的含有惯性力负载的运
动副，在运动副的移动部件上配置可调质量大小的配重块。例如，图 9-5 所示的
挖掘机试验台架就具备惯性力加载的功能。回转平台上配重的质量和位置可调节
回转马达所受惯性力矩的大小，加卸载装置（液压抓斗）中铁块的重量既可调
节回转马达所受惯性力矩的大小，也可调节被试系统中动臂缸和斗杆缸所受惯性
力的大小。

（2）模拟惯性力法　当系统的执行元件液压缸既承受外力负载，又承受惯
性力负载，且惯性力与外力同轴时，可采用此方法实现惯性力加载。此时加载液
压缸工作腔的压力采用压力伺服阀调节。若被试液压缸实际承受的外负载力为
F_W、实际承受的惯性力为 F_M，则被试液压缸实际承受的总负载力 $F = F_W \pm F_M$。
其中惯性力可表示为

$$F_{\mathrm{M}} = m\frac{\mathrm{d}^2 L(t)}{\mathrm{d}^2 t} \tag{9-1}$$

式中　$L(t)$——被试液压缸实际工况下的位移;

　　　　m——实际运动部件的质量,通常可视为常量。

$L(t)$ 可在挖掘机实际工作时用位移传感器实时检测后保存到试验平台的上位机中,作为计算惯性力用的拟实样本。F_{W} 也可由装在挖掘机铲斗上的力传感器检测保存为样本。因此,上位机计算加载液压缸工作腔压力 p_{c} 的公式为

$$p_{\mathrm{c}} = \frac{F_{\mathrm{W}} + m\dfrac{\mathrm{d}^2 L(t)}{\mathrm{d}^2 t}}{A_{\mathrm{c}}} \tag{9-2}$$

式中　A_{c}——加载液压缸工作腔的承压面积。

通过计算机控制压力伺服阀的输入电流,使伺服阀的输出压力按式(9-1)、式(9-2)调节。这样,加载液压缸施加给系统被试液压缸的负载力就包含了惯性力。

9.1.4　无执行元件的简化动力匹配试验平台

简化动力匹配试验平台不配置执行元件,只进行液压泵和液压阀的动力匹配试验。该试验平台采用溢流加载模块为被试的液压泵和液压阀进行加载。

1. 试验平台组成

试验平台组成由液压油源系统、动力传动系统、液控加载系统、计算机控制与数据采集系统组成。无执行元件的简化动力匹配试验平台的组成如图 9-7 所示。

(1) 动力传动系统　动力传动系统配置主电动机、辅电动机两套传动台架,分别用于 12t 以下小型挖掘机和 20~36t 中型挖掘机多路阀的试验需求。两套传动台架可分别独立运行,也可采用同步带传动实现耦合运行。耦合运行时,可进行节能挖掘机功率回收的动力匹配试验。主电动机、辅电动机的传动台架均配置了转矩、转速仪和功率表,主液压、辅液压泵均配置流量、压力传感器,用于检测电动机和液压泵间的能量流。

(2) 液控加载系统　液控加载系统包括主控阀块、先导控制模块、多路阀和溢流加载模块。

液压泵的输出压力油经主控阀块分别送入先导控制模块和多路阀。系统配置了 8 路先导控制油路 (pk1~pk8),分别用于多路阀 4 个工作联(动臂联、斗杆联、铲斗联、回转联)的控制,各先导压力均采用比例减压阀调节。多路阀 4 个工作联的 A、B 油口间各接入一套溢流加载模块,并配置流量计和压力传感器用于检测各联输出液压油的压力、流量。

（3）计算机控制与数据采集系统　试验操作的开关量控制采用西门子 PLC 实现，模拟量采集与控制采用美国 NI 公司板卡，采集软件采用 LANBVIU 平台软件。配设了计算机测控操作台，上位机台。

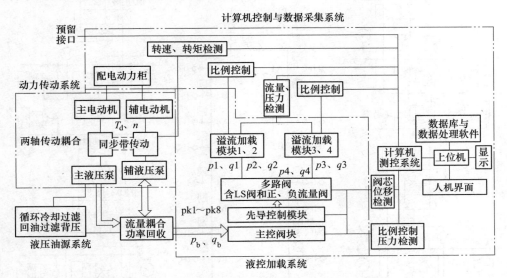

图 9-7　无执行元件的简化动力匹配试验平台的组成

2. 溢流加载模块

用于模拟执行元件在多路阀工作油口间加载的溢流加载模块的液压系统原理如图 9-8 所示。加载模块 1、加载模块 2、加载模块 3、加载模块 4 分别通过软管接头 A1 和 B1、A2 和 B2、A3 和 B3、A4 和 B4 接入多路阀的对应工作油口，实现对动臂联、斗杆联、铲斗联、回转联的加载。每个加载模块的组成原理相同，以下以加载模块 1 为例进行介绍。加载模块包括：由 4 只通径为 25mm 的二通插装阀 1、2、3、4 组成的桥式回路，齿轮流量计 5，由二通插装阀 6、安全阀 8、比例溢流阀 9 和换向阀 7 组成的调压卸荷回路。液压泵的油液经多路阀 P1、P2 油口引入。若多路阀联为 A1 油口进油、B1 油口回油状态，压力油经二通插装阀 1、换向阀 7 进入比例溢流阀 9，油压达到比例溢流阀 9 调定的加载压力时，二通插装阀 6 开启；此时压力油经二通插装阀 1、二通插装阀 6、齿轮流量计 5、二通插装阀 4 流至 B1 油口，再从多路阀的 T 油口并入回油。这就实现了对多路阀联 A1 油口的加载。同样，若多路阀联为 B1 油口进油、A1 油口回油状态，B1 油口油压达到比例溢流阀 9 调定的加载压力时，压力油将经二通插装阀 2、二通插装阀 6、齿轮流量计 5、二通插装阀 3 流至 A1 油口，再从多路阀的 T 油口回油。这就实现了对多路阀联 B1 油口的加载。

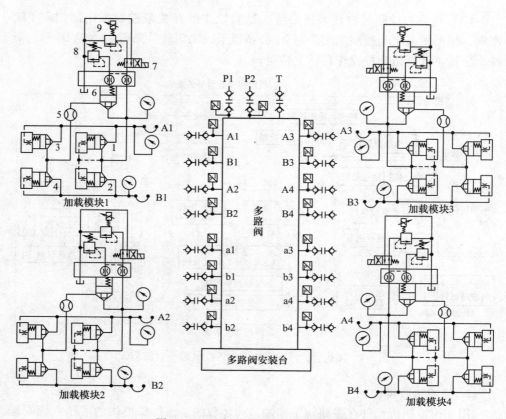

图 9-8　溢流加载模块的液压系统原理

9.1.5　挖掘机液压系统动力匹配试验平台的功能

挖掘机液压系统动力匹配试验平台主要用于进行 20～50t 级别挖掘机液压系统的动力匹配试验。根据加载（含配置的执行元件）模块配置的不同，试验平台可以满足挖掘机的发动机-液压泵-多路阀系统或发动机-液压泵-多路阀-液压缸-回转马达系统的动力性匹配试验。在进行挖掘机液压系统动力匹配试验的过程中，试验平台还具备以下功能：

1）加载系统能够实现单个液压执行机构的加载，也可以对多个液压执行机构进行复合加载。复合加载时，每个液压执行机构的动态性能、稳态性能、精度互不影响。

2）试验台架做挖掘机工况动作试验时，能用上位机对原动机的转速、转矩、功率进行检测，能对动臂缸、斗杆缸、回转马达进出油口及液压泵出口的压力和流量进行检测，以便于进行动力匹配和节能装置的优化调试及试验验证。

　　3）根据动力匹配试验检测的各项数据，计算机通过分析处理，可以综合评价原动机和液压系统的匹配性能。通过调整原动机、液压泵的电控参数，优化各项性能指标。

　　4）试验平台可实现三种方式对被测动力系统进行操作控制：主机操控手柄实时操作输入、电液比例控制实时操作输入、用户自定义自动化操作输入。试验平台的操作台如图 9-9 所示，右侧操作台的控制方式为主机操控手柄实时操作输入，左侧操作面板上配置了用于电液比例控制实时操作的电位计输入旋钮，上部人机界面既可实现电液比例控制实时操作输入，也可进行用户自定义自动化操作输入。

　　5）图 9-4 所示的试验平台能进行台架对基础支座反力的在线检测，并计算倾翻力矩，用于优化挖掘机作业过程中的重心位置控制。

图 9-9　试验平台的操作台

9.2　液压元件瞬态特性试验

　　液压元件瞬态特性对整个液压系统的响应性能有重大影响；同时，每个液压元件本身就是多个机、电零部件加上流体介质组成的系统，离开了系统的输入输出关系也无法分析液压元件的瞬态特性。所以将液压元件的瞬态特性试验列入液压系统试验中介绍。

9.2.1　液压元件瞬态特性试验概述

1. 液压元件瞬态特性试验的含义

　　液压元件瞬态特性试验不是泛指检测信号快速非稳态变化下的试验，也不能认为在元件工况突变瞬间进行的检测就是瞬态特性试验。要准确理解瞬态特性试验的含义首先要清楚瞬态特性的定义。瞬态特性（也称动态特性）是系统控制工程中的专业术语，它表示了系统的输出信号对输入信号（包括指令和干扰）响应的快速性及稳定性。瞬态特性的评价指标有时间域指标和频率指标两种。所以，液压元件瞬态特性试验的确切含义是：为了获得液压元件瞬态特性评价指标（时间域指标或频率指标）的试验。

2. 液压元件瞬态特性时间域指标

当液压元件的输入信号为单位阶跃信号时，液压元件输出信号的响应曲线如图 9-10 所示。图中，输出信号 $x_o(t)$ 的坐标做了归一化处理，所以稳态输出值为 1。依据该响应曲线可以定义液压元件瞬态特性的时间域指标。

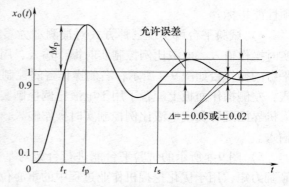

图 9-10　液压元件对单位阶跃信号的输出响应曲线

（1）上升时间 t_r　上升时间 t_r 为响应曲线从 0 时刻起，首次达到稳态输出值所需的时间。对于欠阻尼系统，可以定义为从稳态输出值的 10% 上升到稳态输出值的 90% 所用的时间。

（2）峰值时间 t_p　峰值时间 t_p 为响应曲线从 0 上升到第一个峰值所需的时间。

（3）调整时间 t_s　调整时间 t_s 为响应曲线进入并保持在稳态输出值规定的误差范围（通常设定为稳态输出值的±2%或±5%）之内，并不再超出的时间。

（4）最大超调量 M_p　最大超调量 M_p 为响应曲线最大峰值与稳态输出值之差的百分数，可表示为

$$M_p = \frac{x_o(t_p) - x_o(\infty)}{x_o(\infty)} \times 100\%$$

式中　$x_o(\infty)$——稳态输出值。

（5）振荡次数 N　振荡次数 N 为在调整时间 t_s 范围内，响应曲线的振荡次数。实测时，可用响应曲线穿越稳态输出值线次数的 1/2 计算。

上述五项指标中，前三项为快速性指标，后两项主要表征了输出响应的稳定性。而稳定性欠缺的系统，其快速性也较差。

3. 频率响应

在系统控制理论中，频率响应是系统对正弦输入信号的稳态响应。频率特性是指在不同频率的正弦信号输入时，系统的稳态输出随正弦输入信号频率变化的特性。若系统的开环传递函数为 $G(s)$，则频率特性为 $G(j\omega)$，ω 是正弦输入信号频率，其取值范围可从 0 到 ∞。当 ω 从 0 到 ∞ 变化时，$G(j\omega)$ 幅值的变化特性称为幅频特性，记作：$A(\omega) = |G(j\omega)|$。当 ω 从 0 到 ∞ 变化时，$G(j\omega)$ 相位的变化特性称为相频特性，记作：$\varphi(\omega) = \angle G(j\omega)$。

幅频特性和相频特性统称频率特性。频率特性可以通过对传递函数的变换计

算求出，也可通过试验得到。液压元件的频率特性通常用试验获取。

4. 液压元件瞬态特性的频率响应指标

将液压元件的幅频特性画在以 10 为底的对数坐标系中，ω 取对数后为横坐标，$A(\omega) = |G(j\omega)|$ 取对数乘 20 后为纵坐标，即得到液压元件的对数幅频特性曲线。对数幅频特性可标记为 $L(\omega)$，则有 $L(\omega) = 20\lg A(\omega)$。将相频特性画在横坐标 ω 为对数的坐标系中，即可得液压元件的相频特性曲线。典型的频率特性曲线如图 9-11 所示。图中的 ξ 为系统的阻尼比，对大多数液压元件而言，阻尼比 ξ 通常在 0.3~0.5 之间。

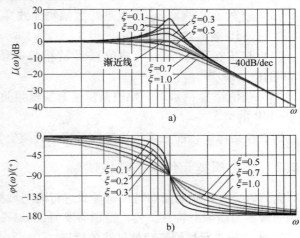

图 9-11　频率特性曲线

a) 对数幅频特性曲线　b) 相频特性曲线

在频率特性曲线上可以定义液压元件瞬态特性的频率响应指标，如图 9-12 所示。

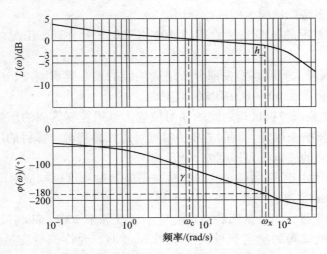

图 9-12　瞬态特性的频率响应指标

（1）穿越频率 ω_x　穿越频率 ω_x 是相频曲线穿越 -180° 线所对应的频率，即 $\varphi(\omega) = -180°$ 时的频率。

（2）截止频率 ω_c　截止频率 ω_c 是对数幅频曲线穿越 0dB 线所对应的频率，即 $L(\omega_c) = 0$ 时的频率。

（3）频宽 ω_b　频宽 ω_b 可以是对数幅频曲线穿越 -3dB 线所对应的频率，即 $L(\omega_b) = -3dB$ 时的频率。

（4）相位裕量 $\gamma(\omega_c)$　相位裕量是相频曲线中，频率 ω_c 处的相位大于 $-180°$ 的值。

（5）幅值裕量 $h(\omega_x)$　幅值裕量是对数幅频曲线中，频率 ω_x 处的对数幅值大于 -3dB 的值。

这五项指标中，前三项为快速性指标，后两项为稳定性指标。

9.2.2　压力阀类元件瞬态特性试验

溢流阀、平衡阀的瞬态特性试验只进行时间域指标的试验检测；减压阀和顺序阀一般不需做瞬态特性试验，特别需要时，也只进行时间域指标的试验检测。

1. 压力阀类元件瞬态特性试验的标准

压力阀类元件瞬态特性试验的标准主要有 GB/T 15623.3—2012《液压传动 电调制液压控制阀　第 3 部分：压力控制阀试验方法》、JB/T 10374—2013《液压溢流阀》、JB/T 10370—2013《液压顺序阀》、JB/T 10367—2014《液压减压阀》。这些标准中，对压力阀类元件瞬态特性试验的试验条件、试验液压回路、试验项目和试验方法做出了说明，对瞬态特性指标的合格界限给出了规定。下文以溢流阀的瞬态特性试验为例进行介绍。

（1）瞬态工况的试验条件　JB/T 10374—2013 中对瞬态工况的试验条件的规定如下：

1）被试阀和试验回路相关部分所组成油腔的表观容积刚度，应保证被试阀的进口压力变化率在 600~800MPa/s 范围内。

2）阶跃加载阀与被试阀之间的相对位置，可用控制其间的压力梯度限制油液可压缩性的影响来确定。其间的压力梯度可以计算获得。算得的压力梯度至少应为被试阀实测的进口压力梯度的 10 倍。

3）试验同路中阶跃加载阀的动作时间不应超过被试阀响应时间的 10%，且最长不超过 10ms。

（2）试验流量　当被试阀的额定流量小于或等于 200L/min 时，试验流量为额定流量；当被试阀的额定流量大于 200L/min 时，允许试验流量为 200L/min，但应经工况考核，被试阀的性能指标以满足工况要求为依据。

（3）瞬态特性试验的项目　试验项目包括流量阶跃变化时被试阀的进口压力响应特性试验和建压-卸压特性试验。

1）流量阶跃变化时被试阀的进口压力响应特性试验。使被试阀的进口产生一个满足瞬态工况试验条件中 1）要求的压力阶跃，用记录仪记录被试阀进口压力变化过程，得出流量阶跃变化时被试阀的进口压力响应特性曲线，并得出响应时间、瞬态恢复时间和压力超调率，如图 9-13 所示。图中 p_0 为起始压力，p_D 为调定压力（此处为被试阀的调压范围上限值），Δp_1 为压力超调量，C 点为被试阀瞬态恢复过程的最终时刻。计算压力超调率的公式为

$$\overline{\Delta p_1} = \frac{\Delta p_1}{p_D} \times 100\%$$

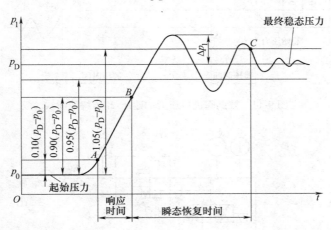

图 9-13　流量阶跃变化时被试阀的进口压力响应特性曲线

需要注意的是，在曲线上，确定瞬态恢复时间（C 点）时，应以此后曲线将全部进入两压力限制线中间的区域，再也没有超出限制线的点为标准。其中压力限制线的压力和最终稳态压力的差值按实际需要确定，一般为最终稳态压力（调定压力）与起始压力之差的 5%。

2）建压-卸压特性试验。将被试阀的调定压力设置为调压范围的上限。对被试阀为外控的先导式溢流阀或外控的电磁溢流阀，使被试阀建压后又卸荷，用记录仪记录被试阀进口压力变化过程，得出被试阀进口压力的建压-卸压特性曲线，并得出建压时间、卸压时间和压力超调率，如图 9-14 所示。图中 p_0 为起始压力，p_D 为调定压力（此处为被试阀的调压范围上限值），Δp_1 为压力超调量。计算压力超调率的公式为

$$\overline{\Delta p_1} = \frac{\Delta p_1}{p_D} \times 100\%$$

2. 溢流阀瞬态试验液压原理

根据 JB/T 10374—2013 规定，溢流阀瞬态试验液压原理如图 9-15 所示。

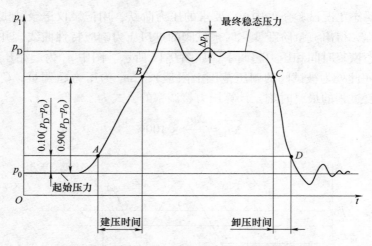

图 9-14　被试阀进口压力的建压-卸压特性曲线

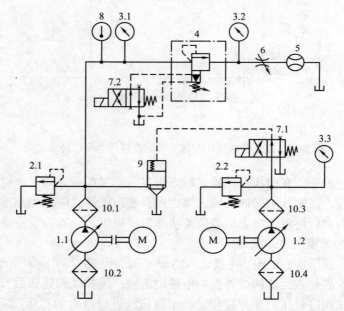

图 9-15　溢流阀瞬态试验液压原理

1.1、1.2—液压泵　2.1、2.2—溢流阀　3.1~3.3—压力表（对瞬态试验，压力表

3.1、3.2处还应接入压力传感器）　4—被试阀　5—流量计　6—节流阀　7.1、7.2—电磁换向阀

8—温度计　9—阶跃加载阀　10.1~10.4—过滤器

9.2.3　比例伺服换向阀类元件瞬态特性试验

比例伺服换向阀类元件瞬态特性试验除了进行时间域指标的试验检测外，通

常还有进行频率指标的检测。相关试验标准可参见 GB/T 15623.1—2018《液压
传动　电调制液压控制阀　第 1 部分：四通方向流量控制阀试验方法》。

1. 比例伺服换向阀类元件瞬态特性试验

比例伺服换向阀类元件瞬态特性试验回路如图 9-16 所示。

2. 频率响应试验

如图 9-16 所示，采用超低频信号发生器 12 在被试阀放大器输入端输入正
弦波。

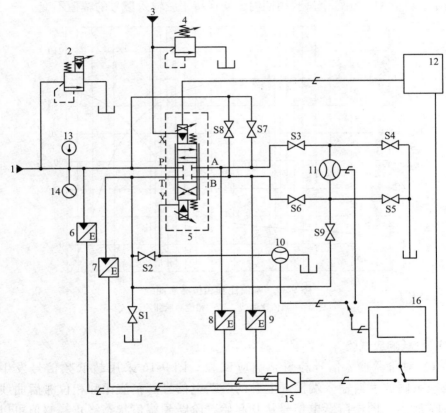

图 9-16　比例伺服换向阀类元件瞬态特性试验回路

1—主油源　2—主溢流阀　3—外部先导油源　4—外部先导油源溢流阀　5—被试阀

6~9—压力传感器　10、11—流量传感器　12—信号发生器　13—温度指示器

14—压力表　15—信号调节器　16—数据采集　S1~S9—截止阀　A、B—控制油口

P—进油口　T—回油口　X—先导进油口　Y—先导泄油口

（1）阀芯对中　先输入小信号，例如，输入信号的幅值处在或接近 0，输出
信号的幅值大约在该供油压力下最大的稳态输出信号 5%~15% 范围。在另一方

向重复上述试验。使通过被试阀油口 A 和 B 的输出流量在零位附近交变，其振幅足以产生约为最大稳态输出流量的±5%的峰值输出流量。

（2）频率响应试验　先使输入正弦信号频率为 5Hz 或相位滞后为 90°时频率的 5%（两者中取小值），然后逐渐增加信号频率，对应每一频率的输入信号，检测被试阀输出流量（实际是伺服液压缸驱动的速度传感器的信号）的变化曲线。在幅值比衰减到 15dB 以上的频宽范围内，绘制出幅值比和相位滞后曲线，如图 9-17 所示。如果试验有需要，还应包括对 45°、90°和更高的相位滞后的响应频率。试验中，在每个试验周期内，均保持正弦输入信号的幅值不变。

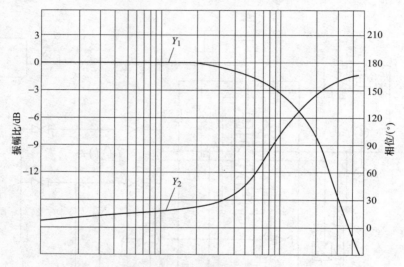

图 9-17　幅值比和相位滞后曲线
Y_1—幅值比曲线　Y_2—相位滞后曲线

3. 阶跃响应试验

（1）对阶跃输入信号的瞬态响应试验　图 9-16 采用超低频信号发生器 12 在被试阀放大器输入端输入上升的阶跃电信号。幅值比和相位滞后曲线如图 9-17 所示。图中阶跃电信号从 0 起始，阶跃到幅值状态终止。幅值可以是被试阀最大输出流量时对应阶跃电信号值的±25%、±50%、±75%或±90%。对每一阶跃输入信号，检测被试阀的输出信号曲线，其响应曲线和图 9-13 所示的曲线相似。

（2）对负载阶跃变化的响应试验（此项只对带负载压力补偿的阀进行）　在输入信号振幅为额定输入信号的 50%的情况下，记录被试阀输出流量对从 0 负载压力到规定的最大负载压力的 50%~90%阶跃变化的响应。阶跃响应-负载变化特性曲线如图 9-18 所示。

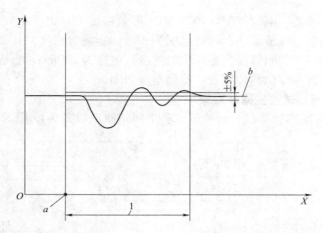

图 9-18　阶跃响应-负载变化特性曲线
X—时间　Y—流量　1—调整时间　a—起始点　b—稳态流量

9.2.4　典型液压阀瞬态特性试验台介绍

典型液压阀瞬态特性试验台可以进行电比例多路阀、平衡阀、伺服阀和溢流阀的瞬态性能测试。

1. 试验台概述

试验台设置三个测试工位，分别进行平衡阀、伺服阀和溢流阀的瞬态性能测试，伺服阀测试工位还可进行电液比例多路阀瞬态性能测试。试验台由液压油源、液压试验回路、计算机控制与数据采集系统、试验台架等组成。

（1）液压系统性能参数

1）试验台：驱动电动机最大功率 300kW，额定压力为 42MPa，峰值压力 50MPa，最大试验流量为 500L/min（压力为 18MPa 时）。

2）先导液压油源：先导泵流量为 40L/min，压力调节范围为 0~10MPa，先导泵的精度>0.1MPa，压力加载速率>50MPa/s。

3）加载回路：加载泵流量为 180L/min，压力调节范围为 0~42MPa，最大压力加载速率为 1000MPa/s。

4）回油路配置回油流量计，流量检测范围：10~600L/min。

5）泄漏流量测试范围：0.001~1L/min。

（2）数据采集系统性能参数

1）配置 NI 公司采集模块：16 路模拟信号采集，输出信号为 0~5V 或 0~20mA，采样频率≥1000Hz。

2）配置 4 通道 PWM（脉冲宽度调制）输出：输出电流最大为 3000mA，响应时间<10ms，基振频率为 100~500Hz，独立颤振可调。

3）压力传感器：响应频率≥10000Hz，测量精度为0.2%FS。

4）配置阀芯位移传感器：测量范围为±20mm，测量精度为0.2%FS。

5）液压缸用于伺服计量伺服阀输出流量：内径为200mm，行程为1200mm。

6）配置磁致伸缩位移传感器：检测精度为1μm。

2. 试验台液压试验主回路原理

典型液压阀瞬态特性试验台液压试验主回路原理如图9-19所示。

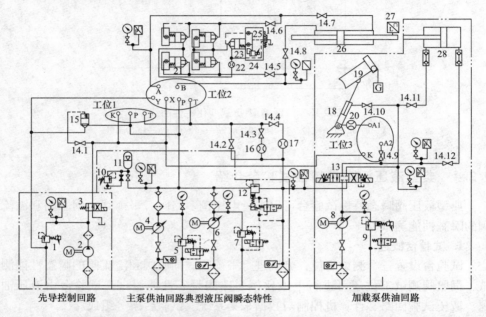

图9-19 典型液压阀瞬态特性试验台液压试验主回路原理

1—比例溢流阀 2—先导泵电动机组 3—二位电磁阀 4、6、8—变量泵电机组 5、7—电磁溢流阀
9、12—比例溢流卸荷阀 10—溢流阀 11—蓄能器 13—三位换向阀 14.1~14.12—截止阀
15、21—二通插装阀 16、17、20、22—流量计 18—变幅液压缸 19—动臂机架 23—二通压力插装阀
24—先导比例溢流阀 25—二位换向阀 26—伺服液压缸 27—位移传感器 28—加载液压缸

（1）先导控制回路 比例溢流阀1、先导泵电动机组2、二位电磁阀3组成先导控制回路，比例溢流阀1调定先导控制压力，二位电磁阀3的通断电可以实现先导压力的阶跃变化。

（2）主泵供油回路 主泵供油回路由两台最大排量为180mL/r的变量泵电动机组4、6以及蓄能器11构成，两台变量泵可以一台工作、另一台卸荷（或停机），也可两台同时工作。电磁溢流阀5、7分别控制变量泵电动机组4、6中变量泵的安全限压及卸荷，溢流阀10是蓄能器的安全阀，比例溢流卸荷阀12用于调定主供油压力并控制卸荷。

（3）加载泵供油回路 加载泵供油回路由一台最大排量为125mL/r的变量泵电

机组 8、比例溢流卸荷阀 9、三位换向阀 13 组成,其中比例溢流卸荷阀 9 调定加载泵供油压力。变量泵电动机组 8 中的变量泵(加载泵)既可以给加载液压缸 28 供油,用于伺服阀或比例多路阀负载阶跃变化的加载;也可给工位 3 动臂台架 19 的变幅液压缸 18 供油,进行平衡阀的瞬态特性试验。回油路上配置了两台量程分别为 600L/min 和 100L/min 的流量计。流量监测时用截止阀 14.2、14.3、14.4 进行切换。

　　试验台架的工位 1 用于溢流阀瞬态特性试验,当截止阀 14.1 打开时,可用二位电磁阀 3 控制二通插装阀 15 的通断,进而实现溢流阀进口压力和流量的阶跃变化,完成瞬态特性试验。试验台架的工位 2 用于伺服阀和电液比例多路阀瞬态特性试验。二通插装单向阀组 21、二通插装压力阀 23(配装先导比例溢流阀 24 和二位换向阀 25)构成溢流加载模块用于伺服阀时间域瞬态特性试验时负载阶跃变化的产生,流量计 22 用于检测伺服阀的输出流量。伺服阀频率瞬态特性试验时,流量的检测用伺服液压缸 26 及位移传感器 27 进行,加载液压缸 28 用于实现负载阶跃变化。截止阀 14.5、14.6、14.7、14.8 用于控制伺服阀频率试验及时间域试验时,伺服阀工作油口 A、B 是与二通插装单向阀组 21 连通还是和伺服液压缸 26 连通。截止阀 14.9、14.10、14.11、14.12 用于控制加载泵是给加载液压缸 28 供油还是给变幅液压缸 18 供油。

3. 主要试验操作

　　(1)溢流阀时间域瞬态特性试验　打开截止阀 14.1,使二位电磁阀 3 的电磁铁通电,关闭二通插装阀 15。调节电磁溢流阀 5、7 压力为被试溢流阀调压范围上限值的 130%。调节比例溢流卸荷阀 12 的压力为被试溢流阀调压范围上限值,调节变量泵电动机组 4、6 中泵的排量,使通过被试溢流阀的流量为试验流量。控制二位电磁阀 3 的电磁铁断电,在溢流阀进口施加一个下降的压力阶跃信号,使溢流阀进口在 10ms 内将压力卸载;3min 后,再使二位电磁阀 3 的电磁铁通电,在溢流阀进口施加一个上升的压力阶跃信号,记录被试溢流阀的进口压力波形,计算压力超调率、上升时间、调整时间。

　　(2)平衡阀时间域瞬态特性试验　将被试平衡阀安装在动臂台架 19 的工位 3 上,将工位 3 上 K 口的控制压力调到平衡阀允许的最大值,调节动臂台架 19 的载荷块 G 的重量,使变幅液压缸 18 升至最高位停止时下腔的压力分别为额定压力的 90% 及 50%。在 0.5s 内将三位换向阀 13 从中位换向至下降位,检测工位 3 上 K 口控制压力、A1 口压力 p_1、A2 口压力 p_2,并绘制阀芯位移曲线。平衡阀阀芯位移和控制压力曲线如图 9-20 所示。按相关标准判定平衡阀瞬态

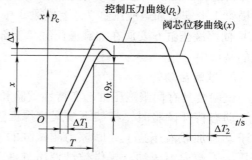

图 9-20　平衡阀阀芯位移和控制压力曲线

性能的合格性，通常要求：阀芯响应曲线的衰减振荡波不大于 3 个；阀芯位移最大超调量 $\Delta x_{max} \leqslant 0.25x$。($x$ 为阀芯稳定工作时的位移)；阀芯响应滞后时间 $\Delta T_1 \leqslant 0.15s$；阀芯关闭滞后时间 $\Delta T_2 \leqslant 0.2s$；阀芯响应过渡时间 $\Delta T \leqslant 0.5s$。

9.3 AGC 伺服液压缸性能试验台

AGC 伺服液压缸用于板（带）材连续轧机、轧辊压下位移量的在线控制，以保证轧制板（带）材的厚度公差。由于连续轧机的轧制速度较快，通常大于 30m/s，这就要求 AGC 伺服液压缸具有较快的响应速度和较大的压下力。通常 AGC 伺服液压缸的缸内径为 1000mm 左右，频宽可达 20Hz。所以，AGC 伺服液压缸必须进行动态特性试验。AGC 伺服液压缸性能试验台主要承担某钢铁公司 AGC 伺服液压缸的动态特性试验，也可进行该液压缸的某些稳态特性试验。由于某钢铁公司 AGC 伺服液压缸有柱塞式伺服液压缸和活塞式伺服液压缸两种，所以试验台需能满足上述两种伺服液压缸动态特性试验的要求。

9.3.1 AGC 伺服液压缸性能试验台概述

某钢铁公司 AGC 伺服液压缸有柱塞式伺服液压缸和活塞式伺服液压缸两种，特性试验中，除了这两种伺服液压缸在试验台上的管路连接和电气连接有所不同外，其他试验项目、试验方法、信号采集和数据处理方法等基本相同。以下仅以柱塞式伺服液压缸的试验进行介绍。

1. 试验台组成

试验台由闭式机架、加载液压缸、摩擦力测试缸、被试液压缸平移轨道车、试验操控台架、电液伺服控制回路、计算机辅助测试（CAT）系统、液压油源泵站等组成。

闭式机架由机架、下横梁 1、左侧梁 2、上横梁 3、右侧梁 4 构成。各梁均为箱体铸造件，然后焊接成闭式机架。闭式机架结构示意图如图 9-21。闭式机架的下横梁 1 上安置加载液压缸 7，上横梁 3 中嵌入安装了摩擦力测试缸 5，被试的 AGC 伺服液压缸 6 安放在加载液压缸 7 上部。闭式机架安置在钢筋混凝土浇灌而成的基坑中。

2. 试验台功能

试验台具有伺服液压缸动态特性试验和稳态特性试验的功能。

动态特性试验时，机架下横梁支撑面上放置动态加载液压缸，被试液压缸放于动态加载液压缸上，摩擦力测试缸的下活塞杆缩回到上横梁中。动态加载液压缸下腔通恒压油，提供被试液压缸柱塞回程力；被试液压缸柱塞（对于活塞式被试液压缸是活塞杆）直接顶于闭式机架上横梁上。由大流量伺服阀控制

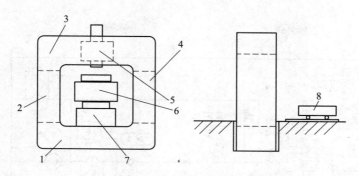

图 9-21　闭式机架结构示意图

1—下横梁　2—左侧梁　3—上横梁　4—右侧梁　5—摩擦力测试缸
6—AGC 伺服液压缸　7—加载液压缸　8—被试缸平移轨道车

被试液压缸柱塞向上动作，柱塞靠机架弹力回程，由 CAT 系统采集被试液压缸柱塞的位移信号，对数据进行分析，即可得到被试液压缸的频率特性和阶跃响应特性。

　　稳态特性试验中：摩擦力测试时，摩擦力测试缸在测试系统的控制下产生逐渐增大的作用力拉动被试液压缸的柱塞，测试系统同时采集柱塞的位移信号和拉力，从而获得最大摩擦力特性；最低起动压力测试时，测试系统向被试液压缸下腔的供油压力逐渐增大，系统同时采集压力和柱塞位移信号，从而完成最低起动压力检测；耐压试验、内泄漏试验、外泄漏试验时，摩擦力测试缸缩回上横梁，使被试液压缸柱塞顶在机架的上横梁上，被试液压缸下腔通压力油，进行相关测试。

3. 试验台性能参数

1）被试 AGC 伺服液压缸最大试验流量：250L/min。

2）动态加载液压缸最大供油流量：200L/min。

3）摩擦力测试缸最大流量：10L/min。

4）摩擦力测试缸最高试验压力：31.5MPa。

5）耐压试验最高试验压力：31.5MPa。

6）电液伺服阀电流范围：±40mA 。

9.3.2　AGC 伺服液压缸性能试验台液压系统

　　试验台液压系统除了加载液压缸、摩擦力测试缸外，还包括液压油源泵站回路、力及位置电液伺服控制回路。

1. 试验台液压系统原理

AGC 伺服液压缸性能试验台液压系统原理如图 9-22 所示。

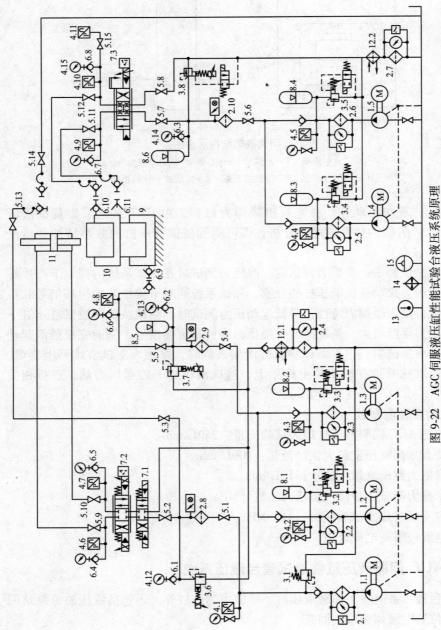

图 9-22 AGC 同服液压缸性能试验台液压系统原理

1.1~1.5~液压泵电动机组 2.1~2.10—过滤器 3.1~3.8—溢流阀 4.1~4.11—压力传感器 4.12~4.15—压力表 5.1~5.15—截止阀
6.1~6.8—单向阀 6.9~6.11—快速接头 7.1—换向阀 7.2、7.3—同服阀 8.1~8.6—蓄能器 9—加载液压缸 10—被试同服液压缸
11—摩擦力测试缸 12.1、12.2—冷却器 13—温度计 14—加热器 15—液位计

AGC 伺服液压缸性能试验台液压系统的液压油源泵站回路配置了由 5 套 SCY 轴向柱塞泵和调速电动机组成的液压泵电动机组 1.1~1.5。压力反馈伺服阀 7.2 和压力传感器 4.6、4.7 组成力伺服控制回路（换向阀 7.1 通常工作在左位，更换伺服阀 7.2 时，将换向阀 7.1 换向至中位，以防止液压油泄漏）。位置反馈伺服阀 7.3 和被试伺服液压缸 10 的活塞位移传感器组成位置伺服控制回路。

液压泵电动机组 1.1 向力伺服控制回路和摩擦力测试缸 11 供油，供油压力由比例溢流阀 3.6 调定，溢流阀 3.1 为安全阀。液压泵电动机组 1.4、1.5 向位置伺服控制回路和被试伺服液压缸 10 供油，液压泵电动机组 1.4 和 1.5 可以工作一台，备用一台，也可以两台同时工作。液压泵电动机组 1.4、1.5 的压力分别由电磁卸荷溢流阀 3.4、3.5 调节，蓄能器 8.3、8.4 用于蓄能；合流压力由比例溢流阀 3.8 调定，蓄能器 8.6 用于稳定伺服阀进口压力，减少压力脉动。图 9-22 所示的被试伺服液压缸 10 为柱塞式，用快速接头 6.10 接入被试伺服液压缸 10 的一个油口，此时快速接头 6.11 未接入，处于关闭状态（截止阀 5.11 也关闭）。若被试伺服液压缸 10 为活塞式，则需用快速接头 6.10 和 6.11 分别接入被试伺服液压缸 10 的两个油口。液压泵电动机组 1.2、1.3 向动态加载液压缸 9 供油，1.2 和 1.3 可以工作一台，备用一台，也可以两台同时工作。液压泵电动机组 1.2、1.3 的压力分别由电磁卸荷溢流阀 3.2、3.3 调节，蓄能器 8.1、8.2 用于蓄能；合流压力由比例溢流阀 3.7 调定，蓄能器 8.5 用于稳定加载压力，减少压力脉动。

为确保供油清洁度为 NAS 1638-6 级，系统配置了两级高压过滤器和一级回油过滤器。过滤器 2.1、2.2、2.3、2.5、2.6 为过滤精度 $10\mu m$ 的高压过滤器，过滤器 2.8、2.9、2.10 为过滤精度 $5\mu m$ 的高压精密磁性过滤器，过滤器 2.4、2.7 为过滤精度 $20\mu m$ 的回油过滤器。截止阀 5.1、5.4、5.6 用于更换精密磁性过滤器时关闭油路，防止漏油，但正常试验时，这三个截止阀都是开启的。

为保证试验油温稳定，系统配置了两路回油。摩擦力测试缸 11 和动态加载液压缸 9 的回油合流后，经冷却器 12.1 及过滤器 2.4 回油箱；被试伺服液压缸 10 的回油，经冷却器 12.2 及过滤器 2.7 回油箱。系统还在油箱中配置了加热器 14、温度计 13 和液位计 15。

2. 力及位置电液伺服控制回路

（1）低增益闭环电液位置伺服模块　低增益闭环电液位置伺服模块由伺服阀、伺服放大器、位移变送调节器、位移传感器等构成，该位置闭环模块的作用是按计算机发出的位置指令驱动被试伺服液压缸柱塞（活塞）的动作并保证指令为 0 时，伺服阀阀芯位置对中。低增益闭环电液位置伺服模块的配置如下：

1）位置反馈电液伺服阀 1 台，其额定压力为 28MPa，流量为 125L/min，分辨率为 1%。

2）伺服控制器1台，采用深度电流负反馈，利用调制式放大器抑制零点漂移。

3）位置控制环内设精度为0.2级的位移传感器2支，位移变送器1台，并设位置调节器及负载流量的补偿环节。位置控制环采用低增益方案，以减弱它对液压缸速度测试的不利影响。

（2）低增益闭环电液力伺服模块　低增益闭环电液力伺服模块主要由伺服阀、伺服放大器、力变送调节器、力传感器等构成，其作用是按计算机发出的摩擦力指令驱动摩擦力测试液压缸，并保证指令为0时，伺服阀阀芯位置对中。低增益闭环电液力伺服模块的配置如下：

1）力反馈电液伺服阀1台，其额定压力为28MPa，流量为10L/min，分辨率为1%。

2）伺服控制器1台，采用深度电流负反馈，利用调制式放大器抑制零点漂移。

3）力控制环内设精度为0.2级的力传感器1支，力变送器1支，并设力调节器。力控制环采用低增益方案，以减弱它对摩擦力测试的不利影响。

3. 液压操作台

液压操作台放置在闭式机架附近，试验人员可在液压操作台上完成伺服液压缸稳态、动态试验的各项手动操作，包括：电磁换向阀换向、油口换接、各试验压力调节和监视、油温油位超限报警、紧急停机等。液压操作台配置如图9-23所示，图中元件的序号和液压原理图9-22对应。

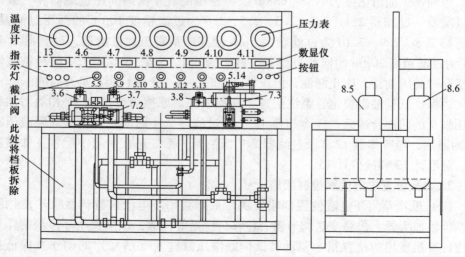

图9-23　液压操作台配置

3.6~3.8—溢流阀　4.6~4.11—压力传感器　5.5、5.9~5.14—截止阀

7.2、7.3—电液伺服阀　8.5、8.6—蓄能器　13—温度计

液压操作台立板上配置了 1 个温度计、6 块压力表及对应的数显仪，分别提供温度计 13 和压力传感器 4.6~4.11 检测的数据。其中压力传感器 4.11 为精密低压传感器，专用于被试伺服缸起动压力的检测，其他试验时截止阀 5.15 是关闭的。立板上还配置有用于换接或关闭油路的截止阀 5.5、5.9、5.10、5.11、5.12、5.13、5.14，装有报警指示灯和紧急操作按钮。

液压操作台台板上，装有两套油路集成块，分别安装了闭环电液位置伺服模块和闭环电液力伺服模块的电液伺服阀 7.2、7.3 及溢流阀 3.6、3.7、3.8。

两台 6.3L 的蓄能器 8.5、8.6 装在液压操作台边侧。

9.3.3　AGC 伺服液压缸性能试验台计算机辅助测试系统

计算机辅助测试系统主要由专用测试软件包、工控机、人机界面、电测仪表、传感器、前置放大器、超低频信号发生器、伺服放大器、数据采集板、接口板、仪器台架等部分组成。操作人员可在计算机辅助测试系统的人机界面上，进行试验项目选择和试验参数设定，并进行各项试验操作；还可在人机界面监控试验过程，在线观察检测数据和实时曲线。

1. AGC 伺服液压缸稳态测试信号的计算机模型

AGC 伺服液压缸稳态测试主要是测定 AGC 伺服液压缸的静摩擦力和动摩擦。其信号传送计算机模型如图 9-24 所示。

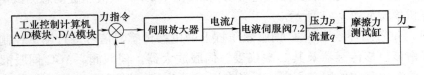

图 9-24　AGC 伺服液压缸稳态测试信号传送计算机模型

（1）压力闭环　在静摩擦力测试阶段，AGC 试验试验系统将摩擦力测试缸两腔压力传感器 4.6、4.7 测量到的压力差信号作为摩擦力检测负反馈信号，与计算机 D/A 模块给定的力指令信号叠加，作为输出指令信号，驱动摩擦力测试缸，以保证摩擦力测试缸输出加载力与指令对应。

（2）速度闭环　在动摩擦力测试阶段，CAT 软件将位移传感器测量到的摩擦力测试缸活塞位移值进行数字微分后作为负反馈信号，与 D/A 模块给定的位移指令信号叠加，再通过数字 PID 运算作为输出指令，驱动摩擦力测试缸，以保证摩擦力测试缸活塞匀速运动。在静摩擦力测试阶段完毕后，CAT 软件自动接通此数字闭环。

（3）静摩擦力特性测试　计算机通过 D/A 模块给出斜坡指令信号，由伺服放大器将指令电压转化为相应的电流信号，经功率放大，驱动伺服阀，控制摩擦力测试缸对被试 AGC 伺服液压缸加载。加载时，加载力由压力传感器测量，活塞杆的位移由位移传感器测量。在静摩擦力测试阶段，通过压力闭环保证摩擦力测试缸所施加压力是线性增加的。同时计算机对位移信号循环监测，当位移量从零变化为非零的瞬时，压力传感器 4.6、4.7 测量到的压差信号即对应被试 AGC 伺服液压缸的静摩擦力。

（4）动摩擦力特性测试　在静摩擦力测试的同时，当计算机监测到位移量从零变化为非零的瞬时，CAT 软件自动接通速度闭环，控制摩擦力测试缸，使其带动 AGC 伺服液压缸匀速运动。根据运动学原理，在 AGC 伺服液压缸匀速运动时，压力传感器 4.6、4.7 测量到的压差信号即对应被试 AGC 伺服液压缸的动摩擦力。

当 AGC 伺服液压缸活塞处于位置不同时，其摩擦力的大小是不同的。所以在做 AGC 伺服液压缸静态试验时，通常选取 AGC 伺服液压缸行程的两端和中间三处作为测试点进行静态试验。静摩擦力测试和动摩擦力测试实质上是同一测试过程的两个不同阶段，在静态试验时一次完成。

2. AGC 伺服液压缸动态测试信号的计算机模型

AGC 伺服液压缸的动态特性是指液压缸的输出（活塞位移）对输入信号（通常是流量）在某个频率范围内做正弦变化时的响应。一般而言，液压元件的动态特性与其所运行的系统密切相关。因此，为了使测试值尽量真实可信，试验台采用了板材轧制生产线常用的 MOOG 型伺服阀（图 9-22 中的电液伺服阀 7.3）去控制 AGC 伺服液压缸来完成动态测试。AGC 伺服液压缸动态测试信号传送计算机模型如图 9-25 所示。

（1）位置闭环　取 AGC 伺服液压缸上的位移传感器信号进行测试控制。位置闭环由该位移传感器及其二次仪表、伺服放大器、伺服阀、AGC 伺服液压缸组成。位置闭环的作用有两个：一是在正式试验前能保证被试 AGC 伺服液压缸柱活塞处于中间位置，尽量接近实际工况；二是在测试时能保证被试 AGC 伺服液压缸柱活塞准确跟踪计算机发出的位移指令。

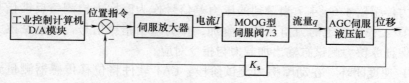

图 9-25　AGC 伺服液压缸动态测试信号传送计算机模型

（2）动态测试　试验时，CAT 软件通过 D/A 模块发出幅值恒定（幅值大小根据 AGC 伺服液压缸参数确定）、频率在 0.01～20Hz 间递增变化的正弦波指令电压信号，经伺服放大器转化为电流信号，功率放大后，控制 MOOG 型伺服阀，驱动 AGC 伺服液压缸柱活塞位移。同时 CAT 软件通过 A/D 模块连续在线采集阀电流信号和 AGC 伺服液压缸活塞位移信号，保存并绘制实时曲线。测试完毕后，可调用保存数据进行波德图的绘制，并自动分析得到 AGC 伺服液压缸的频率特性值（穿越频率、频宽、幅值裕量、相位裕量）。

9.3.4　AGC 伺服液压缸性能试验项目及方法

1. 试验项目

AGC 伺服液压缸性能试验台可以进行 AGC 伺服液压缸的出厂试验、验收试验或修复验收试验，试验项目包括：试运行、摩擦力特性试验、内泄漏试验、耐压试验、外渗漏、动态特性试验。

2. 试验方法

AGC 伺服液压缸性能试验方法介绍中，元件代号参见图 9-22。

（1）试运行　安装好被试 AGC 伺服液压缸及加载液压缸，并操作电液换向阀 7.1 将摩擦力测试液压缸的下端活塞杆缩回到试验机架之内。被试 AGC 伺服液压缸缸体与机架上横梁之间的空隙用半环形垫板填充。关闭截止阀 5.13、5.14，开通电液伺服阀 7.3 负载油口的截止阀 5.12，并将其油管与被试 AGC 伺服液压缸的油口的快速接头 6.10 连接；若是活塞缸，还需开通截止阀 5.11 并将其油管与被试 AGC 伺服液压缸另一油口的快速接头 6.11 连接。开通截止阀 5.5，并将其油管与加载液压缸 9 油口的快速接头 6.9 相接。然后分别调节液压操作台上的溢流阀 3.7、3.8，使被试 AGC 伺服液压缸及加载液压缸 9 的最大压力为 3MPa，调节电液伺服阀 7.3 的伺服放大器上的调零旋钮，给电液伺服阀 7.3 施加电信号，使被试伺服液压缸柱活塞上下动作。此过程应在空载情况下进行，往返 5 次，要求被试 AGC 伺服液压缸柱活塞的运动平稳，无爬行和停顿。

（2）摩擦力特性试验　测摩擦力时加载液压缸 9 放在试验机架底部不工作，相当于一个大垫块。将摩擦力测试缸活塞杆与被试 AGC 伺服液压缸柱活塞刚性连接，用摩擦力测试缸 11 向被试 AGC 伺服液压缸 10 加载，使被试 AGC 伺服液压缸柱活塞向下或向上运动。用被试 AGC 伺服液压缸自带的位移传感器检测其位移，并检测两个压力传感器 4.6、4.7 的压差，然后由计算机进行处理，获得被试 AGC 伺服液压缸的静摩擦力及动摩擦力。试验具体操作如下：

1）安装好动态加载液压缸 9 及被试 AGC 伺服液压缸 10，并操作换向阀 7.1 使摩擦力测试液压缸的下活塞杆缩回到机架上横梁内。

2）关闭试验操作台上的截止阀 5.11、5.12、5.13，开启截止阀 5.14 并将其油管与被试 AGC 伺服液压缸油口的快速接头 6.10 连接，即将被试 AGC 伺服液压缸油口直接与油箱相接。调整好被试 AGC 伺服液压缸柱活塞的位置，安装好位移传感器。

3）起动液压泵电动机组 1.1，使电液换向阀 7.1 的左电磁铁通电，调节液压操作台上溢流阀 3.6，使电液伺服阀 7.2 的进口压力为 21MPa。

4）启动计算机辅助测试系统进行静摩擦力及动摩擦力自动测试。

（3）内泄漏试验　本项目只对活塞式 AGC 伺服液压缸进行。试验具体操作如下：

1）摩擦力测试液压缸的活塞杆缩回到最上端，将被试 AGC 伺服液压缸活塞与上横梁之间的空隙用垫块填满。

2）关闭液压操作台中截止阀 5.2、5.11、5.12、5.14。开启截止阀 5.3、5.13，并将截止阀 5.13 的油管与被试 AGC 伺服缸无杆腔油口的快速接头 6.11 连接，即将被试 AGC 伺服液压缸无杆腔油口与耐压试验油路联接，将被试 AGC 伺服缸有杆腔油口的快速接头 6.10 用软管接到量杯上。

3）开起液压泵电动机组 1.1，缓慢调节溢流阀 3.6，使被试 AGC 伺服液压缸无杆腔压力（压力表 4.12 显示）从零增加，使被试 AGC 伺服液压缸向上运动，直活塞顶死上横梁。继续调节溢流阀 3.6，直至压力上升，直到额定压力。

4）保压 5min，通过量杯读取内泄漏流量值。

（4）耐压试验　耐压试验试验步骤同内泄漏试验，只不过溢流阀 3.6 调节的试验压力应大于被试 AGC 伺服液压缸的额定压力。耐压试验时，若被试 AGC 伺服液压缸额定压力 ≤16MPa，则试验压力为额定压力的 1.5 倍；若额定压力 >16MPa，则试验腔压力为额定压力的 1.25 倍。然后保压 5min，要求全部零件均不得有破损或永久变形等异常现象，也不允许有外泄漏。

（5）外渗漏　在做内泄漏和耐压试验时，观察活塞杆等处的渗油情况。

（6）动态特性试验　动态特性试验时，加载液压缸用于调整被试 AGC 伺服液压缸柱活塞的位置，使被试 AGC 伺服液压缸的柱活塞位于行程中点附近，并用于给被试 AGC 伺服液压缸加载，使其工作腔压力为被试压力。

1）将摩擦力测试液压缸缩回到机架上横梁之内。

2）安装好被试 AGC 伺服液压缸，调整加载液压缸行程使被试 AGC 伺服液压缸的柱活塞处在行程中点某一位置，然后调整位移传感器零点。

3）关闭截止阀 5.11、5.13、5.14，开启截止阀 5.12 并将其油管与被试 ACG 伺服液压缸油口的快速接头 6.10 相接。若被试 ACG 伺服液压缸是活塞缸，则截止阀 5.11 也要开启，并使截止阀 5.11 的油管与被试 AGC 伺服液压缸另一油口的快速接头 6.11 连接。

4）打开截止阀 5.5 并将其油管与加载液压缸油口的快速接头 6.9 连接。

5）开启液压泵电动机组 1.2（或 1.3）、1.4（或 1.5），然后分别调节液压操作台上的溢流阀 3.7、3.8，使被试 AGC 伺服液压缸工作腔及加载液压缸工作腔的压力为 7MPa 左右。

6）启动计算机辅助测试系统进行自动测试。

后　记

　　本书从 2016 年开始系统撰写，至 2019 年完成初稿，其后又几度易稿，删改增补，终于在 2020 年完成了送审稿。虽然本人意欲将液压试验技术的新成果尽力写入书稿中，但由于能力及篇幅所限，终有欠缺。例如，书稿中对试验加载功率回收技术、可靠性试验数据处理技术的介绍较少，也缺少了对传感器无线局域网技术的介绍。5 年撰写期间，液压试验技术又有了新的进步，拟实仿真试验技术、试验数据传输的区块链技术等得到了实际运用。当前，5G+工业互联网、嵌入控制传感技术、微机电系统（Micro Electro Mechanical Systems，MEMS）、云计算、大数据、物联网、人工智能、虚拟现实等前沿技术正在进入液压试验领域，并与传统的液压试验技术相互融合，催生着液压试验技术的全新变革。这种液压试验技术的变革不仅会促进液压试验方式的进步，也将提升液压试验在机械科学技术和机械工业中的地位。过去，液压试验只是机械科学技术各门学科研究中附属的一种试验检测手段；在机械工业中，液压试验也只是用于检测主机性能的辅助环节。而在新的数字智能化机械中，采用了上述前沿技术的液压试验设备就是组成智能机械产品数字孪生体的一种物理实体，而试验数据则构成了产品全生命周期数字孪生体的数字镜像模型，是最核心的资产。液压试验在智能机械产品全生命周期中实现了模拟、验证和预测的新工作模式。液压试验技术和整个机械科学技术一样，已经突破了传统机（械）、电（器）、液（压）硬件组成的约束，正在进入智能化、网络化的数字孪生技术的新时代。

　　展望液压试验技术的未来，我越加敬仰导引我进入机械自动化科研领域的导师杨叔子院士。杨先生创造性地将控制论、信息论、系统论引入机械工程学科，在传统机械科学技术中融入微电子技术、计算机技术、网络技术、人工智能和无损检测技术，拓宽了机械工程学科的范畴，开创了机械自动化的新学科。今日，恰逢 2021 年教师节，特附诗一首，以敬导师。

　　　　　　　　喻家山下数智精，雨山湖畔集网新；
　　　　　　　　横议诗书太白里，纵论科技融人文。
　　　　　　　　暮年未敢忘师恩，莲花佛国仰君行；
　　　　　　　　一曲机械自动化，博揽群方好易名。

　　现在，杨先生二十多年前展望的机械工程向数字、智能、精密、集成、网络方向发展的前景已经展现在液压试验技术的创新中。随着人工智能技术的发展，谁又能保证未来的液压试验技术不会在智能数字镜像模型中融入人文的因素呢？液压试验技术的前景风光无限，让我们共同努力吧。

方庆琯

2021 年 9 月 10 日

参 考 文 献

[1] 路甬祥. 液压气动技术手册 [M]. 北京：机械工业出版社，2002.

[2] 雷天觉. 新编液压工程手册 [M]. 北京：北京理工大学出版社，1999.

[3] 沙宝森. 转型升级，我们在行动 [J]. 液压气动与密封，2014，34（1）：1-7.

[4] 熊诗波，黄长艺. 机械工程测试技术基础 [M]. 北京：机械工业出版社，2006.

[5] 张海平. 做好耐久性试验 [J]. 液压气动与密封，2014，34（10）：1-5.

[6] 吕少力，李静. 综合试验台液压系统的设计 [J]. 液压气动与密封，2013，32（12）：32-34.

[7] 潘东升，陈松茂，丘宏扬，等. 液压仿真技术的现状及发展趋势 [J]. 新技术新工艺，2005（4）：7-11.

[8] 总参工程兵科研二所. 军用工程机械试验学 [M]. 北京：海洋出版社，1994.

[9] 方庆琯，钱有明，等. 现代冶金设备液压传动与控制 [M]. 北京：机械工业出版社，2016.

[10] 黄志坚，袁周，等. 液压设备故障诊断与监测实用技术 [M]. 北京：机械工业出版社，2005.

[11] 中华人民解放军总装备部电子信息基础部技术基础局. 装备可靠性工作通用要求：GJB 450A—2004 [S]. 北京：总装备部军标出版发行部，2004.

[12] 祝耀昌. 可靠性试验及其发展综述 [J]. 航天器环境工程，2007（5）：261-269.

[13] 王利强，彭月祥，宁可庆. 计算机测控系统与数据采集卡应用 [M]. 北京：机械工业出版社，2007.